既有建筑综合改造系列丛书

Series of Integrated Retrofitting Solutions for Existing Buildings

既有建筑评定改造技术指南

邸小坛　陶　里 主编

Di Xiaotan & Tao Li

Editor in Chief

中国建筑工业出版社

China Architecture & Building Press

图书在版编目(CIP)数据

既有建筑评定改造技术指南/邸小坛，陶里主编.
北京：中国建筑工业出版社，2011.12
(既有建筑综合改造系列丛书)
ISBN 978-7-112-13690-2

Ⅰ.①既… Ⅱ.①邸… ②陶… Ⅲ.①建筑物—改造—指南 Ⅳ.①TU746.3-62

中国版本图书馆CIP数据核字(2011)第210952号

本书是“十一五”科技支撑计划重大项目“既有建筑综合改造关键技术研究与示范”(项目编号：2006BAJ03A00)的系列丛书之一。课题组通过对发达国家和地区既有建筑管理法规、技术标准的调查，结合我国国情，为国家和地方政府部门提供既有建筑管理的政策建议，同时总结既有建筑在维护、改造等环节的技术内容，编制相关的标准体系和技术规范。

本书可供政府部门、设计单位、检测机构等与既有建筑管理、检测、改造工作相关的单位及人员参考。

责任编辑：郦锁林 万 李
责任设计：赵明霞
责任校对：党 蕾 刘 钰

既有建筑综合改造系列丛书
既有建筑评定改造技术指南
邸小坛 陶 里 主编
*
中国建筑工业出版社出版、发行(北京西郊百万庄)
各地新华书店、建筑书店经销
北京红光制版公司制版
北京建筑工业印刷厂印刷
*
开本：787×1092毫米 1/16 印张：14½ 字数：362千字
2011年12月第一版 2011年12月第一次印刷
定价：**36.00**元
ISBN 978-7-112-13690-2
(21453)

前　　言

我国既有建筑的总量已经超过 480 亿 m^2，其中城镇既有建筑的总量已经超过 260 亿 m^2。近年来，随着建设行业的飞速发展，既有建筑保有量以每年 16～18 亿 m^2 的速度增长。据初步调查，我国既有建筑的使用与维护现状不容乐观，存在“大拆大建”、“重建设轻维护”等现象，一方面约有 30%～50%的既有建筑出现安全性失效或进入功能退化期；另一方面大量拆除建筑的使用寿命远未达到其设计寿命，不仅造成巨大的资源浪费，还严重污染环境。

事实上，我国已进入工程建设改造和新建并重的一个重要发展阶段，正确对待和处理既有建筑是关系到人民生命财产安全以及实施节约资源、保护环境、建设节约型社会和可持续发展的重大问题。但长期以来，我国没有专门针对既有建筑管理方面的法律和法规，相应的技术标准也不完善，这是造成既有建筑在使用、维护、评定、改造、拆除等环节出现众多问题的根本原因。

为此，2007 年国家设立“十一五”科技支撑计划重大项目《既有建筑综合改造关键技术研究与示范》，其中的课题一为《既有建筑评定标准与改造规范研究》。课题组通过对发达国家和地区既有建筑管理法规、技术标准的调查，结合我国国情，为国家和地方政府部门提供既有建筑管理的政策建议，同时总结既有建筑在维护、改造等环节的技术内容，编制相关的标准体系和技术规范。

2009 年，课题组协助北京市住房和城乡建设委员会编制《北京市房屋建筑使用安全管理办法》，该管理办法已于 2011 年 5 月 1 日起施行。《既有建筑评定与改造技术规范》也已由中国工程建设标准化协会批准制定。课题研究成果得到成功应用。

本书是“十一五”科技支撑计划重大项目的系列丛书之一，汇总了课题研究背景和取得的主要成果，供政府部门、设计单位、检测机构等与既有建筑管理、检测、改造工作相关的单位及人员参考。

本书共分 18 章：

第 1 章，概述。叙述了本项“十一五”课题的研究背景和前期调研情况，并对课题研究成果进行汇总，对本书各章的主要内容进行介绍。

第2章～第4章，分析比较了国内外对既有建筑管理的情况，介绍中国工程院咨询研究项目《房屋建筑物安全管理制度与技术标准的调查研究》的成果，向各级政府的政策制定部门提出既有建筑管理的建议。

第5章，介绍了《北京市房屋建筑使用安全管理办法》（课题研究稿）的研究背景和编制情况。

第6章～第7章，汇总既有建筑维护、评定、改造等环节的技术标准，编制相应的标准体系，并提出切实可行的标准体系实施方案。

第8章～第18章，重点介绍课题完成的《既有建筑技术规范》（课题研究稿），按修复修缮、检测评定、加固改造、废置拆除的顺序介绍各环节的技术要求。

在课题研究和本书编写过程中，参考和吸收了住房和城乡建设部、清华大学等单位专家学者的文献、著作和研究资料，在此向他们表示感谢。由于时间和水平有限，本书中难免存在疏漏和不足之处，敬请读者指正。

目　录

第1章　概　　述

本书汇集了与房屋建筑物技术及政策相关的“十一五”子课题《既有建筑评定、改造标准体系与统一标准研究》2006BAJ03A01-02的研究成果及研究背景情况和其他重要相关研究项目的研究成果及研究背景。

1.1　课题简介

“十一五”国家科技支撑计划重大项目《既有建筑综合改造关键技术研究与示范》2006BAJ03A00下设10个课题，《既有建筑评定、改造标准体系与统一标准研究》2006BAJ03A01-02是其中课题一《既有建筑评定标准与改造规范研究》的子课题。

本子课题于2007年展开有关法规、规章和政策的调查和咨询研究工作。调查和研究分成下列两个研究项目：

(1) 中国工程院咨询研究项目，房屋建筑物安全管理制度与技术标准的调查研究[1]；

(2) 北京市房屋建筑安全管理法规的咨询研究[2]。

本章按照下列次序介绍本书主要内容的构成：

(1) 有关法律、法规和制度的调查研究情况；

(2) 房屋建筑物安全管理制度的建议和咨询研究情况；

(3) 既有建筑标准体系及其研究背景；

(4) 既有建筑技术规范及其研究背景。

1.2　重要概念的介绍

本节对中国工程院《房屋建筑物安全管理制度与技术标准的调查研究》项目关于房屋建筑物、房屋建筑物的安全和房屋建筑物的管理等重要概念的研究情况予以简单介绍。

1.2.1　*房屋建筑物*

房屋建筑物是相应建造工作的产物，为了准确地进行定义，应首先明确房屋建筑施工活动在建筑业中的位置。该项目的研究对国家标准《国民经济行业分类》GB/T 4754—2002[3]“建筑业”中的房屋和土木工程建筑业、建筑安装业、建筑装饰业和其他建筑业等四个大类的情况进行了分析。《国民经济行业分类》GB/T 4754—2002简化的相关情况见表1-1。

从立项审批程序、规划设计、行政主管部门和产品本身的特点角度，房屋建筑工程的产品都是供人在其内居住和活动的建筑物，仅涉及表1-1中加粗部分的内容。

此外，研究报告还考虑了我国的下列特殊问题：

(1) 房屋建筑物还应包括其附属设施和地下空间[4]；

(2) 虽然《建筑法》[5]、《建设工程安全生产管理条例》[6]和《建设工程质量管理条例》[7]等未明确约束村镇的房屋建筑物，但将广大农村地区房屋建筑物的管理纳入到法制轨道已是大势所趋；

(3) 考虑到对房屋建筑物的一般认识，可以将其划分为居住建筑、公共建筑和工业建筑三类。

建筑业分类 表1-1

E	47 房屋和土木工程建筑业		
	4714710	房屋工程建筑	房屋主体工程的施工活动
	472	土木工程建筑	土木工程主体的施工活动
	4721	铁路、道路、隧道和桥梁工程建筑	
	4722	水利和港口工程建筑	
	4723	工矿工程建筑	除厂房外的矿山和工厂生产设施、设备的施工和安装，以及海洋石油平台的施工
	4724	架线和管道工程建筑	建筑物外的架线、管道和设备的施工
	4729	其他土木工程建筑	
	48 建筑安装业		
	480 4800	建筑安装业	建筑物主体工程竣工后，建筑物内各种设备的安装活动，以及施工中的线路敷设和管道安装 不包括工程收尾的装饰，如对墙面、地板、天花板、门窗等处理活动
	49 建筑装饰业		
	490 4900	建筑装饰业	对建筑工程后期的装饰、装修和清理活动，以及对居室的装修活动
	50 其他建筑业		
	501 5010	工程准备	房屋、土木工程建筑施工前的准备活动
	502 5020	提供施工设备服务	为建筑工程提供配有操作人员的施工设备的服务

房屋建筑物是指城乡地上和地下的民用与工业建筑及其附属设施，包括居住建筑、公共建筑和工业建筑。其中，居住建筑如普通住宅、公寓、别墅等；公共建筑是供人们进行社会活动的非生产性建筑物，例如办公楼、图书馆、学校、医院、剧院、商场、旅馆、车站、码头、体育馆、展览馆等；工业建筑如厂房等。

1.2.2 房屋建筑物的安全

建筑物质量瑕疵直接影响建筑物安全的较少，如建筑物非承重墙的表面开裂，只是对建筑的适用性、观感造成影响，而不会影响建筑物的整体牢固性和抗灾害能力。

房屋建筑物的安全应当包括抵抗偶然作用的能力，这是真正涉及使用者生命与财产安全的重要问题。

国际标准和《工程结构可靠性设计统一标准》GB 50153[8]等都有结构抵抗偶然作用能力的基本要求，而实际可执行的设计规范和施工规范很少有具体的规定。致使安全性符合设计规范要求的房屋建筑物频发坍塌和严重破坏事故。

《建筑抗震设计规范》GB 50011—2001[9]是一个特例，其大震不倒的设防目标可归为结构抵抗偶然作用能力的范畴。在2008年汶川地震中，该项设防目标发挥了极其重要的作用，使众多城镇居民的生命免遭地震灾害的影响，保全了国家与城镇居民的众多财产。

《工程结构可靠性设计统一标准》GB 50153—2008增加了既有结构抗灾害能力评定的要求。新近修订的《混凝土结构设计规范》GB 50010—2010[10]也增加了相关的内容。

1.2.3 房屋建筑物的管理

对房屋建筑物的管理对象包括结构、部件、设备等。

建筑结构的安全管理是指为保证建筑结构及其构件在各种作用下避免破坏倒塌并保护建筑物内部和外部人员不受损伤所采取的各项措施。建筑结构的安全也是建筑物最重要的质量要求。

建筑部件的安全管理是指为防止与建筑结构相连的面砖、玻璃幕墙、广告牌等非承重建筑部件坠落以及控制建筑材料的毒性所采取的各项措施。

建筑布置的安全管理是指针对建筑物应急逃生救援通道等进行的设计和设置和为保证建筑物的采光通风以及其内部和外部人员防滑、防碰撞等所采取的各项措施。

建筑的安全管理是指为保证建筑物给水排水、燃气、采暖通风、空调、电气、防雷及电梯等设备正常运行并保护建筑物内部和外部人员不受损伤所采取的各项措施。

1.3 法规与政策调研概况

法规的调研成果主要源于中国工程院咨询研究项目《房屋建筑物安全管理制度与技术标准的调查研究》和《北京市房屋建筑安全管理法规的咨询研究》等两个研究项目。

1.3.1 中国工程院研究项目

中国工程院咨询研究项目《房屋建筑物安全管理制度与技术标准的调查研究》的研究报告对房屋建筑物的法律、法规、规章、规定、管理机构、相关技术问题的执行机构和责任人管理者等方面的问题进行了调查和咨询研究，同时对房屋建筑物全寿命管理的机构设置、资金保障、技术标准、防震减灾、应急管理等方面的问题也进行了调查研究。

1.3.2 国内房屋建筑物的状况

所谓房屋建筑物的状况，包括其安全状况、法律、法规、主管部门、管理机关的情况等。

国内房屋建筑物的状况总的结论是缺少全面管理的建设法律和法规，从而引发了进行相应咨询研究的需求

1.4 法规与政策问题

关于法规的问题分成中国工程院和北京市法规两项咨询研究的成果。

1.4.1 工程院咨询研究成果

中国工程院咨询研究项目《房屋建筑物安全管理制度与技术标准的调查研究》研究报告第6章的名称为：关于《房屋建筑物安全管理条例》的条文建议。该研究报告主要是联合住房和城乡建设部向国务院提出制订《房屋建筑物安全管理条例》的建议。

1.4.2 北京市法规的研究成果

北京市住房和建设委员会委托中国建筑科学研究院开展《北京市房屋建筑使用安全管理办法的咨询研究》。本书把《北京市房屋建筑使用安全管理办法》（咨询研究稿）的全文放在附录A，供读者参考，特别是供为制订地方性法规作出贡献的技术人员参考。

1.5 标准体系

中国建筑科学研究院应该完成标准体系方面的工作有：建立《既有建筑评定与改造标准体系》和完成《既有建筑评定与改造标准体系实施方案》。

1.5.1 建立标准体系的原则

《工程建设标准体系》（城乡规划、城镇建设、房屋建筑部分）由住房和城乡和设部标准定额司主持制订，该体系通过审批后予以实施。“建筑维护加固与房地产”专业标准体系是《工程建设标准体系》（城乡规划、城镇建设、房屋建筑部分）的组成部分之一。

编制“既有建筑标准体系”时，对“建筑维护加固与房地产”专业标准体系采取了下列调整措施：

（1）删除房地产管理类标准，保留了该专业标准体系的基本架构；

（2）尽量利用《工程建设标准体系》现行的标准和未列入该标准体系但有利于充实“既有建筑标准体系”的标准，如工程建设标准化协会的标准，国家和行业的产品标准等；

（3）充分发挥综合标准、基础标准和通用标准的作用，尽量减少待编标准数量。

1.5.2 标准体系涵盖的范围

“既有建筑标准”包含了四个层次的标准：综合标准、基础标准、通用标准和专用标准。其中基础标准、通用标准和专用标准分成维护修缮、检测鉴定、加固改造和废置与拆除等四个门类。

1.5.3 标准体系的介绍

本书第6章对所建立的“既有建筑标准体系”进行了详细的介绍。

本书附录B简要介绍《工程建设标准体系》（城乡规划、城镇建设、房屋建筑部分）

“建筑维护加固与房地产”专业标准体系的情况。

1.6　技术规范研究

1.6.1　技术规范概况

编制《既有建筑评定与改造统一标准》是《既有建筑评定、改造标准体系与统一标准研究》的另一项重要的研究专题。

本书主要介绍的是《既有建筑技术规范》（课题研究稿），是“既有建筑标准体系”设立的综合标准。

1.6.2　技术规范的内容

作为一本综合标准，《既有建筑技术规范》（课题研究稿）应该对既有建筑使用阶段的技术问题作出全面的规定。

从技术措施方面来看，《既有建筑技术规范》（课题研究稿）包括了使用要求，以及检查维护、修复修缮、检测鉴定、加固改造和废置拆除等方面的技术规则。

从技术的对象方面来看，《既有建筑技术规范》（课题研究稿）的规定包括了：建筑的地基基础、建筑结构、围护结构、装饰装修、设备设施、附设结构物和附属构筑物等。

从性能方面来看，《既有建筑技术规范》（课题研究稿）不仅包括对建筑结构抵抗偶然作用的能力、安全性、适用性和耐久性的技术要求或措施，并把这些技术措施扩展到围护结构、装饰装修、设备设施等技术对象，此外，提出建筑功能、环境状况和能耗状况等检测、鉴定和改造的技术要求。

1.6.3　技术规范研究背景

《既有建筑技术规范》（课题研究稿）的研究背景分别在第8章～第18章中予以介绍。

1. 总体情况介绍

《既有建筑技术规范》（课题研究稿）的总体情况在第8章介绍。

2. 检查与维护技术

既有建筑的检查维护技术在第9章中介绍，介绍的检查维护技术的对象包括地基基础、建筑结构、围护结构、装饰装修、设备设施、附设结构物等。这些技术主要来源于现行有效的技术标准。

3. 修复与修缮技术

既有建筑及其附属构筑物的修复修缮可分成地基基础问题的治理，砌体、混凝土与钢结构的修复，木结构的修缮与加固，建筑防水、围护结构和设备设施修复修缮，电器线路的修缮与改造，建筑装修的修复与改造等，具体内容在本书第10章进一步介绍。

4. 既有建筑的检测技术

建筑行业已经基本形成了系列的工程质量或产品质量检测技术，这些技术大多数可用于既有建筑性能和构配件功能的测试。本书第11章以《混凝土结构现场检测技术标准》（报批稿）[11]为例，介绍检测技术在既有建筑中的应用情况。

5. 既有建筑的评定技术

评定技术是《既有建筑技术规范》(课题研究稿)的重点问题。既有建筑的性能和功能可分成安全性、适用性、功能性、耐久性和环境品质。

本书第12章～第16章分别介绍了既有建筑安全性、适用性、功能性、耐久性和环境品质评定的方法和原则

6. 加固改造技术

目前关于建筑主体结构和地基基础的加固已经有了成熟的技术，也有了相应的国家标准和行业标准；关于既有建筑的改造技术也日趋成熟。

本书第17章提出了加固改造的原则，此外还提出建筑抗倒塌、解除危险等的处理措施，并强调了加固改造工程安全和环保的问题。

7. 废置与拆除技术

在本书第18章中对废弃建筑拆除时应注重工程安全、环保及固体废物的分类处置等问题予以重点的解释。

第 2 章　房屋建筑物管理制度的借鉴

本章介绍了中国工程院咨询研究项目《房屋建筑物安全管理制度与技术标准》研究报告中关于房屋建筑物管理制度经验的部分调研成果，并补充了中国建筑科学研究院研究项目《北京市房屋建筑使用安全制度咨询研究》的部分调研成果。本章主要介绍的经验有：建设法律体系，管理模式，资金来源，技术标准和综合抗灾等。

2.1　建设法律体系

中国香港特别行政区、中国台湾地区、新加坡和美国等多以全寿命周期为时间跨度在一部法律中对建筑物进行全寿命期的管理，并以该法为核心形成法律体系。

2.1.1　中国香港特别行政区

中国香港特别行政区的成文法的架构分成基本法、法例和规例三级，建设法律体系则分为建设法例和建设规例等，见图 2-1。

中国香港特别行政区的建设法律呈金字塔形式，在金字塔的顶部是中国香港特别行政区的《建筑物条例》[12]。《建筑物条例》于 1956 年 6 月 1 日开始施行，制定该条例的目的为：就建筑物及相关工程的规划、设计和建造订定条文，就使（保证）危险建筑物及危险土地安全订定条文，以及就相关事宜订定条文。

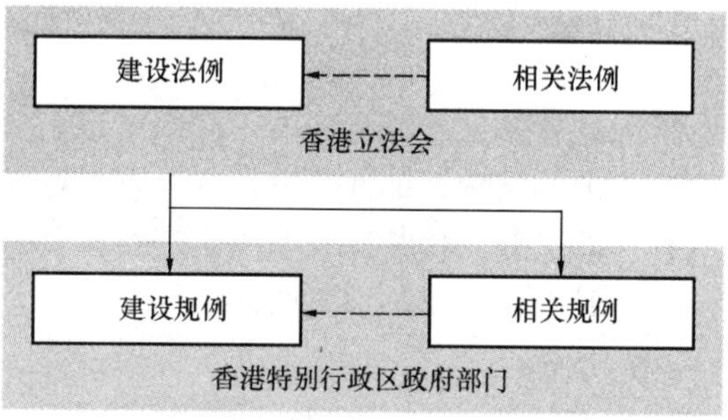

建设法例
相关法例
香港立法会
建设规例
相关规例
香港特别行政区政府部门

图 2-1　香港特别行政区建设法律法规体系

中国香港特别行政区对建筑工程的管理是按照权属划分，而不按用途和类型划分，分为私人工程和政府工程，凡不是由政府拥有的建设项目均为私人工程。这种划分方式强调以所有权人作为建筑物管理的责任人，即私人工程由私人业主负责，屋宇署予以协调和帮助，政府工程由政府业主（建筑署和房屋署）负责，有利于对建筑物实行全寿命周期管理。

《建筑物条例》只适用于私人工程，包括了建筑物在规划、设计、施工、长期使用直至拆除等各个阶段的质量和安全管理，体现了全寿命周期管理的思想。

《建筑物条例》具体内容包括：关于参与建筑物全寿命周期各个阶段的机构（如承建商等）和人员（如结构工程师、岩土工程师等）的委任、注册、监管、责任；建筑物的拆除程序和安全管理；危险建筑物的鉴定和处置；相关技术标准（如斜坡稳定、道路、排水工程、消防等）；对既有建筑物的定期检查和及时维修；以上各类活动的行政管理；对违法行为的处罚及上诉程序等。

2.1.2 中国台湾地区

中国台湾地区的建设法律体系以“立法院”制定的14部并列的专项法律共同组成建设法律体系的顶层，再依次配置相应的建设法规命令和建设行政规则，形成若干相互联系又相对独立的子体系，见图2-2。

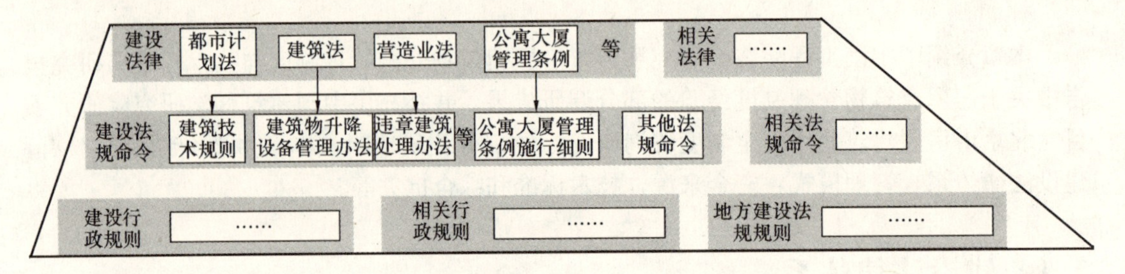

图2-2 中国台湾地区的建设法律体系

中国台湾的建设法律体系从表面上看是梯形结构，《建筑法》[13]的内容涵盖立项、设计、施工、使用和拆除等阶段，在一定程度上体现了建筑物全寿命周期管理制度。

中国台湾地区《建筑法》于2004年1月20日修正，是台湾地区建筑物全寿命周期管理的基本法律。该法律的目的为：为实施建筑管理，以维护公共安全、公共交通、公共卫生及增进市容观瞻。该法律的具体内容主要包括各种基本定义、建筑许可（即施工、使用、拆除等相关单位的资质和资格管理）、建筑地基、建筑界限（即城市规划）、施工管理、使用管理和拆除管理等章节。

在使用管理一章，首先建立了建筑物使用执照制度，执照由建设单位申请，对建筑物接水接电和开始使用进行许可；其次规定了公共安全和环境卫生的相关内容，包括建筑物用途变更前的结构、部件、设备的检查，业主自行维护所拥有建筑物的义务，政府相关部门的检查的义务，公共建筑业主定期委托具有资质的专业机构和人员进行检查等；此外还对游乐园和电梯等特种设备的使用许可、安全检查和处理等做出详细规定。

在拆除管理一章，主要规定了拆除许可、申请和审查程序、拆除条件（自身存在安全隐患或危害公共安全）以及拆除时相应的安全防护措施等。

《建筑法》总体结构上涵盖了建筑物全寿命周期，但深入剖析条文内容，其背后蕴含的立法思想还是以各个阶段的简单相加为主，如果将每一章单独形成一部法律则也可以各自独立存在，各章之间基本没有相互联系，而不像中国香港特别行政区的《建筑物条例》，从政府监管与服务、建筑物本身、相关机构和人员的角度对建筑物全寿命周期进行管理。

2.1.3 新加坡

新加坡和中国香港特别行政区一样，在历史上都曾为英国殖民地，法律体系有诸多相似之处。新加坡的法律称为“法令”（Statutes），法令的具体名称为“法”（Act）。由新加坡议会制定。

新加坡的建设法律体系也采取了金字塔结构，由《建筑物管理法》[14]（法令第29章）(Building Control Act）作为建设事业基本法令，再以该法令附属的6个规章为下位法规。除该法令外，还有《建设局法》等6部法令作为辅助和支撑，法律体系见图2-3。

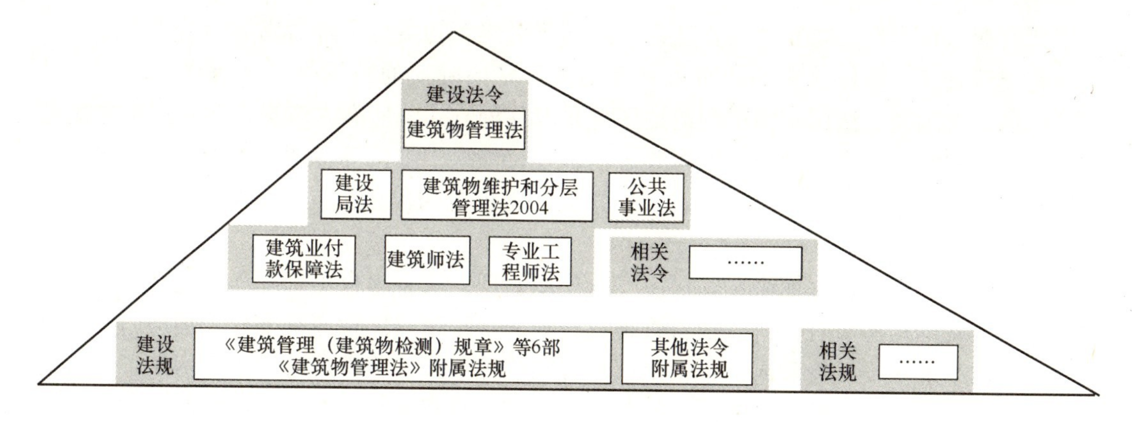

图 2-3　新加坡建设法律法规体系

新加坡的《建筑物管理法》于 1989 年 5 月 1 日开始施行，主要内容包括建筑工程的管理、空调机组的安装和翻新、危险建筑物处置、建筑物检测和其他规定。《建筑物管理法》同中国香港特别行政区的《建筑物条例》一样，覆盖建筑物设计、施工和长期使用的全过程，其最大贡献在于强制规定了建筑物的检测，包括检测周期和人员。《建筑物管理法》规定：住宅建筑每 10 年、非住宅建筑每 5 年应当进行检测，否则将被处以罚款或监禁。而中国大陆、中国香港和中国台湾地区的法律法规中均未对建筑物检测作出规定或强制规定（香港已计划制定建筑物强制检测相关法例）。新加坡之所以以干净、整洁的市容环境闻名于世，《建筑物管理法》的相关规定功不可没。

2.1.4　美国

地方建筑法规在美国建筑物管理中起着举足轻重的作用。美国各州都根据自身实际情况选取或制定地方建筑法规，与建筑物管理相关的主要是各地的建筑物标准（Building Code）[15]，是一种技术法规。一些州也将对建筑物管理的权力下放给各县市镇。因此美国在州县市镇各区域都可能存在着不同的建筑物标准，且它们相互之间不存在从属关系。但总体而言，地方建筑物管理主要还是以州一级政府为主，而各州又普遍采用了国际标准理事会（International Code Council，ICC）制定的一系列条例示范文本，因此 ICC 条例具有最为广泛的代表性。

同香港、新加坡等地将技术标准纳入法律法规相反，美国的这些技术标准最大的特点是将很多管理性规定纳入其中，通常作为标准全文的第 1 章“管理”（Administrator）。这一章中也有总则、适用范围、主管部门及其权限、业务程序和费用等，其作用相当于一部完整的法规或规章。此后其余各章则是具体的标准条文。

2.2　管理模式

所谓管理模式包括管理方式、机构的设置。

2.2.1　管理方式

在管理方式上，中国香港特别行政区按照建筑物权属关系进行划分。这种划分方式强调以所有权人作为建筑物管理的责任人，有利于对建筑物实行全寿命周期的管理。

将建筑物安全责任落实到所有人和使用人，是国际上通行的做法。英国、美国、日本、德国、奥地利、法国和中国台湾地区均采取这种方式。所有人应当按照房屋本来用途使用，并对共有部分进行维护、保存并分担管理、修缮、维持等费用。对于出租、出借的房屋，一般通过签订安全协议的方式（有的包含于规范的出租合同），将使用人的安全责任予以明确。

从具体的管理操作方面来看，房屋安全使用管理方式分为自主管理和委托管理两种方式。自主管理即房屋所有人自行执行管理或构成一个管理团体管理；委托管理即所有人将安全使用管理业务委托管理人（包括个人和公司两种形式）管理。对于私有房产，中国的香港地区采用的是委托管理的方式。按照香港《建筑物管理条例》，香港所有人应当注册法人团体，法人团体委托专业管理人对房屋安全使用进行管理；而对于未注册法团且业主会议没有议定委托专业管理人的，由政府指定的业主委托专业管理人，专业管理人制度是香港法规的强制性规定。而日本、美国、新加坡和我国台湾地区，采用的是自主管理和委托管理相结合的双轨制方式。

对于公有房产，国际上一般采用政府雇佣专业管理人管理的方式。如美国纽约的黑人社区，政府从租户中选择一些人进行专业培训，给这些人发放一定的薪水，由这些人对房屋安全使用进行专业化管理。房屋的维修费用和专业管理人的薪水的来源主要是房租收入和社会捐助。

2.2.2 管理机构的设置

在管理方面，中国香港、中国台湾、新加坡和美国在建筑物管理中均采取根据权属类型进行分类指导的方式，每一权属类型的建筑物全寿命周期管理通常由单一部门负责。

在具体管理工作内容上，由于这些发达国家和地区的行业协会较为成熟，政府能够积极动员专业行业协会的力量对房屋安全管理给予意见建议，对业主参与房屋安全管理给予较多指导，因此政府部门工作主要集中在政策制定、公共服务和宣传咨询方面。具体内容见表 2-1。

机构设置比较 **表 2-1**

	中国香港	中国台湾地区	新加坡	美国
政府机构	房屋署——公屋和商业建筑 建筑署——政府的公共建筑设施 屋宇署——私人楼宇	“中央政府”：“内政部营建署” 地方政府：县（市）政府下属工务局和都市发展局	建设局——私人房屋和基础设施 建屋发展局——公屋 市镇理事会——公屋的共有部位	联邦政府：住房和城市发展部——住宅和社区建设；服务总局和各地方分支机构（业主机构）——联邦公共建筑如政府建筑 各州县政府（监管机构）：如房屋署
工作方式	各个部门分别管理某类建筑物的全寿命周期	一个部门管理房屋建筑物的全寿命周期（包括消防、防空设施）	各个部门分别管理某类建筑物的全寿命周期	各个部门分别管理某类建筑物的全寿命周期

续表

	中国香港	中国台湾地区	新　加　坡	美　　国
工作内容	监督管理、审批、制定标准、行政处罚 提供免费咨询服务、举办讲座、展览和研讨会、出版大量宣传手册和指南、具体实施检测和维修业务	监督管理、审批、制定标准、行政处罚 出版宣传手册、具体实施部分检查检测业务	监督管理、审批、制定标准、行政处罚 提供免费咨询服务、出版大量宣传手册和网上指南、具体实施和协助业主实施检测和维修业务	提供和维护房屋建筑物、提供租赁、买卖相关协助和宣传、实施或协调部分检查检测和维修业务、相关政策研究
机构分布	在全港各地均有分支机构、分布密度高、工作效率可与消防、公安部门媲美	由政府认可专业企业如各公共安全检查有限公司负责，分布密度非常高	在全国各地均有分支机构、分布密度非常高	在各市镇均有办事机构，分布密度高
人员配备	雇用大量结构工程师和测量师，专业人员比例高	由各公共安全检查有限公司雇用	雇用大量结构工程师和测量师，专业人员比例高	雇用大量结构工程师和测量师，专业人员比例高
业主	主动申请检测和维修自己的房屋 法律地位明确，职责清晰	全面负责、申请和组织各项管理活动 法律地位明确，职责清晰	主动申请检测和维修自己的房屋，接受法律的强制约束和市场的主动调节 法律地位明确，职责清晰	主动申请检测和维修自己的房屋 法律地位明确，职责清晰
相关机构	物业管理公司、政府认可的承包商 香港建筑师学会、香港工程师学会、香港测量师学会配合政府提供咨询和维修服务	物业管理公司 政府认可的承包商 各地建筑师公会、土木技师公会等	物业管理公司 政府认可的承包商 国家发展部下属新加坡建筑师委员会和新加坡专业工程师委员会	物业管理公司 由州政府认可承包商、注册建筑师、注册工程师，建筑物专业检测机构等 各类专业社会团体负责制定技术标准
资质管理	政府认可、由各学会具体负责	政府认可、由各公会具体负责	政府认可、由各委员会具体负责	由各学会具体负责组织，州政府认可

2.3　其他管理经验

其他管理方面的经验包括资金来源、规范标准和综合防灾等。

2.3.1　资金来源

在建筑物管理的资金来源方面，中国香港、中国台湾地区、新加坡和美国等地房屋权属关系较为明确，其原则一般为业主自筹支付包括安全管理在内的相关费用。对于政府所有房屋，政府对其安全管理亦建立了完善的资金拨付与使用渠道。同时，这些国家和地区均考虑到建筑物安全相关费用的不确定性和数额较大的特点，私人业主往往难以承担，政府通常提供了补贴或银行低息贷款等方式，用以支持私人业主改善房屋安全状况。一些国家和地区的资金的来源见表 2-2。

资金来源与保障比较 **表 2-2**

	中国香港	中国台湾地区	新 加 坡	美 国
资金来源	政府财政拨款 低息/免息贷款 物业服务费 楼宇管理基金 保险 业主自筹	政府补贴 公共基金 公共意外责任保险 业主自筹	政府补贴 分期付款（类似于低息或免息贷款） 物业服务费 业主自筹	政府补贴 贷款 物业服务费 业主自筹
资金保障	政府给予详细全面的引导和协助，业主愿意主动出资维修自己的房屋	政府给予引导和协助	政府给予详细全面的引导和协助，业主由于市场调节而愿意主动出资维修自己的房屋	政府给予详细全面的引导和协助，业主由于市场调节而愿意主动出资维修自己的房屋

2.3.2 技术标准

既有建筑的鉴定、改造与功能提升技术依然是经济发达国家目前研究的问题。发达国家对建筑的拆除有严格的规定，但对结构的可靠性鉴定并没有过多的研究，直至最近才颁布了国际标准，英国、法国、美国都没有相应的鉴定标准。究其原因，这些国家对于建筑性能的鉴定都是以现行规范的基本要求为基准，并不因为其具体建造年代而发生改变。例如一些国家的技术标准的名称就是房屋建筑技术规范，并不区分设计规范、施工等。也就是说，技术标准提出的性能等的指标适用于建筑的设计工作，也适用于建筑的使用阶段。

另一个原因是这些国家和地区房屋建筑的安全度较高，例如中国香港特别行政区，其建筑的设计基本按照英国的规范，在具体设计时，港府要求在英国规范的基本要求上再附加 1.2 倍的安全系数。关于结构的可靠性鉴定的标准，只有英国正在编制，而且是针对维多利亚时代的建筑。

2.3.3 综合防灾与应急管理

从建筑物的全寿命期出发，建筑物综合防灾与应急管理是在全寿命期安全管理的重要组成部分。美国作为面临较多自然灾害的国家，在灾害防御方面经验较为丰富，以下择其重点加以阐述。

从 20 世纪 70 年代美国的公共安全管理机构就合并为一个，采用全面的准备、应对和恢复措施，面对所有可能发生的灾难。

美国政府通过成立联邦应急事务管理署，用以将分设的多个与灾害处置相关的机构职责合并到一起，统筹处理联邦应急事务管理署。

“9·11”事件后，联邦应急事务管理署进一步将其各类灾害防范的职能调整到全国性的防务和国土安全问题上。2003 年 3 月，联邦紧急情况管理署与其他 22 个联邦局、处、办公室一起，加入了新成立的国土安全部。联邦应急事务管理署的主要任务是防备、应对灾害和灾后重建和恢复，以及减轻灾害的影响、降低风险和预防灾害等。联邦应急事务管理署的具体工作包括：1）就灾害应急方面的立法建议和日常管理提出建议；2）教会人们如何克服灾害；3）帮助地方政府和州政府建立突发事件应急处理机制；4）协调联邦政府机构处理突发事件的一致行动；5）为州政府、地方政府、社区、商业界和个人提供救灾援助；6）培训处理突发事件的人员；7）支持国家消防服务；8）管理国家洪灾和预防犯罪保险计划等。

美国联邦应急事务管理局出版了一系列免费的风险管理指导手册提供设计与管理指导以减轻多种灾害事件的潜在影响。该系列指南的目标读者包括建筑师、工程师、业主以及州和当地政府官员。从建筑物功能上划分，该系列指南包括了学校、医院、办公建筑、多层公寓、商业建筑、宾馆等常见的建筑物功能类型。从建筑物本身抵抗外在风险的反应机理上划分，按照地震、洪水、台风等自然灾害及恐怖袭击等非传统安全风险进行划分[16-27]。

此外，美国的行业协会也通过各种方式促进建筑物安全管理中防震减灾和应急管理的相关研究和推广工作。美国土木工程协会（ASCE）曾组织团队以研究世界贸易中心和五角大楼的结构和因恐怖袭击而倒塌的问题。该协会的灾难反映计划包括其关键性基础结构相应计划（CIRI）和在线出版物：《基础结构弱点和最佳保护措施》，主要讨论了基础结构弱点和面对人为或自然灾害时如何减少损失的对策和方针。美国国际工业安全协会（ASIS International）提供安全方面的专业服务。美国工业安全协会致力于和包括建筑师、工程师在内的其他专业的合作，并将建筑安全和工程咨询作为针对保护建筑环境中的财产而进行的建筑、工程和技术整合设计的资源。建筑业主和管理国际协会（BOMA）代表了商业房地产行业，提供关于安全和工作场所紧急计划的研究成果。

第3章 国内房屋建筑物管理的状况

本章对中国大陆地区涉及我国房屋建筑物全寿命周期管理的法律法规问题进行了介绍，汇总了房屋建筑物管理的现状、资金来源、综合抗灾、应急管理等方面的调研结果。

3.1 建设法律体系的规划与实施

本节针对房屋建筑物全寿命周期管理问题，介绍了建设法律体系的规划与目前的状况，并介绍了相关法律法规适用的范围。

3.1.1 法律体系的规划

1990年建设部印发的《建设法律体系规划方案》是我国建设方面第一个正式法律体系的规划。该方案规划了中央和地方层面建设法律法规体系的架构。在中央层面，建设法律体系由建设法律、建设行政法规、建设部门规章等三级层次构成；在地方层面，分为地方建设法规和地方建设规章两个层次。《建设法律体系规划方案》的架构见图3-1[28]。

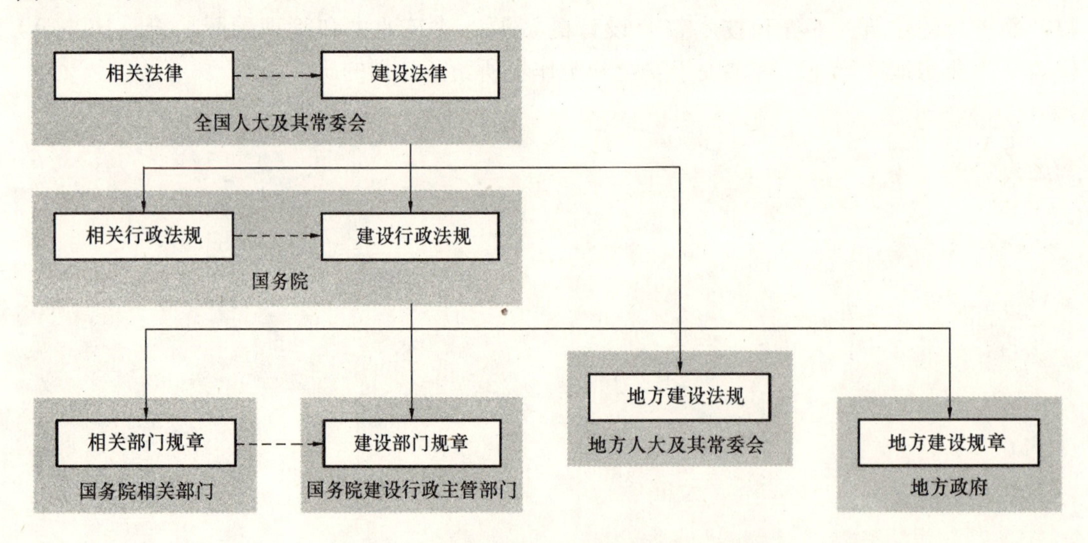

图3-1 《建设法律体系规划方案》架构

1. 法律

建设法律由全国人民代表大会或常务委员会制定和修改。

《建设法律体系规划方案》中法律的规划和制定情况见图3-2。图中，实线框内为已制定的法律；虚线框内是规划而目前尚未制定的法律。

《建设法律体系规划方案》共规划了8部法律，分别属于城市规划等六个方面。其中与建筑建设和建筑物管理相关的为工程勘察设计法、建筑法、城市房地产管理法、住宅法等。物权法、标准化法等是与建设事业相关的法律。

从《建设法律体系规划方案》规划的法律名称上看，似乎就没有专门针对建筑物全寿命周期安全管理的法律。

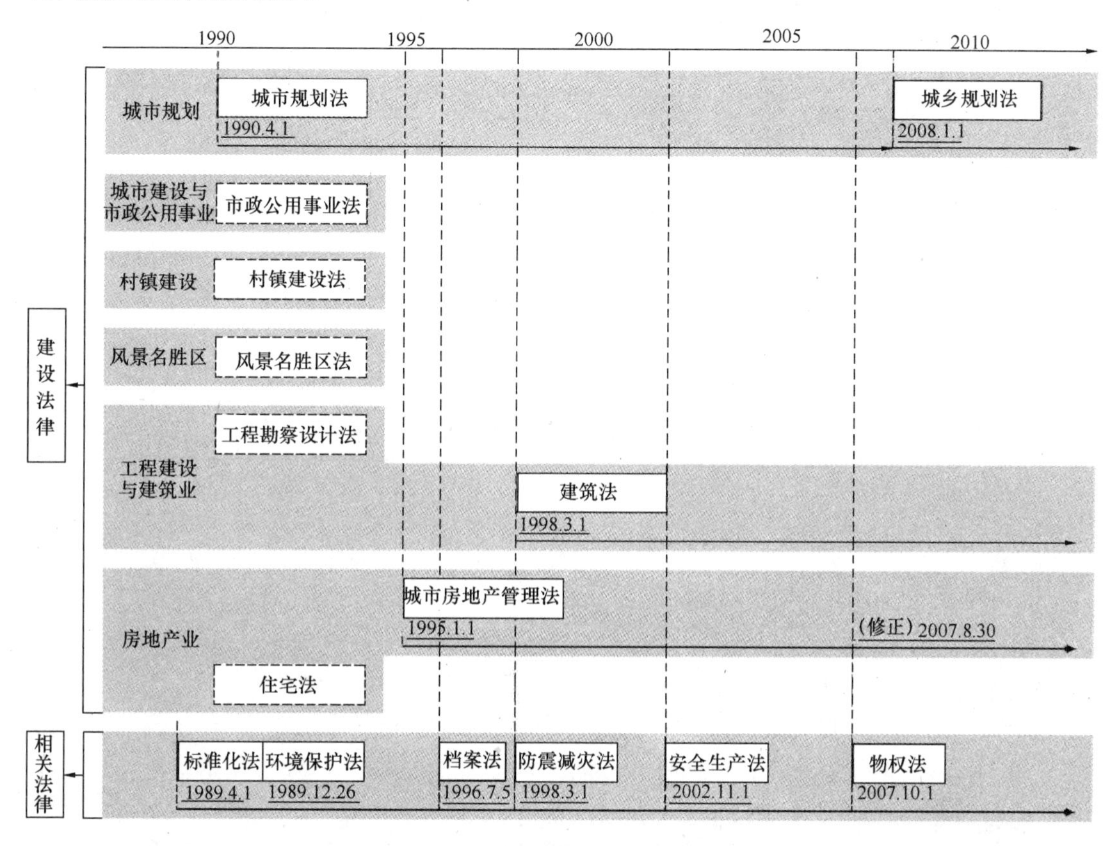

图 3-2　建设法律的规划与制定情况

2. 行政法规

建设行政法规由国务院依法制定和颁布，是法律的下位法，对法律的内容进行细化和补充。行政法规可以授权和约束地方性法规。行政法规通常称为“条例”。

《建设法律体系规划方案》规划和已制定的建设行政法规见图 3-3～图 3-5。图中，实线框内为已制定的法规，虚线框内是规划而目前尚未制定的法规。

图 3-4 是与建设工程相关的行政法规。图 3-5 是与房地产和住宅相关的法规。从建设行政法规的规划情况来看，也没有针对建筑物全寿命安全性管理的法规。

3. 地方性法规

我国幅员辽阔，各地自然环境和经济发展水平极不平衡，建设法律与建设行政法规只能制定相对比较原则的规定，而真正能指导实际工作的，除了建设部门规章外，只有各地方根据自身实际情况因地制宜制定的地方性法规。地方性法规通常也称为“条例”。

由于目前缺少对建筑物全寿命周期的安全管理的法律和行政法规，近年来，许多地方已经制定了相应的地方性法规。表 3-1 列出部分地方性法规及其适用范围[29-34]。

地方性法规与适用范围 **表 3-1**

名　称	主管部门	适用范围					颁布年份
		使用	修缮	装修改造	鉴定	危房	
南京市城市房屋安全管理条例	房产行政主管部门	√	√	√	√	√	2006
天津市房屋安全使用管理条例	国土资源和房屋管理局	√	√	√	√	√	2006
杭州市城市房屋使用安全管理条例	房产行政主管部门			√	√	√	2006
西安市城市房屋使用安全管理条例	房屋行政主管部门	√			√	√	2004
吉林市城市房屋安全管理条例	房地产行政主管部门			√	√	√	2009
宁波市城市房屋安全管理条例	房地产行政主管部门			√	√	√	2001

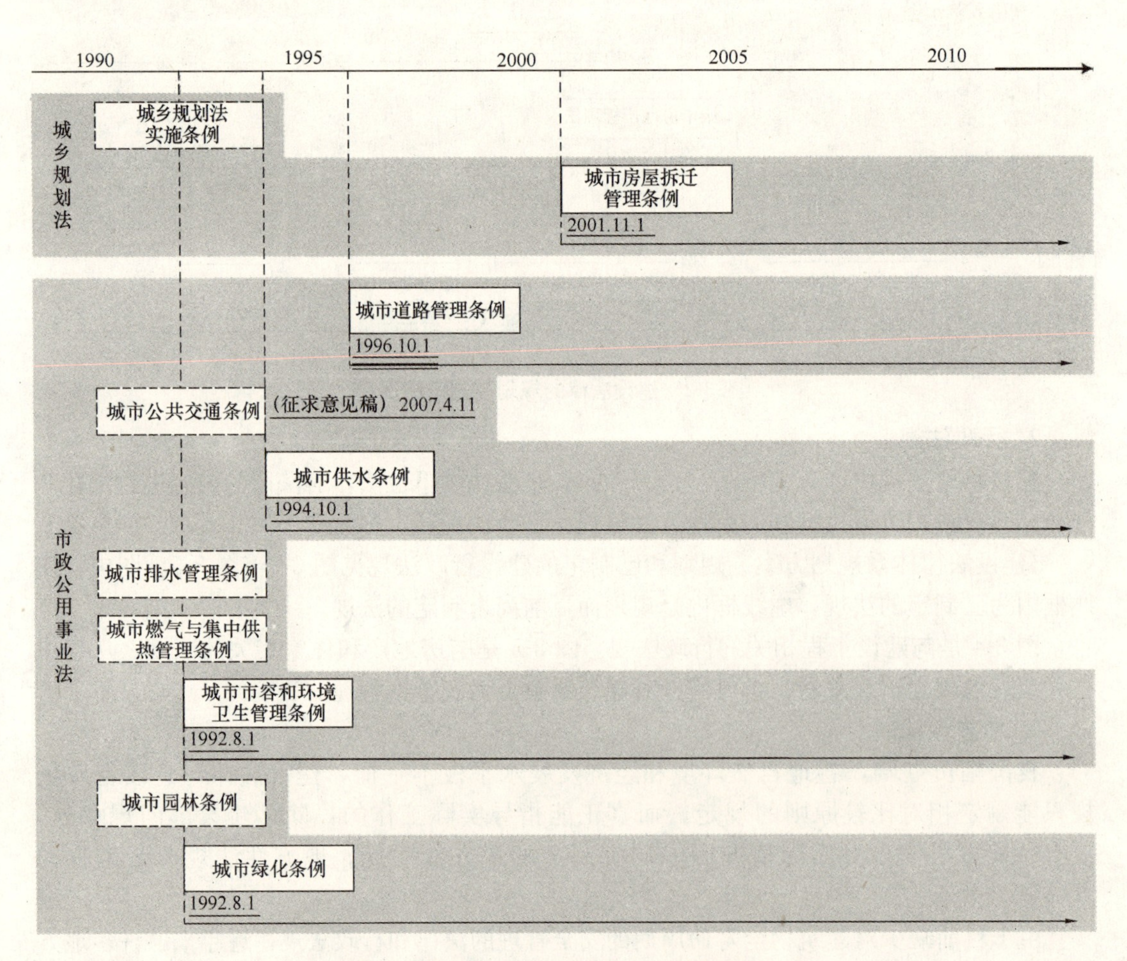

图 3-3　建设行政法规的规划与制定情况之一

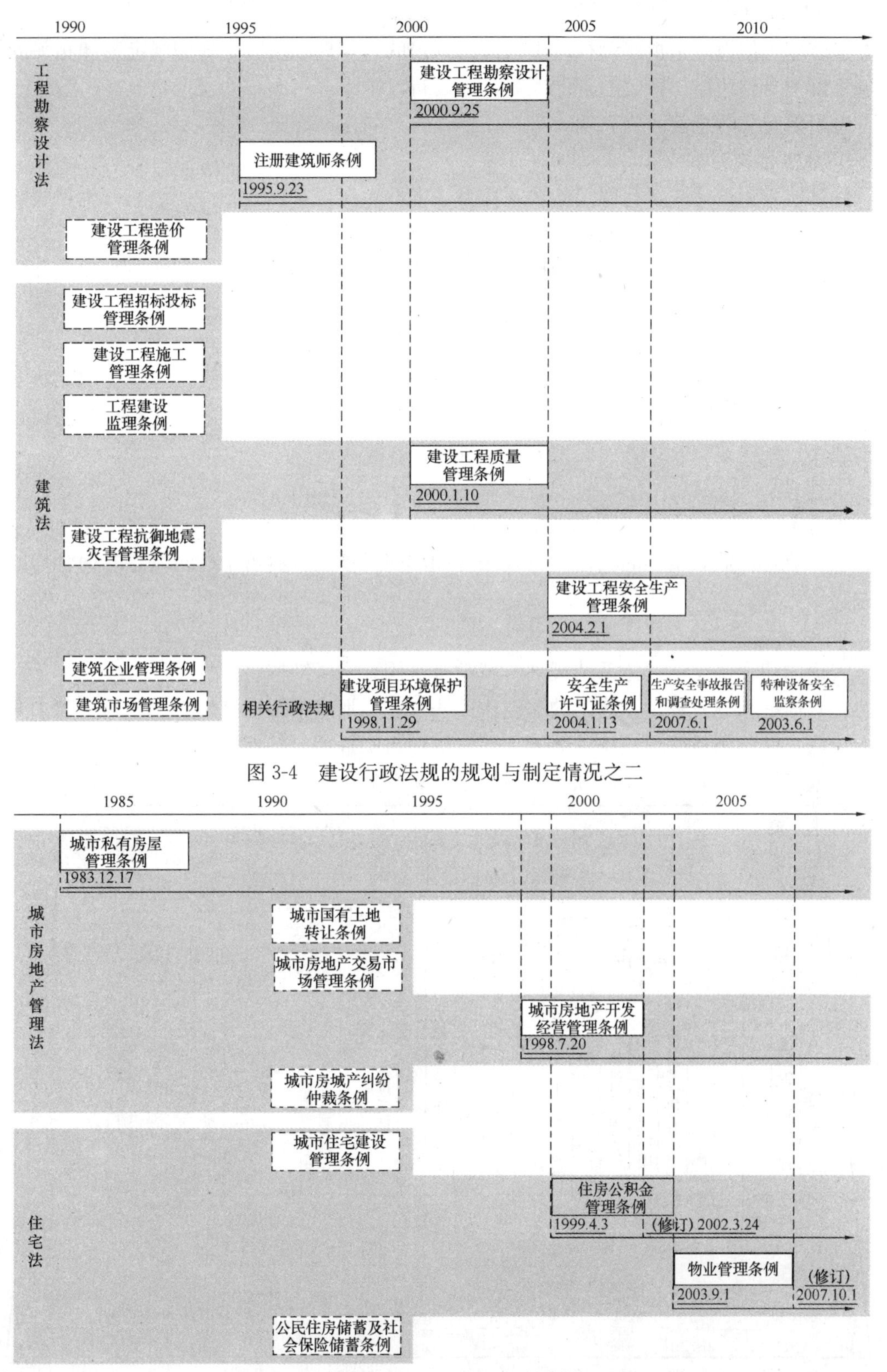

图 3-4　建设行政法规的规划与制定情况之二

图 3-5　建设行政法规的规划与制定情况之三

4. 部门规章

建设部门的规章是指建设行政主管部门制定的“管理办法”、“管理规定”和相关的部令等。由于受到法律、行政法规的限制，建设行政主管部门颁布的规章也没有覆盖建筑物全寿命周期安全的全部问题。

5. 地方性规章

针对地方建设行政主管部门的规章称为地方性建设规章。地方性建设规章也是我国建设法律法规体系中非常重要的组成部分，是制定地方性法规的基础。

地方建设规章的法律地位与建设部门规章相近，详细程度与可操作性也与建设部门规章相近。

6. 小结

《建设法律体系规划方案》已走过 20 年的历程，在指导我国建设法律法规的立法工作方面发挥了不可替代的作用，但该方案缺少针对建筑物全寿命管理的法律和行政法规，因此出现大量的建筑物管理方面的地方性法规。

3.1.2 已制定的法律

本小节对已颁布实施的法律、行政法规和部门规章是否涵盖了建筑物全寿命管理的内容进行了分析。

1. 建设法律体系

我国的建设法律法规体系从规划时就没有采用金字塔结构。

在具体的实施过程中，我国的建设法律法规体系形成了梯形结构，也就是以若干并列的专项法律共同组成建设法律体系的顶层，依次再配置相应的建设行政法规和建设部门规章，形成若干相互联系又相对独立的子体系，见图 3-6。

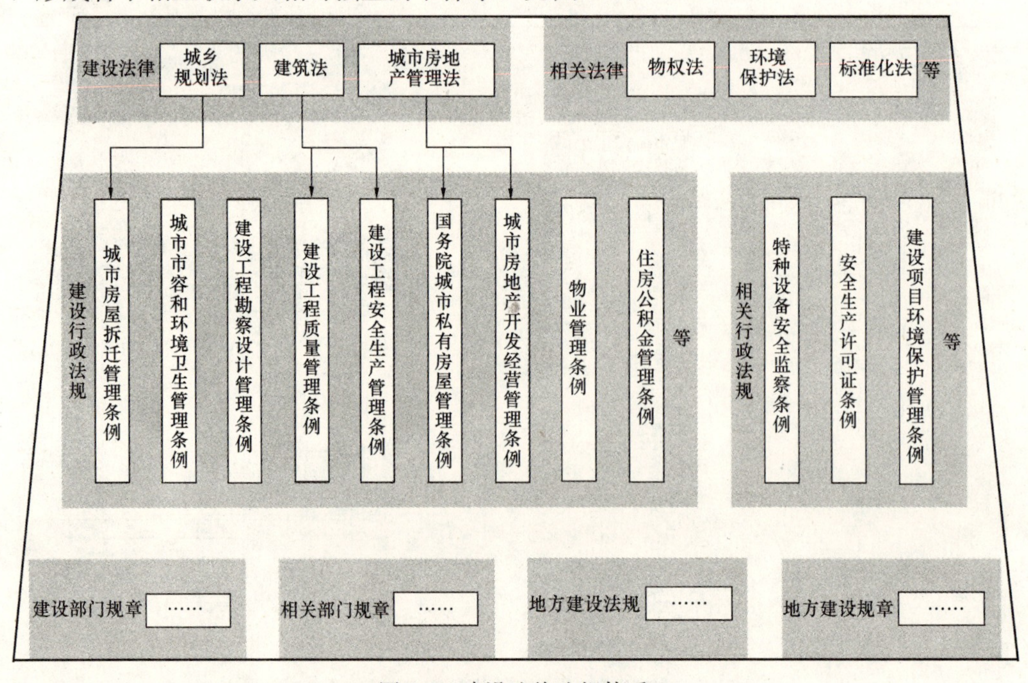

图 3-6 建设法律法规体系

从立法角度看，建筑业、房地产业和市政公用事业等法律调整范围有较大不同，在各自范围内制定法律完全可以解决各自的问题。从行政角度看，国务院建设行政主管部门既是综合职能部门，又是多行业的行业管理部门，管理建筑业、房地产业和市政公用事业等多个行业，在相关行业内各自制定专项法律，也便于行政执法和监督管理。

但是梯形结构的法规体系显然会存在相互交叉和覆盖面不到位的问题，有些问题可能被疏忽。

除了《建筑法》和《城市房地产管理法》等专门针对特定行业的法律外，尚有一些针对多个行业的综合性法律也与建筑物的管理相关，如安全生产、招标投标、合同、标准化、防震减灾、防洪等方面的法律。

2. 物权法

《物权法》[35]由全国人民代表大会制定，其法律效力仅次于宪法。《物权法》于 2007 年 10 月 1 日开始施行，在我国第一次以民事基本法的形式对物权作出了安排，从而全面确认了公民的各项基本财产权利，为公民的基本人权保障和创建法治社会奠定了基础。

《物权法》虽然不属于建设法律体系，但是该法对建筑物的物权作出了规定，而建筑物的物权是确定建筑物管理制度的重要基础，因此可以认为该法与建筑物全寿命的管理相关。

3. 建筑法

《建筑法》于 1998 年 3 月 1 日开始施行。《建筑法》的目的是加强对建筑活动的监督管理，维护建筑市场秩序，保证建筑工程的质量和安全，促进建筑业健康发展。因此，《建筑法》主要针对建筑工程的管理，也就是针对建筑施工阶段的管理。

根据《建设法律体系规划方案》，《建筑法》不直接对建筑物管理活动作出规定。建筑物在施工阶段的管理水平直接影响其实体质量、安全和合理使用寿命，可以认为《建筑法》也涉及建筑物全寿命管理的部分内容。

4. 城市房地产管理法

《城市房地产管理法》于 1995 年 1 月 1 日开始施行，适用于房地产开发、交易和管理。其中，房地产开发是指基础设施和房屋的建设行为，与《建筑法》的适用范围基本一致，但该法主要针对开发过程中的经济管理。

《城市房地产管理法》规定的房屋建筑物产权的登记制度是确定建筑物业主的唯一途径，确定建筑物的业主是建筑物管理制度的重要基础，因此认为该法也涉及建筑物全寿命安全管理的问题。

5. 其他相关法律

《城乡规划法》[36]是《建设法律体系规划方案》中列出的建设法律之一，制定该法的目的是：加强城乡规划管理、协调城乡空间布局、改善人居环境、促进城乡经济社会全面协调可持续发展。房屋建筑物显然是城乡规划的主要对象。

《防洪法》是为了防治洪水，防御、减轻洪涝灾害，维护人民的生命和财产安全，保障社会主义现代化建设顺利进行而制定的法律。

《防震减灾法》[37]是为了防御和减轻地震灾害，保护人民生命和财产安全，促进经济社会的可持续发展而制定法律。由于其修订是在 2009 年完成的。因而其有关规定全面而具体，该法多处提到建设和房屋建筑物的问题。

《气象法》是为了发展气象事业，规范气象工作，准确、及时地发布气象预报，防御气象灾害，合理开发利用和保护气候资源，为经济建设、国防建设、社会发展和人民生活提供气象服务而制定的法律。

《消防法》是为了预防火灾和减少火灾危害，加强应急救援工作，保护人身、财产安全，维护公共安全而制定法律。该法不仅对建设工程的消防问题作出规定，对建筑物的消防问题也作出了规定。

6. 小结

由于建设法律没有采取金字塔的结构形式使得房屋建筑物全寿命的管理存在覆盖不到位的问题。其中部分遗漏问题通过其他法律予以适当的弥补。

3.1.3 已制定的行政法规

我国现行的与房屋建筑物管理相关的建设行政法规主要有：《国务院城市私有房屋管理条例》、《住房公积金管理条例》、《城市房屋拆迁管理条例》、《物业管理条例》、《建设工程质量管理条例》、《城市房地产开发经营管理条例》和《城市市容和环境卫生管理条例》等。对房屋建筑物管理相关问题作出规定的行政法规有《特种设备安全监察条例》等。

1. 城市私有房屋管理条例

《国务院城市私有房屋管理条例》于1983年12月17日开始施行。该条例所称私有房屋，是指个人所有、数人共有的自用或出租的住宅和非住宅用房。该条例对出租房屋的维修责任和维修资金作出了原则性的规定。虽然该条例名称中含有“房屋管理”，但具体内容基本与房屋建筑物长期使用阶段的安全管理无关。

2. 住房公积金管理条例

《住房公积金管理条例》于2002年修改。与建筑物管理相关的主要为规定了职工住房公积金账户内的存储余额可以用于大修，是住宅建筑维修的资金来源之一。

3. 物业管理条例

随着《物权法》的施行，《物业管理条例》于2007年进行了修改。该条例规定了业主、业主大会、业主委员会、物业服务企业各自的责任内容，特别是规定了物业日常使用、维修内容和维修资金来源等内容。

4. 城市房屋拆迁管理条例

《城市房屋拆迁管理条例》于2001年开始施行。该条例的上位法是原“城市规划法”，其规定的房屋拆迁主要是针对城市规划的需求，实际内容主要为规范取得房屋拆迁许可证的单位和被拆迁房屋的业主双方的行为，即拆迁管理和拆迁安置与补偿的相关内容。关于拆除过程中的安全问题未作出规定。

5. 建设工程质量管理条例

《建设工程质量管理条例》于2000年开始施行。该条例主体是针对建设工程质量，还规定了建筑物部分项目的保修期限和超过保修期后的维修办法。这些规定解决了建筑物早期的维修和维修资金问题。

6. 城市房地产开发经营管理条例

《城市房地产开发经营管理条例》于1998年7月20日开始施行。该条例首次提出了两个关键概念：住宅质量保证书和住宅使用说明书，这是由房地产开发企业向业主提供的文件，是建筑物管理中的日常管理和维修环节的重要依据。

7. 城市市容和环境卫生管理条例

《城市市容和环境卫生管理条例》于1992年8月1日开始施行。与建筑物管理相关的主要为建筑物临街外立面的保洁和大型户外广告牌等的维护。

8. 特种设备安全监察条例

《特种设备安全监察条例》于2003年6月1日开始施行。与建筑物管理相关的主要为关于电梯生产、日常使用和检测检验的条款。

9. 小结

根据以上分析情况可以认为：作为建设法律补充和完善作用的建设行政法规，并没有弥补建设法律的疏漏，特别是在关乎建筑物安全方面重要的问题如检测鉴定、加固改造、废置拆除和抵抗灾害方面。

3.1.4 地方性建设法规

由于建设行业采取了属地化管理的制度，建筑物的安全管理似乎理所应当地也要执行属地化管理制度。各地房屋安全管理部门纷纷制定地方性建设法规和政府规章，据不完全统计，目前已有70多个地方性法规和政府规章已经颁布或即将颁布执行。表3-1仅列出了少量地方性建设法规。

地方房屋安全的主管部门一般为房地产行政主管部门，在法规内容上看，只涵盖竣工交付后的既有房屋，即使这样，在内容的全面性上也不尽相同。颁布时间较晚的地方法规，如2006年后颁布的南京市、天津市和杭州市房屋安全相关法规，其内容涵盖了房屋使用、修缮、装修改造、安全鉴定和危房处理等房屋安全管理工作，而较早颁布的地方性法规和管理办法，其基础往往是建设部2004年对《城市危险房屋管理办法》修订之前的危险房屋管理要求和装饰装修的有关规定。

以下对上海、北京和深圳三地的情况予以简要地介绍。

1. 北京

北京市的房屋建筑物管理相关的地方建设法规规章见表3-2。

北京市房屋建筑物管理相关地方建设法规规章 表3-2

管理业务	名　称	施行年份	管理内容
日常使用	北京市居住小区物业管理办法	1995年	物业管理
	北京市城市建筑物外立面保持整洁管理规定	2000年	日常维护保洁
检测鉴定	北京市房屋安全鉴定工作管理办法	1993年	鉴定
维修加固	北京市城镇房屋修缮管理规定	1994年	维修责任和资金
	北京市城市房地产转让管理办法	2003年	保修责任
	北京市实施《住房公积金管理条例》若干规定	2006年	大修的资金来源
拆迁拆除	北京市城市房屋拆迁管理办法	2001年	拆迁安置补偿
	北京市集体土地房屋拆迁管理办法	2003年	拆迁安置补偿
	北京市房屋拆迁现场管理办法	2006年	拆除安全和资质管理
档案管理	北京市城市建设档案管理办法	2003年	档案管理

此外，北京市还制定了一些房管系统的部门规章。

2. 上海

上海市的房屋建筑物管理相关的地方建设法规规章见表 3-3。

此外，上海市还制定了《优秀历史建筑修缮技术规程》DGJ 08-108—2004 和《房屋质量检测规程》DGJ 08-79—99 等关于房屋建筑物维修和检测的地方标准。上海市在房地产权属登记、住宅维修基金、拆除违章建筑和文物保护等方面的规定较为全面具体。

上海市房屋建筑物管理相关地方建设法规规章　　表 3-3

管理业务	名　称	施行年份	管　理　内　容
日常使用	上海市居住物业管理条例	1997 年	物业管理
	上海市房地产登记条例	2003 年	权属登记
	上海市房地产登记条例实施若干规定	2003 年	权属登记
检测鉴定	无		
维修加固	上海市房地产转让办法	2000 年	保修责任
	上海市房屋租赁条例	2000 年	维修责任
	上海市商品住宅维修基金管理办法	2001 年	维修的资金来源
	上海市住房公积金管理若干规定	2006 年	大修的资金来源
拆迁拆除	上海市城市房屋拆迁管理实施细则	2001 年	拆迁安置补偿
	上海市拆除违法建筑若干规定	1999 年	拆除违章建筑
文物保护	上海市历史文化风貌区和优秀历史建筑保护条例	2003 年	日常使用和维修
	上海市优秀近代建筑保护管理办法	1997 年	日常使用和维修
	上海市优秀近代建筑房屋质量检测管理暂行规定	1995 年	检测

3. 深圳

深圳市的房屋建筑物管理相关的地方建设法规规章见表 3-4。

深圳的相关建设法规规章较北京和上海少，在检测鉴定方面也属于空白。这与深圳属于新兴城市有关，其使用年数较长的房屋建筑毕竟太少。

深圳市房屋建筑物管理相关地方建设法规规章　　表 3-4

管理业务	名　称	施行日期	管　理　内　容
日常使用	深圳经济特区物业管理条例	2008 年	物业管理
	深圳经济特区房地产登记条例	1993 年	权属登记
	深圳经济特区处理历史遗留违法私房若干规定	2002 年	权属管理
	深圳经济特区处理历史遗留生产经营性违法建筑若干规定	2002 年	权属管理
检测鉴定	无		
维修加固	深圳经济特区房地产转让条例	1993 年	维修责任
	深圳经济特区房屋租赁条例	1993 年	保修责任
拆迁拆除	深圳经济特区房屋拆迁管理办法	2002 年	拆迁安置补偿

4. 小结

地方建设法规、规章是建设法律、法规和部门规章的补充，如果地方政府认为中央政府颁布的法律法规可以用于指导本地实际工作，也可以不制定本地的规章，但是目前存在地方建设法规规章超出中央建设法律法规适用范围的情况，最为典型的是检测鉴定这部分业务，各地制定了一些法规规章，但建设行政法规和部门规章尚未有相关内容施行，使得某些实际工作缺乏上位法规的支持。

3.1.5　法律法规调研情况小结

由于我国建设法律体系没有采用金字塔结构的形式，使得建设法律在建筑全寿命安全管理中存在缺失的环节。虽然部分缺失的环节由非建设方面的法律予以弥补，但是由于没有明确这些环节的主管部门，因此法律规定没有得到很好的落实。

没有法律、法规为基础，建筑物的制度管理、资金管理必然处于混乱状态，建筑物的安全状况很难得到改善。

建设行政法规应弥补建设法律的疏漏，把一些非建设法律的相关规定进一步完善细化，同时完善建筑物全寿命安全管理。

3.2　房屋建筑管理的现状

本节所指房屋建筑物管理状况主要是指行政主管部门的状况以及物业服务企业、检测鉴定机构、维修修缮机构、加固改造的设计和施工企业等的状况。

3.2.1　监管部门

目前我国房屋建筑物的行政主管部门分成国务院—省—地市三级的方式，如图 3-7 所示。各地根据业务需要将建设行政主管部门与房地产行政主管部门分设，建筑物的管理通常由房地产行政主管部门负责。

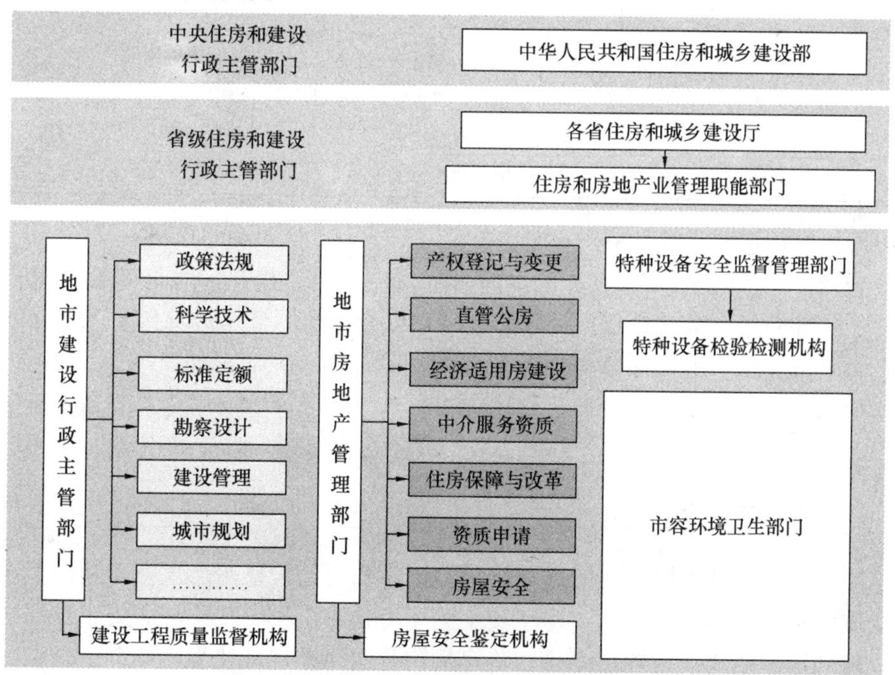

图 3-7　行政主管部门的管理层次

工程质量安全监管部门的职责中包括了城乡建设防灾减灾规划内容，房地产市场监管部门的职责中包括了房地产市场权属管理、产业发展规划和政策等内容，但对于建筑物安全管理，均未在以上两个部门职责当中出现。国务院住房和建设行政主管部门应该对建筑物进行行业管理，但法律和行政法规并未赋予住房和建设行政主管部门这样的职权。根据《行政许可法》[38]规定，没有法律和行政法规的规定时，不能设立行政许可。而建筑物的检测鉴定、加固改造和拆除等机构或企业的资质管理普遍涉及行政许可问题，地方房屋主管部门对这些机构和企业的管理也涉及行政许可问题。

与房屋安全管理相关的内容包括房屋拆迁、房地产评估、物业管理等，但未明确指出与房屋安全管理工作相关的职责与内容。各省、自治区住房和城乡建设行政主管部门下设房地产管理部门指导房产相关工作，但目前房屋安全工作并未成为省一级住房和城乡建设行政主管部门的重点。

3.2.2 管理部门

各地房地产行政主管部门下设分管房屋（设备）安全的相关职能部门或事业单位负责房屋的管理。这种管理的行政许可源于建设部规章《城市危险房屋管理规定》。而城市危险房屋的定义一般为老旧房屋，与正规设计和施工的房屋建筑物有很大差异。

这些管理机关负责老旧房屋（设备）安全管理与维护的具体内容见表 3-5。

各地区房屋（设备）安全管理机关的职责 **表 3-5**

政策制定	负责本地区房屋安全管理政策的制定和落实
安全鉴定	负责组织本地区房屋安全鉴定工作
危房改造	负责编制城市危房改造规划，制定并实施市年度危房改造计划
安全生产	负责指导直属单位安全生产管理工作
白蚁防治	负责本地区白蚁预防行业管理
直管房产	负责指导本地区国有直管房产经营、出租、维修等业务管理工作
行业管理	负责全市房屋维修的行业管理，制定本地区房屋修缮工程技术规范及工程质量等级评定标准
历史建筑	负责优秀历史建筑的确认、维护、使用与保护的监管工作

可以看出，房屋（设备）安全管理的相关职能部门或下设的机关，既充当了制定政策、行业管理的“裁判角色”，又充当国有直管房屋经营、出租、维修等业务管理工作的“业主角色”，部分地区的管理部门还承担了房屋安全鉴定、危房改造等具体业务工作，其多重角色集一身往往造成工作负担过重而无法深入具体的房屋安全管理。

这样的管理方式只适用于管理政府自有产权房屋和城市老旧房屋，不适用于目前房屋建筑物产权多样化的情况。

3.2.3 检测鉴定机构

我国各地、市、县人民政府的房地产行政主管部门已设立了房屋安全鉴定机构，负责房屋安全质量鉴定，并统一启用“房屋安全鉴定专用章”。这些机构是按建设部《城市危险房屋管理规定》的要求设置。但这些鉴定机构普遍存在规范化程度不高、从业人员技术业务素质偏低、硬件装备不全等问题，只适于进行城市老旧房屋的危险性鉴定。

一些经济发达地区成立了具有中介服务性质的建筑安全鉴定机构，如房屋鉴定司法中心。一些建筑科研机构、质量监督部门、设计单位也开展了房屋建筑物的安全鉴定工作。广州等地房屋检测鉴定已部分或全部市场化运作，监督部门主要负责鉴定机构的资质管理；北京、天津等地目前将鉴定部门列为政府下属事业单位，经费收支既有财政差额补贴，也有实行自收自支管理的，包括房屋安全鉴定等具体业务，也负责行业管理；上海等地目前采取企业化管理模式，经费收支主要是自收自支。

3.2.4　其他机构

物业服务企业，也就是所谓的物业公司，目前承担了大量建筑物的管理工作，也应该纳入建筑物相关机构的范畴，房地产主管部门负责物业服务企业的监管。

随着房屋建筑物产权的多样化，房屋建筑物重新装修工作也逐渐市场化，目前房屋建筑物重新装修市场极其混乱。对这些装修的小机构或是街边的装修人员也缺乏监督和管理。

房屋建筑物的拆除企业目前是有资质要求的，其资质归工程建设行政部门管理。

3.3　其他方面的状况

本节介绍房屋建筑物的资金来源、综合抗灾和应急措施等方面的状况进行简单介绍。

3.3.1　资金来源

我国目前房屋使用管理的资金主要用途为房屋建筑物的日常维护修缮与房屋的中修及大修，日常检测鉴定费用通常由提出检测鉴定申请的委托人承担。就日常维护修缮与房屋大、中修所需的资金而言，其来源根据房屋权属类型的不同主要有以下几个渠道，如表3-6所示。

房屋使用管理资金来源　　**表 3-6**

名　称	来　源	对　象
物业管理费	业主日常缴纳	商品房住宅共用部位小规模修缮
专项维修资金	业主购房时缴纳	商品房住宅中修及大修
财政专项资金	政府拨款	直管公房的维护、修缮（直管公房的范围主要为政府办公用房和产权为国家所有的职工住房）
保修	质量缺陷责任方	所有满足相关法律法规规定的建筑物质量保修
其他	业主自筹	产权为集体或私有的商业建筑及未聘用专业管理的住宅

以上用于房屋安全管理的资金来源渠道中，各项新建商品房住宅房屋共用部位的日常修缮主要来自于业主缴纳的物业费，涉及房屋大修所产生的费用按照相应管理办法，使用住宅专项维修资金。

直管公房使用过程中的维护、修缮主要来自于政府财政的专项资金。商业建筑的使用维修费用主要由业主单位承担，交由物业公司负责。此外，大量的直管公房经房改后未建立起类似于商品房住宅的住宅专项维修资金或专项维修资金不足，有些亦未聘请专业管理人进行管理，尚处于资金和专业管理力量均欠缺的状态。

3.3.2 综合防灾

目前，我国防灾救灾方面主要有5部法律、9部行政法规，法律包括：《突发事件应对法》、《防震减灾法》、《防洪法》、《防沙治沙法》、《气象法》。行政法规包括：《破坏性地震应急条例》、《地震预报管理条例》、《地震安全性评价管理条例》、《地震监测管理条例》、《地质灾害防治条例》、《人工影响天气管理条例》、《防汛条例》、《蓄滞洪区运用补偿暂行办法》以及《汶川地震灾后恢复重建条例》。其中，《防震减灾法》、《地震安全性评价管理条例》等法律法规中均对房屋建筑应对地震、台风、雨雪冰冻、暴雨、地质灾害等自然灾害所采取的工程和非工程措施作出了相应要求。

3.3.3 应急管理

我国目前针对各种原因导致的建筑物安全事故的应急管理工作体系尚在探索和建立过程中。汶川地震后，部分地区、尤其是地震灾区的房屋安全管理部门出台了在多种情况下的房屋安全应急预案，一方面说明当前房屋安全管理终于由“治危”向“防危”的思路转变，另一方面也说明此前对于房屋安全管理工作认识的片面性和局限性。目前我国针对灾害和突发事件的应急管理体系还处于构建过程当中，应急管理工作主要是以城市或区域为单位的整体应急管理，以及针对某一系统的应急管理，如城市供水系统、供电系统等。

3.4 小结

通过对建筑物管理制度的经验的调查和我国房屋建筑物管理现状的分析，当前我国房屋建筑物管理所出现的问题是一个复杂系统在快速变革时期的不稳定性的实例反映。从制度层面分析，当前制约房屋建筑物管理发展的因素可通过表3-7概括。

房屋建筑物管理制度层面问题　　表3-7

层面	具体问题
法律法规	现有中央层面房屋安全立法内容陈旧，无法适应新形势，解决新问题；中央层面行政法规缺位导致无法统筹管理，各地立法思路、内容不尽统一；由于缺少上位法支持，多数地方未推进房屋安全管理立法工作
机构设置	地方建设行政主管部门与房地产行政主管部门的职责分工不明确，缺少相互衔接；房屋安全管理与房屋安全鉴定关系不明确；房屋安全鉴定机构整体技术力量不足，分布密度偏低
资金保障	资金来源复杂，总量较小，无法涵盖所有既有房屋，部分类型房屋管理资金匮乏
技术标准	结构安全设置水准的不足，缺乏结构整体牢固性标准，使用阶段技术标准有待完善
防震减灾	大量房屋建筑物由于各种原因抗震减灾能力不足重要公共建筑设计建造与使用中较少或尚未考虑非传统安全因素
应急管理	房屋安全应急管理机制尚在摸索建立当中，经验尚需积累与其他应急管理部门统筹协调不足

第 4 章　房屋建筑物管理制度的建议

本章介绍中国工程院咨询研究项目《房屋建筑物安全管理制度与技术标准的调查研究》提出的《房屋建筑物安全管理条例》（建议稿）中主要建议的研究背景。

4.1　建造阶段的管理

《房屋建筑物安全管理条例》（建议稿）对房屋建筑物建造的质量控制提出建议，建议的内容有：房屋建筑物的合理使用寿命，主体结构的设计要求，房屋建筑的使用说明书，保险和担保。本节介绍前三项问题，关于保险和担保问题将在监督管理一节中介绍。

4.1.1　合理的使用寿命

本小节对房屋建筑物合理使用寿命的建议和内涵等予以说明。

1. 合理使用寿命的建议

《房屋建筑物安全管理条例》（建议稿）建议房屋建筑物的合理使用寿命如下：

（1）一般房屋建筑物（包括居住建筑、工业建筑和公用建筑）为 50 年；

（2）重要房屋建筑物、大型建筑与超过 20 层的高层建筑为 100 年；

（3）特殊重要的房屋建筑物为 150 年；

（4）受功能或用途制约不需要较长使用年限的房屋建筑物为 30 年。

房屋建筑的重要性情况见表 4-1。

房屋建筑物重要级别划分　　　　**表 4-1**

级　别	内　　容	作　用
重要建筑	政府建筑	维持政府功能运转
	商业建筑，包括大型购物场所、酒店等	人流密集
	外交建筑，包括外国驻华使领馆、国际组织驻华机构以及涉外人员寓所	国际影响显著
	交通建筑，包括地铁、铁路和机场等建筑	人流密集
	文体建筑，包括学校、图书馆、电影院、大型体育场馆等	部分时间人流密集
	医疗建筑，主要为医院建筑	居住人群脆弱度较高
	居住建筑，主要指城市居民区	人流密集
	工业建筑，包括生产易燃易爆、有毒有害化学品的工厂建筑以及规模大、产值高的工厂	易产生次生灾害或对社会经济影响较大
一般建筑	一般工业与民用建筑	
次要建筑	使用时间较短或临时建筑	

2. 合理使用寿命的概念

建筑的合理使用寿命是《建筑法》提出的，但该法并未提出房屋建筑物合理使用寿命具体的时间跨度。合理使用寿命并不是房屋建筑物的真正寿命。

我国有许多房屋建筑物的实际使用时间达数百年甚至上千年，如历史悠久的山西应县木塔，见图 4-1；使用千年的五台山佛光寺，见图 4-2，这些房屋建筑物的合理使用寿命可能并不是数百年或近千年，必然是经过数次大修才保持至今，也就是经历过多个经济合理的使用寿命。

图 4-1　历史悠久的山西应县木塔

图 4-2　五台山佛光寺

鉴于目前房屋建筑的围护结构（外门窗、幕墙、轻质隔墙等）、电器设施、采暖通风设施、给水排水设施和装饰装修等的实际寿命普遍达不到 50 年的要求，因此房屋建筑的合理使用寿命主要是指主体结构。

4.1.2　主体结构的设计要求

《房屋建筑物安全管理条例》（建议稿）对房屋建筑物主体结构的设计提出下列要求：

（1）房屋建筑物主体承重结构的设计使用年限；

（2）在设计使用年限内主体结构应具备的基本性能；

（3）房屋建筑的抗倒塌能力。

1. 主体结构的设计使用年限

《房屋建筑物安全管理条例》（建议稿）建议：房屋建筑物主体承重结构的设计使用年限应与房屋建筑物合理使用寿命相同。

主体结构的设计使用年限是结构不需要采取结构性修复的时间跨度，不是主体结构必须拆除的时间跨度。主体结构的修缮、修复必然要对装饰装修、设备设施和围护结构造成影响。因此主体结构的设计使用年限应该与房屋建筑物的合理使用寿命相同。主体结构的设计使用年限也是经济合理的使用年限。到达这个年限后，主体结构经过处理还可以继续使用。

使用近千年的河北赵县赵州桥，经历过加固和数次的大修，见图 4-3。美国的独立宫，使用 200 余年也经过多次的维修，见图 4-4。

只有当修复费用过高或建筑的功能不能满足要求时，才会拆除房屋建筑物，此时房屋建筑物的寿命终结。

图 4-3　数次修葺的赵州桥

图 4-4　修葺一新的独立宫

房屋建筑物的设计使用年限与合理使用寿命相同，是为了保证在围护结构等更换时主体结构不至于破损至必须采取结构性修复措施的程度。结构的设计使用年限相当于围护结构使用寿命的两倍或者两倍以上才能体现房屋建筑物的经济性。

2. 主体结构的基本性能要求

《房屋建筑物安全管理条例》（建议稿）建议的主体结构基本性能为安全性、适用性与耐久性。其安全性不仅包括结构设计规范关注的承载力，还包括结构设计规范未普遍重视的结构抵抗偶然作用的能力。即在不可预见的偶然作用下发生局部破坏时，结构不至于坍塌且具有阻止引发大范围连续坍塌的能力。

国际标准和基本依据国际标准修订的《工程结构可靠性设计统一标准》GB 50153—2008 都有结构抵抗偶然作用能力的设计要求，而我国可执行的结构设计规范，除了《建筑抗震设计规范》GB 50011 有大震不倒的概念设计之外，几乎都没有抵抗偶然作用的要求。2008 年汶川地震表明，大震不倒的设计要求，拯救了众多普通人的生命，保全了大量财产。

我国房屋建筑在偶然作用下出现倒塌或严重破坏的事例较多，图 4-5 为湖南衡阳衡州大厦在火灾中发生坍塌，造成 20 名消防官兵牺牲。图 4-6 所示为北京某住宅楼煤气爆炸后造成坍塌，造成 6 人死亡。

图 4-5　衡州大厦火灾坍塌

图 4-6　煤气爆炸造成坍塌

因此《房屋建筑物安全管理条例》（建议稿）提出进行房屋建筑物抗倒塌和抗连续倒塌的设计可以起到下列作用：

（1）保护房屋建筑物产权人合法权益；

（2）保护使用人生命和财产的安全；

（3）使房屋建筑物的设计方规避不应承担的责任；

（4）使工程建设行业管理部门免除工程质量监管不到位的责任；

（5）使工程建设属地管理部门免除工程建设质量监管不力的责任；

（6）使房屋建筑物使用阶段其他安全干系人和安全监管部门免除不应承担的责任。

新修订的《混凝土结构设计规范》GB 50010—2010 已经增加了抗倒塌设计的要求。

3. 房屋建筑物安全特征

根据房屋建筑物的构成，可将安全特征分为结构构件风险、非结构构件风险和建筑设备风险。结构构件风险主要是指由于结构承重构件开裂，变形过大、构造措施不满足要求以及结构材料老化等引起的安全风险。非结构构件风险是指如屋顶女儿墙、门窗玻璃以及墙面砖等非结构构件在年久失修的情况下带来的安全风险。建筑设备风险是指当设备出现故障未及时更换或维修时带来的风险。

按照房屋建筑物安全风险产生的原因，可将安全风险分为自然风险和人为风险。由于自然力作用造成的风险属于自然风险。人为风险是指由于人的活动而产生的风险，主要包括建设单位违反基本建设程序风险、工程地质勘察风险、设计风险、建筑材料及制品风险、施工风险、标准规范错误风险、维护使用风险、环境风险和意外事故风险等。

根据房屋建筑物生命阶段进行划分，可将房屋建筑物安全特征分为设计阶段风险、施工阶段风险、使用阶段风险和拆除阶段风险。各阶段风险的具体内容见表 4-2。

房屋建筑物全寿命周期安全风险 **表 4-2**

阶段	原　因	举　例
设计	结构选型与承重构件	结构选型不合理、构件的传力途径不明确，结构设计综合水平差
	非承重构件	非承重构件的设计和建材特性、建筑环境等综合因素，如墙面砖、玻璃幕墙等
	建筑设备	空调外挂机等建筑设备设计的安全性不足
施工	房屋建造施工质量差	构造措施不足、建造材料质量缺陷
使用	改变原设计用途，严重超载使用	如办公用房改变为档案库或仓库、机房等
	擅自拆改结构、违章改建或增层	如拆除承重墙；私搭夹层、阳台等
	使用环境的腐蚀和振动影响	如室内游泳馆及某些工业厂房
	房屋装修施工时对原结构的破坏	如开线槽时切断楼面板主筋，拆除承重墙，损伤梁、柱等
	毗邻建房的影响	基础间距过小导致房屋倾斜、墙体开裂等
	周边工地施工的不良影响	如深基坑开挖、盾构施工、降水、施工振动等
	各种灾害及突发事件的破坏	地震、地陷、火灾、水灾、爆炸、撞击、冰雪灾害、蚁害等
	超过设计规定的使用年限，且平时对房屋缺乏定期维护保养	材料性能退化，钢材锈蚀

4. 设计风险的规避

由于规范本身的问题给设计者带来的风险，同样是房屋建筑物产权人、使用人、工程质量监管部门和房屋安全干系人所要承担的风险。

例如，《建筑抗震设计规范》采取小震承载力的设计方法不符合《防震减灾法》的要求，就会给设计者带来设计风险。

新修订的《防震减灾法》也特别关注了这个问题。该法第三十五条规定：新建、扩建、改建建设工程，应当达到抗震设防要求；该法第三十六条规定：有关建设工程的强制性标准，应当与抗震设防要求相衔接。

据悉，汶川地震中一些房屋建筑物产生坍塌和严重破坏被认为与《建筑抗震设计规范》等小震弹性承载力设计的理念相关。图 4-7 为汶川地震造成结构坍塌的情况。图 4-8 是汶川地震中局部坍塌的房屋建筑。

图 4-7　建筑地震坍塌情况

图 4-8　局部坍塌的房屋建筑

图 4-9 所示为在设防烈度地震中出现严重破坏的房屋，图 4-10 是设防烈度地震作用下楼梯局部坍塌的情况。

图 4-9　地震造成的严重破坏

图 4-10　局部坍塌

另外，在风灾和雪灾的作用下，一些符合现行规范要求的轻型钢结构发生了坍塌或严重的破坏，表明荷载规范和相应的结构设计规范可能存在规定不到位的问题，给设计带来风险。图 4-11 为符合规范要求的某厂房在 2007 年东北雪灾中坍塌的情况。

图 4-11 符合规范要求的厂房在 2007 年雪灾中坍塌

图 4-12 所示为 2008 年春季发生在我国南方一些省区冰冻灾害的情况。调查情况表明，冰冻荷载要明显大于荷载规范平均重现期为 50 年的地面雪压。

图 4-12 2008 年春的冰冻荷载

由于在雪灾中坍塌的房屋建筑多数为轻型钢结构，有理由相信，轻型钢结构安全度偏低可能是国际上普遍存在的问题。

风灾也会造成某些符合规范要求的建筑发生严重破坏。图 4-13 为云娜台风造成的破坏情况，图 4-14 为北京国际机场 T3 航站楼在阵风中受损的情况。

风灾事例表明《建筑结构荷载规范》[39] GB 50009 提供的基本风压可能适用于主体结构，不适用于围护结构。造成围护结构破坏的可能是阵风作用，阵风作用产生的风压可能是 50 年基准期基本风压的 1.4～2 倍左右。

无论是国际上普遍存在的问题，还是国内独有的问题，出现坍塌事故受损失最大的是房屋建筑物的产权人，房屋建筑的设计人、建造人、负责工程质量的政府监管部门，房屋安全的干系人和房屋安全的政府监管部门也要受到牵连。睿智的设计单位应该注意到这些问题，采取措施规避相应的风险。

图 4-13　云娜台风造成的破坏

图 4-14　北京 T3 航站楼的风损

4.2　房屋建筑物的使用管理

《房屋建筑物安全管理条例》（建议稿）提出了房屋建筑物使用期安全管理相关责任主体：包括业主、专业管理人、使用人和安全鉴定人。其中，业主对房屋建筑物使用安全管理承担全部责任。专业管理人和安全鉴定人在各自的专业领域承担专业责任。业主聘用专业管理人进行管理的，与专业管理人一道承担连带责任。使用人承担按照业主和专业管理人要求的正确使用房屋建筑物的责任。

4.2.1　业主

《房屋建筑物安全管理条例》（建议稿）提出的业主的安全职责如下：

（1）房屋建筑物竣工投入使用前应完成设计文件规定的所有内容，具备正常使用条件并办理工程质量担保和保险后，向当地住房和城乡建设行政主管部门申请使用许可证。

（2）按照《房屋建筑物使用说明书》对房屋建筑物进行日常安全检查、维护，按照本条例第十九条的要求委托安全鉴定，并执行鉴定意见。发现建筑物存在严重安全隐患的，应立即向当地政府房屋安全监督管理机构报告。对于被鉴定为存在严重安全问题的房屋建筑物，应向当地政府主管部门提出停止使用、加固改造或拆除该建筑物的申请。

（3）对于国有、共有以及虽属个人私有但用于出租或向公众开放的房屋建筑物，应以在政府管理部门登记的物业管理区域为单位，建立安全管理档案，并委托专业管理人管理。

（4）业主聘用或委托专业管理人进行房屋建筑物使用安全管理时，应与专业管理人签订书面委托合同，但仍有承担相关费用的责任。业主应为专业管理人的工作提供必要条件，对专业管理人的工作实施检查监督。当未委托专业管理人时，业主应承担专业管理人的职责。

（5）房屋建筑物交予租用人使用时，应出具由房屋安全鉴定机构签署的房屋安全鉴定意见，租用合同中应约定租用人必须承担使用安全责任，业主承担连带责任。

（6）房屋建筑物交由代营承包人代为管理时，应与代营承包人签订代营承包合同，应明确代营承包人为房屋建筑物使用安全的直接责任人，业主承担使用安全的连带责任。

（7）因履行共有部分的使用安全管理责任所产生的费用，按各业主专有部分占该房屋建筑物总面积的比例分摊，各业主之间另有约定的，应符合其约定。

（8）承担为房屋建筑物使用安全而进行的维护、检查、鉴定、加固和管理等费用。

（9）业主发生变更时，做好使用安全责任的交接工作，并移交安全管理档案。在责任交接工作和安全管理档案移交完成前，前任业主承担安全责任。

（10）提倡业主购买房屋建筑物质量安全的保险，并承担保费。

4.2.2 专业管理人

《房屋建筑物安全管理条例》（建议稿）对房屋建筑物的专业管理人及其职责作出规定，专业管理人为具有相应资格或资质的个人或法人，受业主的委托，对房屋建筑物实施专业化的安全管理，并全面落实使用安全要求。专业管理人的职责为：

（1）向房屋建筑物业主告知各自对房屋建筑物使用安全管理的法定责任。

（2）按照委托合同约定的周期，向房屋建筑物业主定期提出为落实房屋建筑物使用安全所必需的经费预算、人员配置要求及办公空间等必要条件，并及时提醒和敦促房屋建筑物业主履行其职责。当房屋建筑物业主不能向专业管理人提供必要的条件时，应报告当地政府有关部门并要求干预，否则应对由此造成的安全事故后果承担连带责任。

（3）制定房屋建筑物日常使用安全管理办法、针对地震、台风、洪水、滑坡、火灾等可能发生的意外事件编制应急预案，并具体负责组织实施。

（4）建立并完善房屋建筑物安全管理档案。

（5）向房屋建筑物的使用人解释由房屋建筑物设计方编制的《房屋建筑物使用说明书》，宣传房屋安全使用知识。无说明书的应提请原设计方或委托有资质的设计单位编制。

（6）按照政府部门布置，定期组织使用人开展房屋建筑物防灾减灾安全演习。

（7）按照要求，对房屋建筑物开展日常安全巡视和检查。

（8）按照规定委托进行专业检测和鉴定，并负责按照鉴定意见组织具体实施。

（9）对任何发生在房屋建筑物内部及周边的违规行为进行干预和阻止，拒不改正的应立即报告有关部门。

（10）对日常巡视和安全检查所发现的问题，属专业管理人被授权处理范围内的一般使用功能问题，应立即采取必要的维护或维修措施恢复建筑物的使用功能。

（11）按照合同约定的报告周期，定期向业主报告房屋建筑物质量安全状况及使用安全管理中存在的问题和解决方案，提出工作计划和经费预算，经业主批准后执行。

（12）专业管理人由于其过失造成建筑物质量与使用安全事故的，应向建筑物业主承担赔偿损失的责任。

（13）专业管理人应购买职业责任保险，保险金额由建筑物业主与专业管理人协商决定，但不得低于当地政府住房和建设行政主管部门规定的最低保险金额。

（14）属专业管理人被授权处理范围以外的，或属安全隐患的，应向建筑物业主报告存在风险、推荐的处理措施和经费预算，经建筑物业主批准后采取相应措施；发现的安全隐患可能立即导致危险的，则应立即向建筑物业主报告并同时采取临时应急措施，相关费用可事后再向建筑物业主报告并据实报销。属政府法定报告范围的重大安全隐患，还应立即报告当地政府房屋安全行政主管部门。

（15）属规定必须委托开展检测和鉴定的，应向建筑物业主申请委托专业检测和鉴定。

4.2.3　使用人

《房屋建筑物安全管理条例》（建议稿）定义了房屋建筑物使用人及其职责。使用人为实际使用房屋建筑物的个人或法人，包括建筑物业主本人、专业管理人、租用人、代营承包人以及业主授权使用的其他使用人。房屋建筑物使用人的职责为：

（1）遵守房屋建筑物使用安全管理的有关规定，按照《房屋建筑物使用说明书》的要求正确使用房屋建筑物。

（2）采取必要措施约束自己的家庭成员、雇员和访客，积极配合房屋建筑物的业主或专业管理人的安全管理工作。

（3）按照业主、专业管理人或政府相关部门的要求参加安全演习。

（4）使用过程中发现房屋建筑物存在疑似安全隐患，或建筑物内外出现危害安全的紧急事件时，应报告建筑物的专业管理责任人或业主或当地政府住房和建设行政主管部门。

（5）对于可预见到的即将发生的危险，应在报告专业管理责任或业主的同时，自行采取必要的防灾减灾措施，避免损失扩大。

（6）在发生建筑物安全事故时，或被业主、专业管理人或政府有关部门要求撤离建筑物以防范建筑物安全事故时，应服从相关应急管理要求。

（7）承担由自身原因造成的建筑物质量与安全事故全部责任，赔偿业主和受害人的损失。

4.2.4　检测鉴定机构

《房屋建筑物安全管理条例》（建议稿）对专业检测鉴定人及其职责作出规定。专业检测鉴定人为具有相应资质的法人，受建筑物业主及其专业管理人或代管承包人的委托，对房屋建筑物及其建筑设施或部件开展检测鉴定。专业检测鉴定人的职责包括：

（1）必须按照资质等级和核定的业务范围承接相应的检测与鉴定任务。鉴定机构和鉴定人员不得在被鉴定的建筑物中有任何经济或职业上的利益。

（2）必须提供真实、准确的检测鉴定结果，并对鉴定结果承担责任。

（3）鉴定结果认定建筑物存在严重安全隐患的，应在向建筑物使用安全人或其委托的专业管理人提交鉴定报告的同时，向当地政府主管部门报告。鉴定过程中发现随时可能发生危险的严重安全隐患时，应及时采取防灾措施，同时还应立即向当地政府主管部门报告。

这里需要指出的是：需要鉴定机构对鉴定结果承担责任，鉴定机构就应该采取措施规避相应的风险，也就是不按低标准进行鉴定。这也就是《既有建筑技术规范》（课题研究稿）提出相应鉴定规则的根本原因。

4.2.5　日常巡视和检查

国有、共有以及虽属个人私有但用于出租或面向公众开放的房屋建筑物，业主或其委托的专业管理人必须按照以下要求开展日常巡视和安全检查，并填写和存档相应的书面日常巡视日志和安全检查记录。

（1）日常巡视。日常巡视应依据业主批准的工作计划开展。此外，在接到建筑物使用人对建筑物使用安全问题的报告后，应立即到现场巡视。日常巡视人员应注意建筑物本身是否处于正常使用状态，建筑物周边是否存在可能对建筑物使用安全带来影响的环境变化，是否存在安全隐患的迹象等。

（2）定期常规检查。每年不少于一次，检查内容应包括：建筑物的明显变形和损伤、防灾设施和人员紧急疏散通道的有效性、防水设施的完好程度、建筑水暖与电器设施运行状况等。

（3）灾害气象前的应急检查。应至少包括：风灾或台风来临前，对建筑外设施（建筑物附设招牌、塔架及装饰物）、外墙门窗的牢固性进行检查；暴雨或雨季到来前对屋面排水设施、周边排水设施、外墙门窗水密与气密性以及建筑物附近边坡等进行检查；暴雪或冰雪灾害来临前，对屋面积雪和周边道路积雪清除设施进行检查。

（4）环境变化影响观测与检查。建筑物附近发现新建工程工地、基坑开挖、污染源和危险物存放地等周边环境变化时，应进行连续观察与调查、检查。

（5）不定期检查。针对日常巡视发现的建筑物安全隐患，其危险性尚未达到法定鉴定要求的，可视需要开展必要的不定期安全检查。安全检查内容可参照定期常规检查的要求，以及房屋建筑物的业主或其委托的专业管理人认为必要的其他检查内容。

4.2.6 强制性的鉴定

《房屋建筑物安全管理条例》（建议稿）提出，房屋建筑物存在下列情形之一的，其业主或专业管理人应委托专业安全鉴定机构进行检测鉴定：

（1）安全性不能满足现行国家强制性标准要求；

（2）实际使用年数达到规定的设计使用年限的或设计使用年限不清的；

（3）经加固改造后再次投入使用的建筑物，在正式投入使用前；

（4）自竣工交付使用之日起已经超过下列年限的：

1）无腐蚀性物质侵蚀的处于正常大气环境中的工业与民用建筑，20年；

2）工作环境恶劣的工业建筑与民用建筑，10年；

3）海水氯化物环境或其他遭受含氯消毒剂、除冰盐侵蚀环境以及特殊腐蚀性环境下的工业建筑等，5年；

4）自上次鉴定完成之日起已达到或超过10年，对特殊腐蚀性环境为5年；

（5）拟进行加固、改造和改变用途的建筑物；

（6）拟废止使用并因此可能危及公共安全的建筑物，或拟拆除的建筑物；

（7）使用环境出现重大变化并可能影响建筑物安全性、适用性、与耐久性的情况；

（8）受火灾、爆炸等灾害作用损害的建筑物；

（9）相同类型的建筑物出现严重安全事故的情况；

（10）建筑物设计时实际使用荷载与风、雪等可变荷载由于建筑物的特殊使用功能（如人员极度拥挤的公共场所）或所处的特殊环境条件（如常受暴风雪袭击的局部地域），明显超出该建筑物按设计规范取用荷载标准值的情况；

（11）需要出租、转让、抵押或承包经营到期归还的建筑物，不能提供有效检测鉴定报告的，或承租人、受让人及建筑物业主认为有必要进行鉴定的；

（12）住房和城乡建设行政主管部门依法要求进行安全性鉴定的其他情况。

这些规定显然是参考了新加坡相关法令的规定，具体的研究背景将在《北京市房屋建筑使用安全管理条例》（课题研究稿）研究背景中予以介绍。

4.2.7 禁止行为

《房屋建筑物安全管理条例》（建议稿）提出任何人未经授权批准，不得有下列行为：

（1）擅自拆除、变更或废弃建筑物或其中承重结构构件或影响其安全；

（2）擅自改变建筑物或建筑物某一部位（如通道、门厅、厨卫）用途以及其他可能导致建筑物超载或损害建筑物使用安全的行为；

（3）损害或侵占公共建筑物内外的共用部位和共用设施，包括共有产权的建筑部位或部件，如楼内所有的承重结构构件、管道设施、电气系统、通道路面、防水层和外墙等；

（4）擅自在建筑物外墙或房顶利用悬挑结构搭建阳台、塔架、招牌、容器等各类建筑设施；

（5）其他影响建筑物使用安全和公共安全的行为。

《房屋建筑物安全管理条例》（建议稿）提出：建筑物所有相关人员均有权对以上行为进行劝阻，并报告建筑物安全责任人或专业管理人及政府有关管理部门，对上述行为对自己造成的损失有权要求赔偿。政府有关行政部门有权对当事人作出行政处罚，并视其对他人及社会造成损失提出公共利益诉讼。

4.3 加固改造的管理

由于缺少法律和法规的管理和约束，房屋建筑物加固改造市场极度混乱，事故频出。上海市某住宅楼改造工程的火灾可能是改造工程中典型的事故之一，见图4-15。我国援建阿富汗喀布尔共和国医院也是在加固施工过程中发生了坍塌事故，见图4-16。

图4-15 改造工程的火灾

图4-16 加固中发生坍塌

《房屋建筑物安全管理条例》（建议稿）提出加固改造的管理要求应该是完善建设法规体系的另一重要工作。

《房屋建筑物安全管理条例》(建议稿)提出了建筑物加固、改造与拆除过程的相关责任主体:建筑物的加固、改造与拆除的安全管理责任主体包括业主和专业建造人。其中,业主对工程建设的安全管理承担首要责任。受业主委托,承担建筑物加固、改造与拆除的企业,为建筑物的专业建造人。专业建造人在各自的专业领域承担专业技术责任。建筑物业主与其委托的专业建造人一道,对因建筑物使用安全造成损失的第三方承担责任。

4.3.1 业主的职责

1. 基本职责

《房屋建筑物安全管理条例》(建议稿)提出建筑物业主在建筑物加固、改造中的职责,包括:

(1)负责申请相关行政许可;

(2)委托符合相应资质要求的专业建造人承担加固、改造和拆除工作;

(3)为建筑物的加固、改造和拆除提供资金,并及时按照合同约定向受其委托承担建筑物的加固、改造和拆除的设计、施工及工程管理等专业建造人支付合同款;

(4)采取必要措施,并通过合同约束工程建设过程其他各方的行为,确保加固、改造后的建筑物及其部件的质量满足使用所需的安全性、适用性和耐久性要求,并符合本条例及国家其他相关法律法规、强制性技术标准和规范所规定的要求,确保房屋建筑物加固、改造和拆除现场周边的安全和环境卫生。

2. 行政许可

《房屋建筑物安全管理条例》(建议稿)提出房屋建筑的业主负责申请相关行政许可。这里所说的行政许可是指加固改造工程的开工许可。开工许可是向建设行政主管部门负责工程质量和安全的机关申报,并得到相关部门的监督和管理。

加固改造工程的开工许可可能将由建设主管部门的房管部门负责。

4.3.2 专业建造人的责任

《房屋建筑物安全管理条例》(建议稿)提出专业建造人及其质量责任:专业建造人在建筑物的加固和改造中,应遵从与新建工程相同的质量安全要求,遵循实用、经济、美观的原则,符合节约资源、保护环境的可持续发展要求。

1. 专业设计人

《房屋建筑物安全管理条例》(建议稿)定义了专业设计人为:接受委托承担建筑物改造、加固设计任务的专业建造人。专业设计人应履行以下职责:

(1)充分考虑建筑物最终使用者和业主的利益,根据建筑物用途和功能的实际需求以及加固、改造和长期使用过程中所处环境条件的具体特点以及本条例的要求,与建筑物业主一起合理确定包括建筑物及其主要建筑部件和设备加固、改造后的合理使用寿命在内的建筑物质量目标;

(2)在设计文件内给出建筑物及其部件加固、改造后的使用寿命明细表,有关使用及节能节水效果的相关指标和参数,以及建筑物加固、改造后对这些参数进行验证的方法;

(3)根据建筑物用途和功能的特点,在设计文件中提出建筑物加固、改造施工质量控制、质量保证和质量验收的附加要求;重要工程的加固、改造应根据工程自身的性能与功能要求，专门制定自身的施工技术标准；

（4）对加固、改造施工过程提供必要的设计服务，对其是否满足设计要求进行必要的监督；

（5）在建筑物加固改造竣工验收后90个工作日内向建筑物业主提交《房屋建筑物使用说明书》；在本条例实施前已交付使用的既有建筑物，建设物业主应补充编制或完善《建筑物使用说明书》；其他参建单位有义务配合提供《建筑物使用说明书》相关文件资料；

（6）对因自身疏忽而导致建筑物加固、改造后的使用效果严重偏离建筑物质量目标的情况及因加固、改造引起的质量安全事故承担设计责任。

《房屋建筑物安全管理条例》（建议稿）对加固改造设计提出的具体要求：对既有建筑物进行加固改造的质量与安全要求应与新建工程一致。承担加固或改造设计的专业建造人可以是建筑物原设计人，也可以是具有相应资质的其他设计人。既有建筑物的加固与改造应以现行有效标准规范对性能的要求为基准进行设计，并应符合以下要求：

（1）应进行既有建筑物的节能改造设计；

（2）应进行既有建筑物污染物减排改造设计；

（3）在结构的安全性上，应使主体结构达到应有的整体牢固性；

（4）加固改造采用的建筑材料应具有当地环境所需的防腐、防蚁要求，具有所需的防火能力，并不降低建筑物应有的耐火极限。

2. 专业建造人

《房屋建筑物安全管理条例》（建议稿）对加固改造工程的专业建造人做出了定义：承担监理、工程项目管理与设计校核等工程咨询责任的专业建造人为第三方专业建造人。第三方专业建造人在其受委托的合同范围内，对建筑物加固、改造的设计与施工承担尽职审查的责任。并对因自身疏忽而导致建筑物使用效果严重偏离建筑物质量目标的情况，以及质量安全事故承担责任。

4.4 房屋建筑拆除的安全管理

《房屋建筑物安全管理条例》（建议稿）涉及房屋建筑物拆除工作的安全管理，提出了业主在房屋建筑物拆除中的责任、建筑物拆除的相关规定和拆除方案设计要求等建议。

4.4.1 必要性

我国房屋建筑物的平均使用寿命短于设计合理使用寿命的非技术原因是近年来的无序大规模拆除。

图4-17为沈阳五里河体育场拆除情况，该体育场的使用时间只有19年。

与其相比，英国曼彻斯特联队的主赛场老特拉福德球场使用了近百年，见图4-18。

无序且大规模地拆除尚未达到合理使用寿命的建筑物，伴随而来的是对资源的严重浪费和拆除过程中的安全事故。2006年5月18日山西太原十余名民工在拆除一个废弃仓库（砖砌体连拱结构）时，仓库第三间房屋突然发生局部坍塌，导致几名民工被埋压，现场组织施工的工头调集附近民工救人时仓库发生二次坍塌，导致更多民工被埋。2009年5

月17日湖南省株洲市红旗路高架桥拆除过程中发生坍塌事故，拆除方缺乏相应资质、监督部门监管不严是造成此次事故的重要原因。

图4-17 拆除中的五里河体育场

图4-18 改造后的曼联主场

4.4.2 业主的责任

《房屋建筑物安全管理条例》（建议稿）提出业主对房屋建筑物拆除的职责为：

（1）进行拆除申报备案；

（2）委托进行拆除方案设计；

（3）申请拆除工程的开工许可。

1. 申报备案

《房屋建筑物安全管理条例》（建议稿）建议：经鉴定存在严重安全隐患且无维修加固价值的房屋建筑物，业主可以申报拆除。建设行政主管部门也可强制拆除。

申报备案时应提供检测鉴定报告和必须拆除的论证报告。所谓论证报告包括拆除的原因、鉴定机构的鉴定结论、当前处置方案、拆除施工方案、废弃物处置方案等文件。

2. 拆除方案设计

《房屋建筑物安全管理条例》（建议稿）提出房屋建筑物拆除方案应符合以下要求：

（1）拆除方案必须由注册结构工程师签字，该注册结构工程师个人对拆除方案的安全性负责。

（2）拆除方案必须综合考虑房屋建筑物的建成年代、类型、结构特点、当前使用状况、拆除部位特点，拆除过程中和拆除结束后保证周边人员和建筑物的安全。

（3）拆除方案还应包括对建筑废料的回收利用、处理与弃置方案，以及对拆除过程中的扬尘、噪声、废弃物污染等负面环境影响的控制方案。

拆除方案应经具有资质的第三方专业建造人审查通过后方可实施。

4.4.3 施工管理

《房屋建筑物安全管理条例》（建议稿）对房屋建筑物拆除工程的施工有如下的规定：

（1）拆除施工应在拆除方案设计单位或具有相应资质的第三方专业建造人的监督下进行。所谓第三方建造人是指具有相应资质的监理机构。

（2）拆除施工人对拆除现场的安全管理负责，并负责按照经审查合格的拆除方案进行拆除施工。在实施拆除前对拟拆除房屋建筑物进行必要的支护，不得增加楼板和屋面荷载，并切断所有与拆除施工作业无关的给水排水、强弱电、燃气等管道和线路。在施工过程中采取措施预防火灾、爆炸、有毒气体等构成的危险。

（3）拆除房屋建筑物产生的建筑垃圾的处置应当遵守国务院住房和城乡建设行政主管部门的有关规定。国家鼓励对建筑垃圾进行二次利用。

4.5　监督管理

《房屋建筑物安全管理条例》（建议稿）提出了政府主管部门对房屋建筑物全寿命监督管理的模式、组织架构和管理的工作等方面的建议。监督管理应该是《房屋建筑物安全管理条例》（建议稿）提出的重要的建议之一。

4.5.1　管理模式与组织架构

我国目前的房屋安全监管体系中，针对房管部门自有公房的使用安全管理体系相对比较完善。城市房屋安全主管部门会定期开展针对房屋安全的普查工作，发现问题的要求管理部门、物业企业或业主进行整改并反馈整改结果。为配合整个制度实施中对房屋建筑物全寿命利益干系人权责的落实，监督管理体系也应同步改进。

1. 管理模式

《房屋建筑物安全管理条例》（建议稿）建议政府主管部门实行监督管理制度。

监督管理的主要对象不是房屋建筑物本身，而是房屋建筑物全寿命周期的安全干系人。监督管理模式要求政府主管部门起主导作用，而不是直接负责房屋建筑物的二次装修、修缮修复、检测鉴定、加固改造设计与施工等具体工作。

2. 组织架构

《房屋建筑物安全管理条例》（建议稿）提出了行业管理和属地管理的房屋建筑物使用阶段的管理架构。

行业管理是指由国务院住房和城乡建设行政主管部门对全国房屋建筑物安全使用实施统一的监督管理。

属地管理是指由县级以上地方人民政府住房和城乡建设行政主管部门对本行政区域内的房屋建筑物使用安全实施监督管理。

《房屋建筑物安全管理条例》（建议稿）提出的这种架构，符合国内目前的情况。

4.5.2　行业管理

《房屋建筑物安全管理条例》（建议稿）建议的行业监管工作如下：

（1）制订保障房屋建筑物建造质量的规则；

（2）制订房屋建筑全寿命干系人保险的规则；

（3）制订业主的保险规则；

（4）建立房屋建筑使用的规则。

1. 保障建造质量的规则

《房屋建筑物安全管理条例》（建议稿）建议由国务院住房和城乡建设行政主管部门制定建筑物使用许可的具体标准，在使用许可颁发前房屋建筑应满足下列的要求：

(1) 设计质量得到保障。设计质量有国务院令第 293 号《建设工程勘察设计管理条例》[40]实施管理，设计的资质有建设部令第 160 号《建设工程勘察设计资质管理规定》[41]进行管理，对于城镇房屋建筑工程的设计施工图有图纸审查的制度。

(2) 施工质量得到保障。对于施工质量的控制有《建筑法》、《建设工程质量管理条例》的管理，对于工程质量的验收有系列的技术标准。但是这些法律法规和技术标准都不包括农村建筑，应该针对农村建筑的情况制定专门的技术标准。

(3) 依法办理工程质量担保和质量保险。工程质量保险（国外称为 IDI，即内在缺陷保险）是针对工程竣工验收后，在使用过程中出现的质量问题而设置的一种保险，是补充、完善中国建设工程质量监管体系的一个重要环节，在法制比较健全的国家是强制实施的。

我国原建设部和保险监督管理委员会 2005 年 8 月联合发布了《关于推进建设工程质量保险工作的意见》，提出大力推进建设工程质量保险发展，在部分地区已开展试点积累经验。工程质量保险实质是潜在质量缺陷风险发生后的风险转移，因质量问题往往导致安全风险，因此在一定程度上可以解决安全管理中的风险转移和资金问题。

(4) 具备正常使用条件。建筑工程的质量控制，一般都是建设方组织的验收，建设行政主管部门进行备案。这种验收对于建设方为产权人的房屋建筑物不会存在太多的问题，对于商品住宅则会存在一些问题，真正的产权人并未参与工程质量的验收，对设计质量情况也不清楚。有些地方已经开始实施业主参与验收的措施。此外，一些业主在购房后对房屋建筑物进行拆改，也会使房屋建筑不具备正常使用的条件。

2. 干系人保险的规则

《房屋建筑物安全管理条例》（建议稿）提出了由国务院住房和城乡建设行政主管部门负责制定与建筑物全寿命各阶段工作相关的保险制度，也就是所谓安全干系人责任保险。这种责任险包括建设方、设计单位、所有参与工程建设的施工企业、物业服务型企业、房屋建筑使用阶段的装修设计与施工人员、检测鉴定机构、加固改造的设计与施工企业、房屋建筑拆除的企业等。这是一种风险转移的措施，此处所说的风险不是责任风险，而是因工作失误造成的资金方面的风险。特别是这种失误不是故意的行为，同时不是经常出现的问题。

3. 业主的保险规则

《房屋建筑物安全管理条例》（建议稿）提出了由国务院住房和建设行政主管部门应制定业主责任担保等的规则，这类规则可能类似于财产保险性质，可以解决突发灾害等的经费补偿问题。

工程质量保险（IDI，即内在缺陷保险）到期后，可能需要业主继续投保，以解决意外事件发生时资金的问题。

4. 使用规则

《房屋建筑物安全管理条例》（建议稿）提出房屋建筑物设计单位应在竣工交付后向业主提交《房屋建筑物使用说明书》。《房屋房屋建筑物使用说明书》内容深度标准由国务院住房和城乡建设行政主管部门制定。

目前虽不清楚《房屋房屋建筑物使用说明书》具体的内容，可是下列内容应该是使用说明书中规定的内容：

（1）禁止行为；

（2）巡视检查的重点部位或方法；

（3）应该进行鉴定的情况等；

（4）发现问题的报告途径。

4.5.3　属地化管理

《房屋建筑物安全管理条例》（建议稿）建议属地化管理的实施部门为县级以上住房和城乡建设行政主管部门，其管理工作为：

（1）档案管理；

（2）法规宣贯；

（3）资质管理；

（4）房屋建筑使用安全监督管理。

1. 档案管理

《房屋建筑物安全管理条例》（建议稿）建议：县级以上住房和城乡建设行政主管部门应建立建筑物全寿命档案，并要求建筑物的业主对建筑物档案的内容予以更新；对安全隐患的法定报告范围，以及对水电气等供应公司按建筑物进行水电气等用量的合并统计和定期报告要求进行规定。

2. 法规宣贯

《房屋建筑物安全管理条例》（建议稿）建议：县级以上地方人民政府住房和城乡建设行政主管部门应掌握本地区房屋建筑物的安全状况，对房屋建筑物管理相关法律法规进行社会宣传，提供咨询，受理房屋建筑物管理的相关申请和投诉。

3. 资质管理

县级以上地方人民政府住房和城乡建设行政主管部门进行的资质管理可包括：检测鉴定机构资质，修缮修复企业资质，装饰装修机构资质和物业服务型企业资质等。

4. 安全管理

《房屋建筑物安全管理条例》（建议稿）建议：

（1）县级以上地方人民政府住房和城乡建设行政主管部门有权检查房屋建筑物的日常管理与使用情况，对不符合本条例要求的行为责令相关责任方改正，对业主拒不依照本条例进行检测鉴定的房屋建筑物组织强制检测鉴定，对业主拒不依照或因客观原因无法依照本条例及检测鉴定结论进行维修加固且危及公共安全的危险房屋建筑物组织强制维修加固。

（2）县级以上地方人民政府住房和城乡建设行政主管部门对发现的房屋建筑物安全问题，应视情节轻重对相关责任人作出行政处罚决定。并有权代表公共利益提起诉讼，为所有利益相关人追讨损失。

（3）县级以上地方人民政府住房和城乡建设行政主管部门应在对房屋建筑物实行检测鉴定 15 天前以书面形式将检测鉴定的时间、对象、影响范围和注意事项明确告知房屋建筑物周边相关人员。

对工程质量和安全的监督管理主要包括：房屋建筑装饰装修工程，房屋建筑的修缮修复工程，房屋建筑物的加固改造工程，房屋建筑物的拆除工程。

4.5.4 特殊情况的管理

《房屋建筑物安全管理条例》（建议稿）提出了下列特殊情况的管理问题：

（1）强制进行检测鉴定。对于那些应该进行检测鉴定而不实施检测鉴定的房屋建筑。

（2）强制性解除房屋建筑的安全隐患。对于那些已经鉴定存在危险的房屋建筑，而业主不采取措施进行处理的情况。

（3）对建筑物业主因贫困而无力履行其在房屋建筑物安全义务的情况，划拨专项资金予以救济，并制定相关救济办法。

（4）建立房屋建筑物应急救援预案。作为房屋安全管理工作的延续和补充，房屋建筑物事故的应急机制也应成为政府部门关注的内容，并与城市防灾应急机制形成有机体系。目前房屋建筑物安全监督管理主要集中在对房屋安全隐患的排查和治理，而对房屋安全事故发生后的应急管理仍不充分。

此处仅对应急预案和资金问题进行介绍。

罗伯特·希斯将危机管理概括成缩减（Reduction）、预备（Readiness）、反应（Response）、恢复（Recovery）四个部分，即危机管理的4R模式，以突出危机管理者必须有效完成的工作。房屋建筑物的主管部门根据本地区情况建立合适的房屋建筑物安全风险的预备、反应和恢复机制。具体来说，房屋建筑物安全的应急管理应该包括风险评估、规划管理、应急管理和恢复管理四个部分，见图4-19。

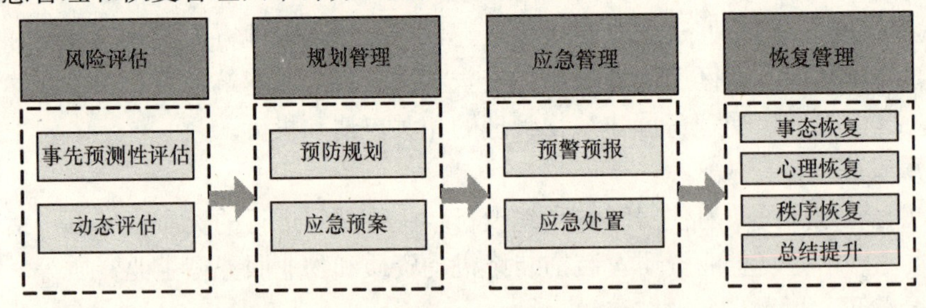

图4-19 房屋建筑物应急管理架构

1）风险评估：包括事先预测性评估和动态评估。为了确保本地区房屋建筑物的安全使用，首先需要对建筑物使用期可能发生的各种突发事件和存在风险进行预测，并就这些事件或风险可能对本地区建筑物使用安全产生何种危害进行评估。由于区域内建筑物使用安全是一个动态过程，需要建立一个动态风险评估模型，依靠定期房屋安全普查和专业管理人所进行的日常巡视与检查所汇报的情况，实时更新当前区域内的房屋建筑物安全状况，实现建筑物安全动态预测。

2）规划管理：要规避各种预测到并可以防范的风险、应对各种由于难以预测或预测到的而难以规避的突发事件以减轻时间发生造成的损失。主要内容包括制定预防规划和应急预案等内容。预防规划中除应对房屋安全应急管理的组织、程序、措施加以明确外，应特别注意建立具备一定技术力量的专业化检测鉴定和抢险救灾队伍。应急预案的编制应注意与城市整体应急预案形成有机体系，加强与相关部门的协作与沟通，构建联席机制。

3）应急管理：包括预警预报和应急处置。通过可能对本地区房屋安全造成影响的风险事件分析（如灾害气象、重大社会公共安全事件），在这些风险事件具有很大发生概率时，应向区域内对危险源敏感的房屋建筑物干系人发出预警预报，如通知区域内业主和片区物业管理企业，同时开始应急处置工作。如果发生突发事件或预测到灾害即将发生时，房屋建筑物管理部门应该立即启动应急预案，展开全方位的应急救灾抢险，最大限度上避免或减轻突发房屋安全事故造成的损失。

4）恢复管理：突发事件发生后，进入恢复管理阶段。包括事态恢复、心理恢复、秩序恢复、弥补漏洞和经验总结等内容。房屋安全管理部门应首先组织各方力量将房屋安全状态恢复至正常水平，同时就房屋安全突发事件向相关干系人及公众说明原因、处置措施和处置效果，平稳公众情绪，恢复正常生产生活秩序。同时，房屋安全管理部门应仔细分析突发事件的原因、发展过程，发现其中的监督管理的漏洞与不足，进而完善房屋安全管理体系。

第5章　北京市房屋建筑管理法规的咨询研究

本章首先介绍了北京市房屋建筑状况的调研情况，这是《北京市房屋建筑使用安全管理办法》（以下简称《管理办法》）研究的信息基础，随后介绍了《管理办法》部分问题的研究背景。《管理办法》（咨询研究稿）见本书附录A。

《管理办法》作为北京市人民第229号政府令，已于2011年5月1日起施行。

5.1　北京市房屋建筑的状况

北京市房屋建筑的状况是北京市住建委为了进行相关立法研究所进行调查的成果。该项调研成果最终提出北京市房屋建筑使用安全管理的基本设想。

5.1.1　信息来源

在房屋建筑的全寿命周期内，对其安全管理分为两个阶段，第一阶段是建设过程的管理，第二阶段是房屋建筑投入使用后的管理。《建筑法》及《建设工程质量管理条例》等对建设工程质量和安全进行监督管理，内容规范、过程明确、制度完善。房屋建筑投入使用后的周期长，目前国家对这个阶段管理的立法不够，虽然部分省、市、自治区制订了地方条例或管理办法，但由于缺乏足够的上位法支持，这些条例的管理范围和执行力度也参差不齐。

2009年初，北京市十三届人大二次会议期间，部分市人大代表根据北京市尚无房屋建筑安全使用管理法规的状况，提出制定《北京市房屋安全使用管理规定》的议案。北京市政府确定由北京市住建委牵头，在2009年对此项立法工作进行调研。

5.1.2　房屋建筑的状况

截至2009年7月，北京市的房屋建筑的总面积已超过8亿m^2，其中城镇房屋建筑的面积约为6.1亿m^2，其余为村镇的房屋建筑。

具有关部门统计，截止2005年，我国城镇人口已超过全部人口的60%，见图5-1。北京市作为国家首都和国际化大都市，城乡人口比例可能会高于全国水平。

北京市乡村房屋建筑中的绝大多数为居住建筑和仓储建筑，公共建筑和工业建筑所占比例较少。这种情况可能与全国的情况基本相同。

按建成年代划分，2000年以后北京市建成的城镇房屋建筑面积约为3.0亿m^2，约占房屋建筑总量的48.4%；1990年～1999年之间建成的房屋建筑约1.68亿m^2，约占总量的27.7%；1980年～1989年之间建成的房屋建筑约为0.84亿m^2，占13.9%；1970年～1979年、1960年～1969年、1950年～1959年建成的分别约为0.24亿、0.10亿、0.15亿m^2，分别约占4.0%、1.7%、2.4%；1949年以前建成的房屋建筑约为0.10亿m^2，

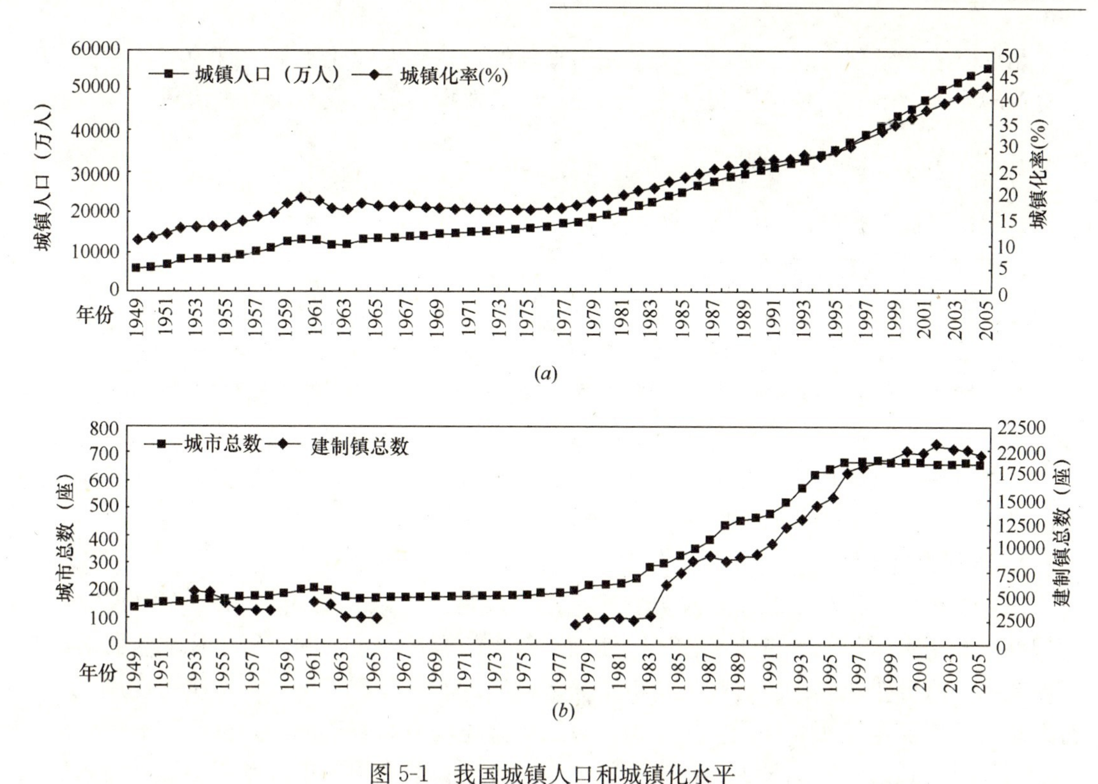

图 5-1　我国城镇人口和城镇化水平

（a）1949～2005 年我国城镇人口和城镇化水平；（b）1949～2005 年我国城市总数和建制镇总数

约占全市房屋建筑总面积的 1.7%。

以上数据表明，北京市的房屋建筑总量大，而且建成年代跨度很大，仅使用超过 50 年的房屋（1959 年以前建成）总建筑面积就有 0.25 亿 m^2。1989 年以前建成的房屋建筑 1.43 亿 m^2，占总数的 23.7%，其中约 1.1 亿 m^2 的房屋建筑是按 20 世纪 70 年代的结构规范设计，而这些规范的安全水平较低。因此，从建设年代来看，北京市的房屋建筑存在一定的结构安全问题。

5.1.3　房屋建筑的使用状况

北京市住建委的调查表明，房屋建筑的使用存在这下列问题：

（1）随意拆改房屋结构，改变使用用途。

（2）缺少检查和维护，过去一些行之有效的修复修缮工作得不到有效实施。

5.1.4　房屋建筑的管理状况

北京市房屋建筑管理方式分为物业服务企业管理、单位自管、房管部门直管、其他管理等方式。

物业服务企业管理是指由有物业管理资质，在行业主管部门备案的物业公司管理。

单位自管是指由产权单位自行管理或由几家单位共同管理。主要包括机关、团体、学校、企事业等单位直接管理。

直管是指由房地产集团管理的市、区级直管公房。

其他管理方式为不属于以上三种管理的方式，包括业主自行管理、居委会管理等。

北京市诸多管理方式，对房屋安全使用管理均未达到专业化水平，有的不具备房屋安全检查的能力，不能发现房屋安全使用问题；有的发现问题却没有能力去治理。

5.1.5 房屋建筑的监管状况

北京市房屋主管部门在实施监管职责中存在下列一些难以解决的问题。

1. 房屋安全检查和隐患治理无法可依

房屋安全检查是我市房屋安全管理的重要措施之一，但由于缺乏有力的法规依据（目前只有建设部129号令《危险房屋管理规定》[42]），在我市每年进行的冬季房屋安全检查中，部分房管单位及物业公司不按要求查房、部分居民锁门拒查；对鉴定出的危险房屋，部分房屋产权人、所有人不配合进行加固修缮；房管单位、物业公司对检查出的房屋安全隐患，如拆改承重结构、自然损坏等情况只能通知房屋所有人采取措施整改，而落实起来较困难。

2. 监管力度不够

现行法规可操作程度较差，部分管理措施与实际脱节。2002年《住宅室内装饰装修管理办法》出台后，明令禁止了在房屋使用过程中的有关行为，并实行了住宅装修活动开工前向物业服务企业和房屋管理机构申报登记的制度。而在现实中，一些房屋使用人、所有人缺乏房屋安全使用和守法使用意识，对明令禁止的行为置若罔闻，由于部分违法行为得不到及时处罚改正，助长了类似情况的发生；其次目前全市未申报登记即开始装修的业主数以万计，对于不申报登记的业主，依据《住宅室内装饰装修管理办法》[43]，仅靠房屋行政主管部门对其进行强制处罚是不现实的；申报登记的问题难以解决，其后由物业管理企业、房屋管理机构对装修过程、竣工验收的监督管理很难有效进行。

执法难是另一个问题。对公共建筑而言，由于行政相对人一般为单位或企业，执法处罚等监管过程相对容易。居民自行装修住宅、拆改结构的问题是监管的重点、难点。根据现有法规规定，在房屋拆改结构执法过程中，常用的措施是责令改正、罚款等，但对居民个人执法时难度较大，没有强制措施使处罚有效落实。

5.1.6 问题的根源和解决途径

缺乏房屋建筑使用阶段的法律和法规是造成北京市房屋建筑存在诸多问题的根本原因。因而要求尽快制定地方性法规，并在法规的制定中，要着力解决的一些实际问题。

1. 实施专业管理人制度

建议在法规中明确由物业服务企业和房屋管理单位对房屋安全使用实施专业化管理。历次房屋安全检查情况表明，北京市诸多房屋管理方式均未达到专业化水平。虽然实施专业化管理需要让房屋所有人多承担一部分费用，但这样的费用是值得的。对于直管房和单位自管房，房屋管理单位可聘请专业管理人负责安全使用管理。对于廉租房，也可以参照美国的模式，从住户中培养一部分人承担房屋专业化管理的责任，吸引社会捐助作为这部分人的工资和房屋修缮的部分费用。

2. 明确安全责任

建议在法规中对房屋所有人、使用人和专业管理人的责任予以明确。房屋所有人应承担的主要责任可参照国际通行做法：按照房屋本来用途使用；对共有部分进行维护；保存并分担管理、修缮、维持等费用。对于上述责任，建议进一步细化。对于房屋所有人应当配合专业管理人进行安全检查、承担房屋安全鉴定和房屋修缮费用的责任更要予以明确。同时，对于使用人、专业管理人的责任，亦应当逐一列举。

3. 明确使用中的禁止行为

建议参照日本法律的列举法对房屋安全使用的禁止行为予以规定，但是日本法规较为严苛，对于具体的禁止行为，可适当放宽。而对于承重墙上开槽等影响结构安全的行为，建议按照国际通行的做法明确禁止。

4. 明确房屋安全检查的内容和程序

对房屋所有人、使用人和专业管理人，建议用列举法明确房屋安全检查的具体内容。专业管理人在实施房屋安全检查前应当对房屋所有人、使用人履行告知程序。对于房屋所有人、使用人拒绝入户检查的，采取措施处理。

5. 加强鉴定管理

建议对房屋安全鉴定机构实施准入制度。对房屋安全鉴定机构的办公场所、从业经验、人员配备、仪器设备、管理制度、经营业绩等进行明确规定。

6. 强化政府监管

建议明确房地产主管部门在房屋安全使用管理承担政府监管主要责任，并明确监管过程中相关政府部门应当积极配合房地产主管部门的监管工作。建议在法规中明确规定，政府主管部门有获知房屋使用状况的权力。同时明确，政府部门在入户检查前对房屋所有人、使用人应当履行的告知程序；对于房屋所有人、使用人拒绝入户检查的，可申请司法协助。对于司法介入对相关责任人的处理，建议在法规中明确。

7. 对违法行为个人曝光之探讨

对房屋安全使用违法行为个人的处理，可采用电视、报纸、广播、网络等方式曝光，曝光的内容可包括个人的姓名、身份证号、工作单位、违法行为以及造成的危害等。

8. 剥夺所有权之探讨

我们认为，人的生命权是高于一切私权的，对于那些违反房屋安全使用管理规定，且在停止侵害、排除妨碍仍难产生禁止效果的所有人，可以参照德国、奥地利和日本的模式剥夺所有权。

5.2　法规咨询研究概况

本节介绍《管理办法》（咨询研究稿）各章的主要内容。

5.2.1　主要内容

《管理办法》（咨询研究稿）共有九章六十九个条款。以下分章介绍各章的主要内容。

1. 总则

《管理办法》（咨询研究稿）的第一章为总则，有四个条款，阐述了《北京市房屋建筑使用安全管理办法》的目的、依据和特点，确定了监督管理调整的范围和管理的对象；使用安全的原则和监管的模式。

2. 房屋建筑安全责任

《管理办法》(咨询研究稿)第二章为“房屋建筑安全责任”，有四个条款。该章明确了房屋建筑安全责任人及其责任和房屋建筑的管理人及其责任。

3. 安全使用

《管理办法》(咨询研究稿)第三章为“房屋建筑的安全使用”，有六个条款，提出了房屋建筑使用者严格禁止的行为、禁止行为、合理使用行为和鼓励采取的行为等。这些行为统称为正确的使用要求。

4. 检查维护

《管理办法》(咨询研究稿)第四章为“检查维护”，有八个条款，提出了日常检查的项目、特定情况的检查项目、日常维修修缮的项目和装修修缮中的管理问题等。

5. 安全鉴定

《管理办法》(咨询研究稿)第五章为“安全鉴定”，共十个条款，提出了鉴定委托人、应进行鉴定的情况、建议鉴定的情况、监管鉴定情况、鉴定机构及其行为和对鉴定机构的管理方式。

6. 安全问题的治理

《管理办法》(咨询研究稿)第六章为“安全问题的治理”，有十一个条款，提出了搬迁、改建或改造、加固、解除危险、废弃和拆除的处理措施的适用情况和采取强制性措施的情况。

7. 监督管理

《管理办法》(咨询研究稿)第七章为“监督管理”，有五个条款，相对细化地提出了监管的模式和职责。

8. 法律责任

《管理办法》(咨询研究稿)的第八章为“法律责任”，共有二十个条款，提出了违反国家法律规定等行为的处罚建议。

9. 附则

第九章“附则”只有一个条款，指明了实施的时间。

本章不再介绍《管理办法》(咨询研究稿)第八章和第九章的内容。本节以下仅介绍第一章“总则”的研究背景。

5.2.2 管理范围和模式

《管理办法》(咨询研究稿)第一章的名称为“总则”，有四个条款，阐述了《管理办法》的目的、依据和特点，确定了监督管理的范围和管理的对象，使用安全的原则和监管的模式。

1. 目的和依据

《管理办法》(咨询研究稿)编制目的如下：

(1) 规范房屋建筑的安全使用行为；

(2) 加强房屋建筑使用安全的监督和管理；

(3) 保障人民生命财产的安全和人身健康。

《管理办法》(咨询研究稿)第一条提出了制定依据为：国家相关法律法规。

《立法法》第六十三条规定：省、自治区、直辖市的人民代表大会及其常务委员会根据本行政区域的具体情况和实际需要，在不同宪法、法律、行政法规相抵触的前提下，可以制定地方性法规。

其次，《管理办法》（咨询研究稿）提出的各项条款基本都依据了国家相关法律和行政法规的规定，当然这些法律和法规不限于建设法律和建设行政法规。也就是说，只要现行的法律和行政法规中涉及房屋建筑使用安全的条款都可以作为本《管理办法》编制的依据。国务院建设行政主管部门的规章则不是本《管理办法》的依据，是本《管理办法》编制时参考的法规之一，国务院其他行政主管部门的规章也是本《管理办法》编制时参考的法规。

2. 调整范围和适用对象

《管理办法》（咨询研究稿）的第二条限定了调整范围和适用对象。

调整范围为：北京市行政区域内国有土地上各类房屋建筑的安全使用、检查维护、检测鉴定、安全问题治理等活动及其监督管理。显然包括农村建筑的安全使用等问题。

长期以来，我国的建设法律和行政法规都不包括农村的建筑工程。1989 年通过的建设规划法律名称为《城市规划法》。《建筑法》也规定：农民自建低层住宅的建筑活动不适用本法。因此农村建筑质量和安全状况问题较多。

为了改变农村房屋建筑的情况，2008 年起施行的《城乡规划法》的调整范围已包括农村。在房屋建筑方面也开始编制相应的技术规范。

根据以上情况和北京市农村建筑的特殊情况，《管理办法》（咨询研究稿）把农村房屋建筑的安全管理纳入调整的范围。

适用对象为：依法建造或依法登记的居住建筑、公共建筑和工业建筑，包括附属构筑物和与其配套的线路、管道、设备。其中附属构筑物是指房屋配套建设的围墙、烟囱、水塔等。设备是指电梯、压力容器与压力管线、燃气设施和消防设施、电气设施、避雷设施、二次供水设备等。

通常，影响房屋建筑使用安全的问题源于下列五个方面：

(1) 房屋建筑本身的问题。如：抗倒塌能力不足，结构的承载力不足，建筑材料的污染，建筑的采光、通风、日照问题等。

(2) 设备设施使用安全问题，如：电梯、压力容器、燃气设施、给水排水设施等；

(3) 防护设备设施问题，如：防爆设施、消防设施、避雷设施和特殊的逃生设施等；

(4) 外部因素的影响问题，如：外部的爆炸、碰撞、火灾等；建筑周边的空气、水、噪声、光、电磁波造成的环境污染等。

(5) 违规使用造成的安全问题，如：拆改结构和随意搭建；违规存放易燃易爆等危险品；损坏消防设施、阻塞消防通道等。

针对安全隐患问题，《管理办法》（咨询研究稿）第三条提出，房屋建筑的安全管理应该采取预防为主，防治结合，综合治理，确保安全的原则。

而且，这些问题绝不是北京市住建委一个政府主管部门能够完成监管的。

3. 监督管理

《管理办法》（咨询研究稿）的第四条提出了房屋建筑安全监督管理的基本架构，对于房屋建筑本身的监管来说，分成以下几个层次：

(1) 市住建委负责全市房屋建筑使用安全的监督管理。

(2) 区县建设、房管部门负责本辖区内房屋建筑使用安全的具体监督管理，可由街道办事处协助开展工作。

(3) 乡镇建设、房管部门负责农村房屋建筑使用安全的具体监督管理。可由村民委员会协助开展工作。

由此形成从市到区县、街道、村民委员会的监督管理体系。

除了住建委之外，北京市规划、市政市容、公安、安监、质监、卫生、气象、工商、消防等行政主管部门，也要按照各自职责，负责房屋建筑使用安全监督管理工作。由此，形成了房屋建筑使用安全的综合监管体系。

5.3 特定问题的研究背景

本节对《管理办法》(咨询研究稿) 中一些特定问题的研究背景进行介绍：

(1)《管理办法》(咨询研究稿) 第三章“正确使用”禁止行为的研究背景和维护房屋建筑产权人权益的研究背景；

(2)《管理办法》(咨询研究稿) 第五章“检查维护”装修修复等管理的研究背景和部门规章的研究背景；

(3)《管理办法》(咨询研究稿) 第六章“问题的治理”中搬迁处理措施的研究背景和解除危险条款的研究背景。

(4)《管理办法》(咨询研究稿) 第七章“监督与管理”中的属地监管模式、房屋建筑的监管和其他问题的监管等的研究背景。

5.3.1 正确使用

《管理办法》(咨询研究稿) 第三章为“正确使用”，提出了房屋建筑的使用者严格禁止的行为、禁止的行为合理使用行为和正确使用的要求等，这些条文的法律、法规依据为《物权法》、《消防法》、《治安管理处罚条例》。明确了房屋建筑使用者的责任、权利和义务。

1. 正确使用的要求

建筑的使用人应按照《房屋使用说明书》的要求正确使用。《住宅建筑技术规范》已规定开发单位应向业主提供《房屋使用说明书》。商品住宅的使用人应当按《房屋使用说明书》的规定使用房屋建筑。公共建筑、工业建筑和仓储建筑的管理人也可参照其说明，编制所管辖房屋建筑的使用说明书，供使用人遵照执行。正确使用包括下列行为：

(1) 定期的检查维护；

(2) 适时的修复修缮；

(3) 及时的检测鉴定；

(4) 采取有效的措施解决既有建筑存在的问题；

(5) 制止有损于建筑安全的行为。

2. 严格禁止的行为

《既有建筑技术规范》(课题研究稿) 提出应严格禁止的行为如下：

(1) 违法存放易燃、易爆、侵蚀性、有碍人身健康的物品；

(2) 阻塞消防通道和疏散通道；

(3) 损坏消防设施等特种设施；

(4) 擅自拆改建筑的结构和围护结构。

上述行为也是有关法律和行政法规禁止的行为，这些行为往往会造成灾难性的后果，我国已有许多这类的事例。

2003 年 11 月 3 日，湖南衡阳衡州大厦在火灾中坍塌，造成 20 名消防官兵牺牲，见图 5-2。事后分析坍塌原因时发现，房屋存储过多的可燃物质、消防通道被堵塞、未按规定设置消防设施等都是造成房屋坍塌的重要原因。

图 5-2　衡州大厦在火灾中坍塌

衡州大厦的首层为混凝土框架结构。原设计为小商品市场，后改为日用品库房。仓储建筑的特点就是火灾荷载密度大，而该库房中又存放着大量燃烧热值极高的塑料薄膜制品。这些制品放在该大厦西北角附近。该大厦没有按照有关规定设置防火分区和自动喷淋装置。

另外，火灾发生前通向大厦的主要路口都被阻隔，消防车无法通行。大厦北面是通长的建筑物，西面是贴建的围墙，这两面基本没有灭火的作业面。在长时间高温的影响下，该大厦西北区域的 5 根钢筋混凝土柱完全丧失承载力，使该建筑发生了局部的坍塌。

因此，建筑物使用中的禁止行为虽然看上去是对房屋使用人的限制和约束，但实际上也保护了使用人的根本权益。衡州大厦坍塌虽然没有造成住户的伤亡，但是大部分住户的家庭财产损失严重。

3. 禁止的行为

《既有建筑技术规范》(课题研究稿) 提出了下列影响公众利益的禁止行为：

(1) 未经全体利益相关人的同意，不得将住宅改变为经营性用房；

(2) 未经毗连住宅的全体业主同意，不得改动建筑结构及围护结构；

(3) 未经规划部门或相应主管部门的批准，不得增设附属构筑物；

(4) 未经相关主管部门的批准，不得增设附设结构物；

(5) 未经设计许可或鉴定，不应改变房屋建筑的用途；

(6) 未经有关单位的许可，不应拆改燃气、采暖、给水排水、供电等管线和设施。

拆改燃气设施造成的火灾和爆炸事故颇多。拆改围护结构有时也会造成房屋建筑的坍塌。特别是在偶然事件发生时，缺少了围护结构的作用，房屋建筑可能会发生坍塌现象。

例如，我国建筑结构普遍采用的是小震弹性承载力验算，在设防烈度地震作用下结构的抗震承载力会显得不足。此时如果有非承重结构的帮衬，建筑物可能不会发生倒塌破坏。例如砖混结构的窗下墙在静载和抗震计算中一般不考虑其作用，但在地震作用下，砖混结构的窗下墙通过开裂，明显起到了耗能作用[44]。见图 5-3。

图 5-3　窗下墙开裂

5.3.2　检查维护

《管理办法》(咨询研究稿) 第四章为“检查维护”，提出了日常检查项目、特定情况的检查项目、发现问题的处理、维护修缮工作和装修修缮工程的管理等问题。

1. 管理的依据

关于既有房屋建筑装饰装修问题，已有建设部令 (第 110 号)《住宅室内装饰装修管理办法》的规定，但是该管理办法没有上位法的支持，因而其管理力度存在问题。

根据《立法法》的规定，如果《管理办法》获得北京市人大的通过并颁布实施后，北京市住建委可依据地方性法规的规定起草《北京市既有房屋建筑装饰装修管理规定》和《北京市房屋建筑修复修缮工程管理规定》，对既有房屋建筑的装饰装修和修缮修复依法管理。

《管理办法》(咨询研究稿) 提出：市住建委可依法制定房屋建筑维护、修缮及重新装修等活动的管理细则，对下列问题作出明确的管理规定：

(1) 修缮、装修等活动的范围；

(2) 修缮、装修等活动正当程序；

(3) 修缮、装修等活动的正当行为；

(4) 修缮、装修等活动的禁忌行为；

(5) 对参与修缮、装修设计及实施机构的资质或人员资格管理等。

2. 部门规章的规定

《北京市既有房屋建筑装饰与装修管理规定》可以参照建设部令 (第 110 号)《住宅室内装饰装修管理办法》，结合北京的实际情况对下列问题作出规定：

(1) 对既有房屋建筑的装饰装修作出定义，以表示与新建房屋装修工程的差异；

(2) 对既有房屋建筑装饰与装修的设计和施工企业和人员作出规定，如装饰装修人员的资格或相关机构的资质等；

(3) 对既有房屋建筑装饰装修的程序作出规定；

(4) 对既有房屋建筑的装饰装修的行为主体作出规定；

(5) 对既有房屋建筑的装饰装修工程的禁止行为作出规定；

(6) 对既有房屋建筑的装饰装修工程严格禁止行为作出规定；

(7) 对既有房屋建筑的装饰装修工程其他禁忌问题作出规定；

(8) 对环境污染等问题作出规定；

(9) 对装饰装修竣工验收与保修问题作出规定；

(10) 制定相关的处罚条款等。

制定规定时尚应注意以下问题：

(1) 建设部令 (第 110 号)《住宅室内装饰装修管理办法》适用于住宅，既有建筑的装饰装修问题不仅限于住宅。

（2）将修复修缮与装饰装修工程分开，修复修缮可能会涉及房屋建筑的主体结构，一般的装饰装修单位无法承担修复修缮工程。

（3）北京市房管部门具有丰富的房屋修复修缮经验，但这种经验主要适用于房管部门直管的房屋，不适应目前房屋建筑产权多样化的情况。

5.3.3　安全鉴定

《管理办法》（咨询研究稿）第五章为“安全鉴定”，提出了房屋建筑安全鉴定的委托人、应该进行鉴定的情况、建议鉴定的情况、监管鉴定情况、鉴定机构及其行为和对鉴定机构的管理方式。

1. 鉴定的委托

《管理办法》（咨询研究稿）的提出了下列两种房屋建筑安全性鉴定委托人：

（1）房屋建筑的管理人；

（2）对房屋建筑安全性造成影响的责任方。

一般情况下，房屋建筑的管理人应该参与房屋建筑安全鉴定的委托工作。当房屋建筑受到其他原因出现损伤影响安全或怀疑对安全造成影响时，对房屋建筑安全性造成影响的责任方应该委托进行房屋建筑的安全鉴定，这也符合《物权法》的规定。

2. 应该进行鉴定的情况

当既有建筑物存在下列情况时，安全责任人应委托进行鉴定：

（1）既有建筑超过设计使用年限仍需要继续使用。在这种情况下原设计单位不再承担建筑的安全责任，安全责任人应该委托鉴定。

（2）既有建筑出现危及使用安全的迹象。出现这种迹象的原因可能是产权人或使用人造成的，也可能是建筑受环境影响或原施工质量不良造成的，安全责任人应委托鉴定。

（3）拟进行改造或改变用途的既有建筑。安全责任人可以直接委托设计单位直接进行改造设计，但一般的设计单位都会要求检测鉴定。

（4）受到自然灾害或事故影响的既有建筑。例如汶川地震后，不仅对受到灾害影响的建筑进行了鉴定，全国中、小学校舍也进行了综合抗灾能力鉴定。此处所说的事故，是指既有建筑内部的事故或安全责任人使用不当造成的事故。

（5）有关法规规定应当进行鉴定的既有建筑。

3. 建议进行鉴定的情况

当既有建筑物存在下列情况时，建议安全责任人委托进行鉴定：

（1）拟出租、转让、抵押等但缺少既有建筑的安全证明时。这是保障承租、受让或出资方合法权益的措施。

（2）安全性不符合现行规范要求的既有建筑。随着国家经济实力的提高，规范的要求也在不断提高，已使用一段时间的既有建筑可能不满足现行规范的安全要求。如果既有建筑存在安全性问题，如出现坍塌，受损失最大的是既有建筑的产权人；存在功能性问题，受到妨害的还是既有建筑的产权人或使用人。所以在有条件时，还是建议对既有建筑进行鉴定。

（3）抗灾害能力较差的公共建筑。这里所说的灾害包括既有建筑不可抗御的灾害和偶然作用两种情况。

(4) 一般环境下，使用达到30年的居住建筑和使用20年的公共建筑；有侵蚀性物质环境下，使用10年的工业建筑和使用15年的民用建筑。根据中国建筑科学研究院的调查，建筑的结构在这些情况下普遍存在明显损伤，设备设施已经达到更换的损伤状态，建筑一般也要进行装修，此时进行检测鉴定有利于产权人节省资金。

(5) 对既有建筑的性能或功能存在疑义。

4. 其他鉴定情况

当遇有下列情况时，对既有建筑的功能或性能构成影响的单位、机构或个人，应委托对受到影响既有建筑的进行鉴定：

(1) 建设施工时，毗邻区域可能或已经受到影响的既有建筑。在工程开工前，应该对可能受到影响的既有建筑进行检测鉴定，并对检测结果进行公证。这样可以使建设方规避许多后期问题。当出现争议之后再委托进行鉴定，很多问题都很难说清楚。

(2) 房屋的承租方造成房屋损坏。承租方应委托鉴定或直接与业主协商采取处理措施。

(3) 因外部事故造成损伤，既有建筑的功能受到影响。

(4) 既有建筑的日照、自然采光或自然通风受到影响。

这一规则显然是为了维护产权人和使用人的合法权益，对既有建筑功能或性能构成影响的机构、单位或个人应该委托进行鉴定，并依法作出相应的补偿或赔偿。

遇到这类问题可对既有建筑原有功能或性能受影响程度进行鉴定。提出这一规则显然是要考虑责任方的权益。责任方的赔偿不应包括既有建筑原来存在的问题。例如原来既有建筑的安全性就不足，责任方的赔偿可能不会包括这些问题。

5.3.4 问题的治理

《管理办法》(咨询研究稿) 第六章为“安全问题的治理”，明确房屋建筑在使用过程中产生安全问题的处理办法及相关责任人的责任、权利和义务。

对于存在安全问题的房屋建筑可以根据房屋建筑存在问题的性质分别采取搬迁、改建或扩建、修缮修复、加固改造、解除危险、废弃和拆除等处理措施。

对于存在安全隐患且使用功能不满足要求的房屋，可采取加固改造的处理措施。房屋的加固改造应遵守《建筑法》及相关工程建设法律法规的规定。加固改造工程目前没有法律法规的支持，但由于加固改造与改建有着一定的联系，因此可按改建工程进行管理。

本小节介绍规避和解除危险两种处理措施的研究背景。

1. 规避的处理措施

《管理办法》(咨询研究稿) 提出了如下应该搬迁的情况：

(1) 国家或政府明令禁止建造房屋区域的房屋；

(2) 位于河道、湖泊等范围内，阻碍行洪的房屋；

(3) 位于地震断裂带危险地段的房屋；

(4) 受到山体滑坡、岩崩、泥石流等严重地质灾害影响的房屋；

(5) 建于林地、草原、城市绿化带中，且无力抵御火灾等房屋；

(6) 建于严重采空塌陷区的房屋；

(7) 其他不可抗御灾害影响或严重影响使用人安全及人身健康区域的房屋。

《防洪法》、《城乡规划法》、《草原法》、《地质灾害防治条例》等法律、法规有具体条文支持以上规定。应该搬迁主要由于房屋建筑可能遭受不可抗御的灾害。

例如泥石流是房屋建筑不可抗御的灾害之一，图 5-4 是云娜台风引发泥石流造成的房屋建筑破坏，图中所示为一个小学教学楼剩余的部分，另一部分已被泥石流冲进河道。2010 年 8 月 8 日，甘肃舟曲县发生泥石流，由北向南 5km 长、500m 宽区域被夷为平地，见图 5-5，泥石流造成 1200 多人死亡，500 余人失踪。

图 5-4　小学教学楼被破坏

图 5-5　泥石流中的房屋

洪水也是房屋建筑不可抗御的灾害之一，洪水往往将房基掏空造成房屋损伤或破坏，有些砌体房屋被浸泡也会局部破坏或倒塌。图 5-6 为洪水毁坏的房屋建筑。

图 5-6　洪水毁坏房屋建筑

森林和草原火灾是房屋建筑不可抗御的灾害，图 5-7 是我国 1987 年大兴安岭火灾中建筑被焚毁。这场大火直接损失达 4.5 亿元人民币，间接损失达 80 多亿元，造成 210 人死亡，烧伤 266 人，1 万余户、5 万余人流离失所。

山体滑坡也是房屋建筑不可抗御的灾害，图 5-8 是汶川地震中北川县城建筑被山体滑坡所摧毁。

图 5-7　大兴安岭火灾建筑被焚毁　　　　图 5-8　北川县山体滑坡毁损房屋

岩崩是另一类地质灾害，在巨大岩石的冲击下房屋很难保全，见图 5-9。

地面沉陷也是房屋建筑不可抗御的灾害，地面沉陷主要由于地壳变动、地下水位变化、采矿、地下施工等。图 5-10 为地面塌陷情况。

图 5-9　岩崩造成房屋受损

图 5-10　地面塌陷情况

上述这些不可抗御的灾害在北京市都曾发生过，为了避免这类灾害对人民生命与财产造成更多的损失，《管理办法》（咨询研究稿）建议对这些灾害采取规避的处理措施，也就是实施搬迁。

2. 解除危险的处理措施

对所有既有房屋建筑都进行改扩建是不可能的，将所有既有建筑都加固到符合现行规范的要求也是不现实的。《管理办法》（咨询研究稿）提出了房屋建筑针对不同情况的处理建议，其中包括修缮修复和解除危险两类处理措施。此处重点介绍解除危险的研究背景情况，包括下列情况：

（1）在不可抗御灾害影响区，当短期不能搬迁且具有安全隐患的房屋建筑；

（2）城乡规划需要拆迁且具有安全隐患的房屋，当短期不能拆迁时；

（3）对于拆除工程启动之前仍有人员使用的房屋；

（4）主管部门发出危险房屋限期治理通知的房屋。

这里所说的解除危险主要是危险房屋，解除危险的措施可按有关规范的规定确定。

3. 房屋拆除

《管理办法》（咨询研究稿）提出了房屋建筑的拆除问题：对于存在危险性且没有加固改造价值的房屋，房屋的管理者可以申报拆除。房屋拆除阶段的安全，按国家有关规定执行。

5.3.5 监督与管理

《管理办法》（咨询研究稿）的第六章为“监督与管理”，提出了北京市房屋建筑的管理模式。这个管理模式显然不包括行业管理的规定，但这个管理模式细化了农村建筑的规定。

1. 监管模式

《管理办法》（咨询研究稿）提出的监管模式如下：

（1）本市涉及房屋建筑使用安全的行政主管部门应按其职责，负责房屋建筑使用安全的监督和管理。

（2）区县相应行政管理部门负责本辖区内房屋建筑使用安全活动的管理。

（3）乡镇相应行政管理部门负责农村房屋建筑使用安全活动的管理。

2. 房屋建筑的监管

《管理办法》（咨询研究稿）提出了区县建设或房管部门的管理职责为：

（1）对所辖区域房屋修缮、装修和鉴定等活动进行管理；

（2）汇总所辖区域房屋及附属构筑物的相关信息并向上级主管部门报告；

（3）协调乡镇政府或街道办事处相关部门，对房屋的安全使用行为进行监督与管理；

（4）向上级主管部门报告房屋及附属构筑屋安全使用监督管理中出现的特殊问题。

3. 其他问题的监管

《管理办法》（咨询研究稿）提出特定设备的管理模式：

（1）本市质检、安监、消防、市政管委等主管部门及各区县相应管理部门，按照各自职责，负责特定设备设施的使用安全活动的监督和管理。

（2）各区县相应管理部门，可协调乡镇人民政府和街道办事处协助做好房屋建筑特定设备设施使用安全的管理。

第6章 既有建筑标准体系

本章介绍了既有建筑标准体系，列出既有建筑标准体系的目的如下：

(1) 当需要使用相关技术时，可以按图索骥，找到列有相关技术的标准；

(2) 在标准修订时，编制单位可考虑增加体现既有建筑特点的技术措施；

(3) 希望有能力的技术单位积极申报编制或参加编制标准体系中设立的待编标准；

(4) 当需要编制地方标准时，可参考标准体系所列标准的相关规定。

本章以下按标准体系的架构与组成、综合标准和基础标准、维护与修缮类标准、检测类标准、评定类标准、加固改造类标准和废弃与拆除类标准的次序对既有建筑标准体系及主要标准进行介绍。

因本书篇幅有限，体系中仅列出标准的名称，不对标准的内容进行说明。

6.1 标准体系的架构与组成

本节对标准体系的构架、组成和覆盖标准情况进行了介绍。

6.1.1 标准体系的架构

既有建筑标准体系把体系中的标准分成四个层次：第一层次，综合标准；第二层次，基础标准；第三层次，通用标准；第四层次，专用标准[45]。既有建筑标准体系的架构及各层次标准的关系见图6-1。

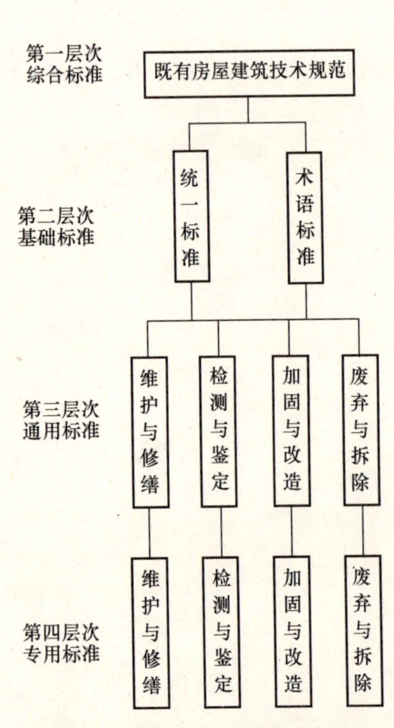

图6-1 既有建筑标准体系框图

除了层次的划分外，既有建筑标准体系将基础标准、通用标准和专用标准分成维护与修缮、检测与评定、加固与改造、废弃与拆除四个门类。

6.1.2 标准体系的组成

组成既有建筑标准体系的技术规范和标准可以分成三种情况：

(1) 体系设立的标准；

(2) 体系引用的国家标准和工程建设行业标准；

(3) 体系利用的工程建设标准化协会的标准。

既有建筑标准体系把上述第（2）种、第（3）种标准统称为体系采用的标准，采用这些标准的目的，是减少体系中待编标准的数量，充分发挥已有标准的作用，避免标准之间的不协调。

6.1.3 体系中的标准统计

对体系中标准总体统计情况为：体系涵盖标准约 564 本，其中体系设立的标准为 50 本，其余均为体系采用的标准，其具体分布情况如下：

(1) 综合标准和基础标准共有 25 本，其中体系设立的标准 3 本，体系采用的标准 22 本；

(2) 维护与修缮门类通用和专用标准共 54 本，其中体系设立的标准共 15 本，体系采用的标准 39 本；

(3) 建筑检测类的通用和专用标准共有 279 本，其中 4 本为体系设立的标准，其余为体系采用的标准；

(4) 评定类的通用和专用标准共 111 本，其中体系设立标准 10 本，其余为体系采用标准；

(5) 加固改造门类的通用和专用标准共有标准 72 本，其中体系设立的标准 15 本，其余 57 本均为体系采用的标准；

(6) 废弃与拆除门类的通用和专用标准共有标准 22 本，其中体系设立的标准 3 本，其余 19 本均为体系采用的标准。

6.2 综合标准和基础标准

本节以下介绍既有建筑标准体系中综合标准和基础标准的设置和采用情况。

6.2.1 综合标准

既有建筑标准体系中的综合标准只有一本，其名称暂定为《既有建筑技术规范》，为体系设立的标准。

《既有建筑技术规范》依据出台或即将出台的国家或地方法规及条例和政府相关主管部门的规定和规章提出的技术政策，全面阐述针对既有建筑的技术规则和技术措施，是这些法规、条例和规章等在技术方面的实施细则。

《既有建筑技术规范》包括下列几个方面的规定：

(1) 合理使用的规定；

(2) 检查维护的技术规则和技术措施；

(3) 修复修缮的技术规则和技术措施；

(4) 检测评定的技术规则和技术措施；

(5) 加固改造的技术规则和技术措施；

(6) 废置与拆除的技术规则和技术措施。

《既有建筑技术规范》不对上述 6 个方面的技术措施作出详细的规定，主要做法是指引相关技术人员按照相关标准中的具体规定完成相应的技术工作。

既有建筑标准体系通过设立《既有建筑技术规范》一本综合标准，实现标准体系对既有建筑技术工作的覆盖，且可以适当减少标准体系待编标准的数量。

6.2.2 统一标准

基础标准可分成统一标准、术语标准、符号标准、分类标准和图形标准等。以下介绍统一标准的情况。既有建筑标准体系的统一标准见表6-1。

既有建筑标准体系的统一标准　　表6-1

序号	标准名称	目前状况	备注
1	既有建筑维护与修缮统一标准	待编	体系设立
2	既有建筑评定与改造统一标准	待编	体系设立
3	工程结构可靠性设计统一标准	GB 50153	
4	建筑结构可靠度设计统一标准	GB 50068	
5	民用建筑设计通则	GB 50352	

6.2.3 其他基础标准

其他基础标准包括术语标准、符号标准、分类标准和图形标准等。既有建筑标准体系设立的其他基础标准只有一本，其名称为《建筑物全寿命管理与技术术语标准》，其他的均为体系采用的标准。其他基础标准见表6-2。

既有建筑不可能单独设立自己的制图标准，既有建筑的大部分术语也要与工程建设标准中的术语相同。

其他基础标准　　表6-2

序号	标准名称	目前状况	备注
1	建筑物全寿命管理与技术术语标准	待稿	体系设立
2	房屋建筑制图统一标准	GB/T 50001	
3	建筑结构设计术语和符号标准	GB/T 50083	
4	水文基本术语和符号标准	GB/T 50095	
5	建筑制图标准	GB/T 50104	
6	建筑结构制图标准	GB/T 50105	
7	建筑给水排水制图标准	GB/T 50106	
8	暖通空调制图标准	GB/T 50114	
9	城市用地分类与规划建设用地标准	GB 50137	
10	采暖通风与空气调节术语标准	GB 50155	
11	建筑气候区划标准	GB 50178	
12	建筑工程抗震设防分类标准	GB 50223	
13	工程测量基本术语标准	GB/T 50228	
14	岩土工程基本术语标准	GB/T 50279	
15	城市规划基本术语标准	GB/T 50280	
16	供热术语标准	CJJ/T 55	
17	市容环境卫生术语标准	CJJ/T 65	
18	园林基本术语标准	CJJ/T 91	
19	建筑岩土工程勘察基本术语标准	JGJ 84	
20	工程抗震术语标准	JGJ/T 97	

6.2.4　标准数量小结

既有建筑标准体系设立的基础标准为 3 本，均为待编标准，《既有建筑维护与修缮统一标准》、《既有建筑评定与改造统一标准》和《建筑物全寿命管理与技术术语标准》，既有建筑标准体系采用的基础标准共 22 本。

6.3　维护与修缮类标准

由于很难区分通用标准与专用标准，以下各节按门类介绍通用标准和专用标准。本节介绍既有建筑标准体系维护与修缮门类的标准。

6.3.1　维护与修缮标准

既有建筑标准体系设立的维护与修缮的通用标准和专用标准见表 6-3。

维护与修缮标准　　表 6-3

序号	标 准 名 称	目 前 状 况	备 注
1	民用建筑修缮工程查勘与设计规程	JGJ 117	体系设立
2	房屋修缮工程施工质量验收规程	DB 11/509—2007	体系设立
3	既有房屋维修工程施工与验收规范	待编	体系设立
4	建筑外墙清洗维护技术规程	JGJ 168	体系设立
5	古建筑木结构维护与加固技术规范	GB 50165	体系设立
6	房屋渗漏修缮技术规程	CJJ 62	体系设立
7	建筑给排水设备维修技术规程	待编	体系设立
8	建筑暖通设备维修技术规程	待编	体系设立
9	建筑供电设备维修技术规程	待编	体系设立
10	建筑智能化设备维修技术规程	待编	体系设立
11	建筑虫害防治技术规程	待编	体系设立
12	优秀历史建筑修缮技术规程	待编	体系设立
13	古建筑修缮技术规程	待编	体系设立
14	古建筑砌体结构维护与加固技术规范	待编	体系设立
15	既有建筑正常使用与维护标准	待编	体系设立

6.3.2　其他标准

其他维护与修缮标准分成两类，其一为其他专业列出的专门的维护与修缮标准，其二为列有维护与修缮规定的现行标准。将这些标准列入表 6-4 之中，均为体系采用的标准。

其他维护与修缮标准 **表 6-4**

序号	标 准 名 称	目 前 状 况	备 注
1	城镇污水处理厂运行、维护及安全技术规程	CJJ 60	
2	城镇供水厂运行、维护及安全技术规程	CJJ 58	
3	生活垃圾转运站运行维护技术规程	CJJ 109	
4	城市生活垃圾堆肥处理厂运行、维护及其安全技术规程	CJJ/T 86	
5	埋地硬聚氯乙烯给水管道工程技术规程	CECS 17	
6	工业炉水泥耐火浇注料冬期施工技术规程	CECS 27	
7	工业厂房玻璃钢采光罩采光设计标准	CECS 44	
8	建筑拒水粉屋面防水工程技术规程	CECS 47	
9	增强氯化聚乙烯橡胶卷材防水工程技术规程	CECS 63	
10	砖混结构房屋加层技术规范	CECS 78	
11	整体浇注防静电水磨石地坪技术规程	CECS 90	
12	干式电力变压器选用、验收、运行及维护规程	CECS 115	
13	城镇供热管网维修技术规程	CECS 121	
14	叠层橡胶支座隔震技术规程	CECS 126	
15	点支式玻璃幕墙工程技术规程	CECS 127	
16	户外广告设施钢结构技术规程	CECS 148	
17	一体式膜生物反应器污水处理应用技术规程	CECS 152	
18	防静电瓷质地板地面工程技术规程	CECS 155	
19	合成型泡沫喷雾灭火系统应用技术规程	CECS 156	
20	膜结构技术规程	CECS 158	
21	建筑用省电装置应用技术规程	CECS 163	
22	拱形波纹钢屋盖结构技术规程	CECS 167	
23	烟雾灭火系统技术规程	CECS 169	
24	玻璃幕墙工程技术规范	JGJ 102	
25	塑料门窗工程技术规程	JGJ 103	
26	金属与石材幕墙工程技术规范	JGJ 133	
27	城镇排水管道维护安全技术规程	CJJ 6	
28	木结构设计规范	GB 50005	
29	混凝土结构设计规范	GB 50010	
30	冷弯薄壁型钢结构技术规范	GB 50018	
31	湿陷性黄土地区建筑规范	GB 50025	
32	城镇燃气设计规范	GB 50028	
33	建筑照明设计标准	GB 50034	
34	锅炉房设计规范	GB 50041	
35	地下工程防水技术规范	GB 50108	
36	膨胀土地区建筑技术规范	GBJ 112	
37	屋面工程质量验收规范	GB 50207	
38	住宅建筑规范	GB 50368	
39	混凝土结构耐久性设计规范	GB/T 50476	

6.3.3 标准数量小结

本门类列举维护与修缮标准共 54 本，其中体系设立的标准共 15 本，体系采用的标准 39 本。

根据分析，现行标准中有维护规定的标准约为 300 多本。40 本仅是其中的一小部分。应该说明的是，表 6-4 中列出标准中有些并非专门针对维护的标准，在以后相关门类标准介绍中还会列出这些标准。

6.4 检测类标准

以下按测量、地基基础、建筑材料与制品、建筑结构、围护结构与装修、建筑功能与设施等分别介绍检测类通用标准和专用标准。

6.4.1 房屋测量标准

建筑的测量标准见表 6-5，这些标准均为体系采用的标准。

建筑测量标准 **表 6-5**

序号	标 准 名 称	目 前 状 况	备 注
1	工程测量规范	GB 50026	
2	工程摄影测量规范	GB 50167	
3	建筑变形测量规范	JGJ 8	
4	近景摄影测量规范	GB/T 12979	
5	精密工程测量规范	GB/T 15314	
6	房产测量规范	GB/T 17986	

测量都是针对实体进行的，适用于工程测量的技术，也可用于既有建筑。

6.4.2 勘察与地基基础检测标准

地质勘察与地基基础检测标准中只有《建筑地基基础检测技术标准》为体系设立的待编标准，该标准适用于既有建筑地基基础的检测技术。

表 6-6 列出一些勘察与地基基础检测的标准，这些标准均为体系采用的标准。表 6-6 中均为建设工程地质勘察的技术标准，既有建筑需要确定地基情况时，一般也要使用这些标准的规定技术措施。

勘 察 标 准 **表 6-6**

序号	标 准 名 称	目 前 状 况	备 注
1	建筑地基基础检测技术标准	待编	体系设立
2	岩土工程勘察规范	GB 50021	修订中
3	土工试验方法标准	GB/T 50123	
4	工程岩体试验方法标准	GB/T 50266	修订中
5	高层建筑岩土工程勘察规程	JGJ 72	

续表

序号	标 准 名 称	目 前 状 况	备 注
6	冻土工程地质勘察规范	GB 50324	
7	软土地区岩石工程勘察规程	JGJ 83	
8	岩土工程勘察报告编制标准	CECS 99	
9	孔隙水压力测试规程	CECS 55	
10	PY 型预钻式旁压试验规程	JGJ 69	待修订
11	袖珍式贯入仪试验规程	CECS 54	
12	锤击贯入试桩法规程	CECS 35	
13	建筑工程地质钻探技术标准	JGJ 87	待修订
14	工程地质钻探标准	CECS 240	
15	多道瞬态面波勘察技术规程	JGJ/T 143	
16	地基动力特性测试规范	GB/T 50269	
17	建筑基桩检测技术规范	JGJ 106	

地基基础的其他规范也会涉及地基基础的检测技术，这些技术可用于既有建筑地基基础的检测。表 6-7 中列出带有检测技术的地基基础规范。显然这些标准都是既有建筑标准体系采用的标准。

地基基础检测标准 **表 6-7**

序号	标 准 名 称	目 前 状 况	备 注
1	建筑地基基础设计规范	GB 50007	修订中
2	建筑桩基技术规范	JGJ 94	
3	高层建筑箱形与筏形基础技术规范	JGJ 6	修订中
4	冻土地区建筑地基基础设计规范	JGJ 118	修订中
5	膨胀土地区建筑技术规范	GBJ 112	
6	湿陷性黄土地区建筑规范	GBJ 50025	
7	建筑地基处理技术规范	JGJ 79	
8	建筑基坑支护技术规程	JGJ 120	修订中
9	载体桩设计规程	JGJ 135	
10	地基与基础工程施工质量验收规范	GB 50202	

6.4.3 建筑材料与制品检测标准

建筑材料与制品检测或包含材料检测技术的标准见表 6-8。

建筑材料与制品检测标准 **表 6-8**

序号	标 准 名 称	目 前 状 况	备 注
1	呋喃树脂防腐蚀工程技术规程	CECS 01	
2	超声回弹综合法检测混凝土强度技术规程	CECS 02	
3	钻芯法检测混凝土强度技术规程	CECS 03	
4	埋地给水钢管道水泥砂浆衬里技术标准	CECS 10	
5	进口木材在工程上应用的规定	CECS 12	

续表

序号	标　准　名　称	目　前　状　况	备　注
6	钢纤维混凝土试验方法	CECS 13	
7	聚合物水泥砂浆防腐蚀工程技术规程	CECS 18	
8	超声法检测混凝土缺陷技术规程	CECS 21	
9	钢结构防火涂料应用技术规范	CECS 24	
10	双钢筋混凝土构件设计与施工规程	CECS 26	
11	柔毡屋面防水工程技术规程	CECS 29	
12	纤维混凝土结构技术规程	CECS 38	
13	砂、石碱活性快速试验方法	CECS 48	
14	混凝土碱含量限值标准	CECS 53	
15	后装拔出法检测混凝土强度技术规程	CECS 69	
16	建筑安装工程金属熔化焊焊缝射线照相检测标准	CECS 70	
17	二甲苯型不饱和聚酯树脂防腐蚀工程技术规程	CECS 73	
18	玻璃纤维氯氧镁水泥通风管道技术规程	CECS 95	
19	高强混凝土结构技术规程	CECS 104	
20	钾水玻璃防腐蚀工程技术规程	CECS 116	
21	乳化沥青路面施工及验收规程	CJJ 42	
22	热拌再生沥青混合料路面施工及验收规程	CJJ 43	
23	城市道路路基工程施工及验收规范	CJJ 44	
24	路面稀浆封层施工规程	CJJ 66	
25	混凝土泵送施工技术规程	JGJ7	
26	早期推定混凝土强度试验方法	JGJ 15	
27	蒸压加气混凝土应用技术规程	JGJ 17	
28	回弹法检测混凝土抗压强度技术规程	JGJ/T 23	
29	钢筋焊接接头试验方法标准	JGJ/T 27	
30	普通混凝土用砂石质量标准及检验方法	JGJ 52	
31	木质素磺酸钙减水剂木质素磺酸钙减水剂在混凝土中使用的技术规定	JGJ 54	
32	混凝土减水剂质量标准和试验方法	JGJ 56	
33	建筑砂浆基本性能试验方法	JGJ 70	
34	建筑钢结构焊接技术规程	JGJ 81	
35	带肋钢筋套筒挤压连接技术规程	JGJ 108	
36	钢筋锥螺纹接头技术规程	JGJ 109	
37	天然沸石粉在混凝土与砂浆中应用技术规程	JGJ/T 112	

续表

序号	标 准 名 称	目 前 状 况	备 注
38	贯入法检测砌筑砂浆抗压强度技术规程	JGJ/T 136	
39	混凝土结构后锚固技术规程	JGJ 145	
40	混响室法吸声系数测量规范	GBJ 47	
41	普通混凝土拌合物性能试验方法标准	GB/T 50080	
42	普通混凝土力学性能试验方法标准	GB/T 50081	
43	普通混凝土长期性能和耐久性能试验方法	GBJ 82	
44	水泥混凝土路面施工及验收规范	GBJ 97	
45	混凝土外加剂应用技术规范	GB 50119	
46	立式圆筒形钢制焊接油罐施工及验收规范	GBJ 128	
47	砌体基本力学性能试验方法标准	GBJ 129	
48	粉煤灰混凝土应用技术规范	GBJ 146	
49	屋面工程技术规范	GB 50345	
50	混凝土耐久性检验标准	在编	
51	钢渣石灰类道路基层施工及验收规范	CJJ 35	
52	联锁型路面砖路面施工及验收规程	CJJ 79	
53	固化类路面基层和底基层技术规程	CJJ 80	
54	合成树脂乳液砂壁状建筑涂料	JG/T 24	
55	外墙无机建筑涂料	JG/T 26	
56	不锈钢建筑型材	JG/T 73	
57	彩色涂层钢板门窗型材	JG/T 115	
58	聚氯乙烯(PVC)门窗执手	JG/T 124	
59	聚氯乙烯(PVC)门窗合页(铰链)	JG/T 125	
60	聚氯乙烯(PVC)门窗传动锁闭器	JG/T 126	
61	聚氯乙烯(PVC)门窗滑撑	JG/T 127	
62	聚氯乙烯(PVC)门窗撑挡	JG/T 128	
63	聚氯乙烯(PVC)门窗滑轮	JG/T 129	
64	聚氯乙烯(PVC)门窗半圆锁	JG/T 130	
65	聚氯乙烯(PVC)门窗增强型钢	JG/T 131	
66	聚氯乙烯(PVC)门窗固定片	JG/T 131	
67	结构用高频焊接薄壁 H 型钢	JG/T 137	
68	点支式玻璃幕墙支承装置	JG 138	
69	吊挂式玻璃幕墙支承装置	JG 139	
70	膨润土橡胶遇水膨胀止水条	JG/T 141	
71	建筑外墙用腻子	JG/T 157	
72	混凝土用膨胀型、扩孔型建筑锚栓	JG 160	
73	无粘结预应力钢绞线	JG 161	
74	滚轧直螺纹钢筋连接接头	JG 163	
75	砌筑砂浆增塑剂	JG/T 164	
76	纤维片材加固修复结构用粘接树脂	JG/T 166	
77	结构加固修复用碳纤维片材	JG/T 167	
78	建筑门窗内平开下悬五金系统	JG/T 168	

续表

序号	标 准 名 称	目 前 状 况	备 注
79	多彩内墙涂料	JG/T 3003	
80	PVC 门窗帘吊挂启闭装置	JG/T 3005.1	
81	无粘结预应力筋专用防腐润滑脂	JG 3007	
82	铝合金门窗型材粉末静电喷涂涂层技术条件	JG/T 3045.1	
83	钢门窗粉末静电喷涂涂层技术条件	JG/T 3045.2	
84	冷轧扭钢筋	JG 3046	
85	建筑用绝缘电工套管及配件	JG 3050	
86	可挠金属电线保护套管	JG/T 3053	
87	镦粗直螺纹钢筋接头	JG/T 3058	
88	建筑砂浆用 FA 胶结材	JG/T 3062	
89	水泥类标准	不具体列出	
90	建筑用钢筋类标准	不具体列出	
91	建筑钢材标准	不具体列出	

原材料的检验标准可供既有建筑加固改造时使用，如《混凝土减水剂质量标准和试验方法》、《热轧带肋钢筋》等原材料的检验标准和产品标准等。一些制品和产品质量检验的技术可作为既有建筑制品或产品性能检测的方法，如《聚氯乙烯（PVC）门窗执手》等。

6.4.4　建筑结构及构件检测标准

建筑结构检测标准的总体情况见表 6-9。

建筑结构与构件质量的检测方法都是针对实体进行的，因此其方法都可以用于既有建筑结构和构件性能的检测，本小节不再对这些标准逐一介绍。

建筑结构与构件检测标准　　　　**表 6-9**

序号	标 准 名 称	目 前 状 况	备 注
1	建筑结构检测技术标准	GB/T 50344	通用标准
2	砌体结构现场检测技术标准	GB/T 50315	修订
3	混凝土结构现场检测技术标准	在编	
4	钢结构现场检测技术标准	在编	
5	混凝土结构试验方法标准	GB/T 50152	
6	木结构试验方法标准	GB/T 50329	
7	木结构现场检测技术标准	待编	体系设立
8	混凝土结构工程施工质量验收规范	GB 50204	
9	砌体结构工程施工质量验收规范	GB 50203	
10	钢结构工程施工质量验收规范	GB 50205	
11	木结构工程施工质量验收规范	GB 50206	修订
12	网架结构工程质量检验评定标准	JGJ 78	
13	建筑抗震试验方法规程	JGJ 101	
14	户外广告设施钢结构技术规程	CECS 148	
15	门式刚架轻型房屋钢结构技术规程	CECS 102	
16	柔性路面设计参数测定方法标准	CJJ/T 59	
17	预应力混凝土肋形屋面板	GB 16728	

续表

序号	标 准 名 称	目 前 状 况	备 注
18	建筑隔震橡胶支座	JG 118	
19	门式刚架轻型房屋钢构件	JG 142	
20	住宅楼梯预制混凝土梯段	JG 3002.1	
21	住宅楼梯预制混凝土中间平台	JG 3002.2	
22	Π形钢筋混凝土天窗架	JG 3025	

6.4.5 围护结构与装修检测标准

围护结构与装修检测标准见表 6-10。其检测技术可用于工程质量的检测，也可用于既有建筑围护结构和装修的检测。

围护结构与装修检测标准 表 6-10

序号	标 准 名 称	目 前 状 况	备 注
1	建筑装修与围护结构检测与评定技术标准	在编	
2	建筑防水渗漏检测与评定标准	在编	
3	建筑门窗工程检测技术规程	JGJ/T 205	
4	玻璃幕墙工程质量检验标准	JGJ/T 139	
5	建筑工程饰面砖粘结强度检验标准	JGJ 110	
6	防静电瓷质地板地面工程技术规程	CECS 155	
7	外墙外保温工程技术规程	JG144	
8	实腹钢窗检验规则	GB 5827.1	
9	空腹钢窗检验规则	GB 5827.2	
10	建筑外窗抗风压性能分级及检测方法	GB/T 7106	
11	建筑外窗气密性能分级及检测方法	GB/T 7107	
12	建筑外窗水密性能分级及检测方法	GB/T 7109	
13	铝合金门	GB/T 8478	
14	铝合金窗	GB/T 8478	
15	建筑外窗保温性能分级及检测方法	GB/T 8484	
16	建筑外窗空气声隔声性能分级及检测方法	GB/T 8485	
17	空腹钢纱门窗检验规则	GB 8486	
18	空腹钢门	GB 9155	
19	实腹钢纱门窗	GB 9157	
20	PVC 塑料窗力学性能、耐候性试验方法	GB 11793.3	
21	建筑外窗采光性能分级及检测方法	GB/T 11967	
22	建筑外门的风压变形性能分级及其检测方法	GB 13685	
23	建筑外门的空气渗透性能和雨水渗漏性能分级及其检测方法	GB 13686	
24	住宅混凝土内墙板与隔墙板	GB 13686	
25	建筑幕墙空气渗透性能检测方法	GB/T 15226	
26	建筑幕墙风压变形性能检测方法	GB/T 15227	
27	建筑幕墙雨水渗漏性能检测方法	GB/T 15228	
28	玻璃幕墙光学性能	GB/T 18091	
29	建筑幕墙抗震性能振动台试验方法	GB/T 18575	

续表

序号	标　准　名　称	目　前　状　况	备　注
30	住宅楼梯栏杆、扶手	JG 3002.3	
31	钢天窗—上悬钢天窗	JG/T 3004.1	
32	推拉钢窗	JG/T 3014.1	
33	推拉自动门	JG/T 3015.1	
34	平开自动门	JG/T 3015.2	
35	PVC 塑料门	JG/T 3017	
36	PVC 塑料窗	JG/T 3018	
37	住宅厨房排烟道	JG/T 3028	
38	住宅内隔墙轻质条板	JG/T 3029	
39	建筑幕墙	JG/T 3035	
40	轻型金属卷门窗	JG/T 3039	
41	开平、推拉彩色涂层钢板门窗	JG/T 3041	
42	住宅厨房排风道	JG 3044	
43	工业灰渣混凝土空心隔墙条板	JG 3063	

6.4.6　建筑功能与设备检测标准

建筑功能与设备设施的检测标准见表 6-11。

建筑功能与设备设施检测标准　　表 6-11

序号	标　准　名　称	目 前 状 况	备　注
1	重要大型公用建筑监测技术标准	待编	体系设立
2	建筑施工振动与冲击对建筑物影响测量和评价技术规程	待编	体系设立
3	医院污水排放标准	GBJ 48	
4	洁净厂房设计规范	GB 50073	
5	建筑隔声测量规范	GBJ 75	
6	厅堂混响时间测量规范	GBJ 76	
7	喷灌工程技术规范	GBJ 85	
8	驻波管法吸声系数与声阻抗率测量规范	GBJ 88	
9	民用建筑隔声设计规范	GBJ 118	
10	工业企业噪声测量规范	GBJ 122	
11	给水排水构筑物施工及验收规范	GBJ 141	
12	机械设备安装工程施工及验收通用规范	GB 50231	
13	通风与空调工程施工质量验收规范	GB 50243	
14	电气装置安装工程电力变流设备施工及验收规范	GB 50255	
15	给水排水管道工程施工及验收规范	GB 50268	
16	建筑与建筑群综合布线系统工程验收规范	GB/T 50312	
17	民用建筑工程室内环境污染控制规范	GB 50325	
18	城镇供热管网工程施工及验收规范	CJJ 28	
19	含藻水给水处理设计规范	CJJ 32	
20	城镇燃气输配工程施工及验收规范	CJJ 33	
21	城市热力网设计规范	CJJ 34	

续表

序号	标 准 名 称	目前状况	备 注
22	城市道路养护技术规范	CJJ 36	
23	地铁杂散电流腐蚀防护技术规程	CJJ 49	
24	城镇供水厂运行、维护及安全技术规程	CJJ 58	
25	柔性路面设计参数测定方法标准	CJJ/T 59	
26	城市地下管线探测技术规程	CJJ 61	
27	聚乙烯燃气管道工程技术规程	CJJ 63	
28	城市供水管网漏损控制及评定标准	CJJ 92	
29	城镇燃气室内工程施工及验收规范	CJJ 94	
30	建筑给水聚乙烯类管道工程技术规程	CJJ/T 98	
31	埋地聚乙烯给水管道工程技术规程	CJJ 101	
32	洁净室施工及验收规程	JGJ 71	
33	体育馆声学设计及测量规程	JGJ 131	
34	采暖居住建筑节能检验标准	JGJ 132	
35	通风管道技术规程	JGJ 141	
36	埋地硬聚氯乙烯给水管道工程技术规程	CECS 17	
37	混凝土排水管道工程闭气检验标准	CECS 19	
38	工业厂房玻璃钢采光罩采光设计标准	CECS 44	
39	场地微振动测量技术规程	CECS 74	
40	冷却塔验收测试规程	CECS 118	
41	埋地钢骨架聚乙烯复合管燃气管道工程技术规程	CECS 131	
42	给水排水多功能水泵控制阀应用技术规程	CECS 132	
43	包覆不饱和聚酯树脂复合材料的钢结构防护工程技术规程	CECS 133	
44	一体式膜生物反应器污水处理应用技术规程	CECS 152	
45	生活杂用水标准检验法	CJ 25.2	
46	燃气沸水器	CJ/T 29	
47	城市污水水质检验方法标准	CJ/T 51	
48	饮用净水水质标准	CJ 94	
49	再生水回用于景观水体的水质标准	CJ/T 95	
50	城市生活垃圾有机质的测定灼烧法	CJ/T 96	
51	城市生活垃圾总铬的测定二苯碳酰二肼比色法	CJ/T 97	
52	城市生活垃圾汞的测定冷原子吸收分光光度法	CJ 98	
53	城市生活垃圾 pH 的测定玻璃电极法	CJ/T 99	
54	城市生活垃圾镉的测定原子吸收分光光度法	CJ/T 100	
55	城市生活垃圾铅的测定原子吸收分光光度法	CJ/T 101	
56	城市生活垃圾砷的测定二乙基二硫代氨基甲酸银分光光度法	CJ/T 102	
57	城市生活垃圾全氮的测定半微量开氏法	CJ/T 103	
58	城市生活垃圾全磷的测定偏钼酸铵分光光度法	CJ/T 104	
59	城市生活垃圾全钾的测定火焰光度法	CJ/T 105	
60	IC 卡家用膜式燃气表	CJ/T 112	
61	家用燃气取暖器	CJ/T 113	
62	供热管道保温结构散热损失测试与保温效果评定方法	CJ/T 140	

续表

序号	标　准　名　称	目前状况	备　注
63	城市供水二氧化硅的测定硅钼蓝分光光度法	CJ/T 141	
64	城市供水锑的测定	CJ/T 142	
65	城市供水钠、镁、钙的测定离子色谱法	CJ/T 143	
66	城市供水挥发性有机物的测定	CJ/T 145	
67	城市供水酚类化合物的测定液相色谱分析法	CJ/T 146	
68	城市供水多环芳烃的测定液相色谱法	CJ/T 147	
69	城市供水粪性链球菌的测定	CJ/T 1481	
70	城市供水亚硫酸盐还原厌氧菌(梭状芽胞杆菌)孢子的测定	CJ/T 149	
71	城市供水致突变物的测定鼠伤寒沙门氏菌/哺乳动物微粒体酶试验	CJ/T 150	
72	微机控制变频调速给水设备	JG/T 3009	
73	隔膜式气压给水设备	JG/T 3010.1	
74	补气式气压给水设备	JG/T 3010.2	
75	采暖散热器钢制翅片管对流散热器	JG/T 3012.2	
76	采暖散热器灰铸铁柱翼型散热器	JG/T 3047	
77	体育馆声学设计及测量规程	JGJ/T 131	
78	室内照明测量方法	GB 5700	
79	节水型生活用水器具	CJ 164	
80	薄壁不锈钢水管	CJ/T 151	
81	不锈钢卡压式管件	CJ/T 152	
82	自含式温度控制阀	CJ/T 153	
83	给排水用缓闭止回阀通用技术要求	CJ 154	
84	沟槽式管接头	CJ/T 156	
85	铝塑复合压力管(对接焊)	CJ/T 159	
86	水泥内衬离心球墨铸铁管及管件	CJ/T 161	
87	导流型容积式水加热器和半容积式水加热器(U型管束)	CJ/T 163	
88	高密度聚乙烯缠绕结构壁管材	CJ/T 165	
89	多功能水泵控制阀	CJ/T 167	

6.4.7　检测类标准统计

检测类标准共有279本，只有4本为体系设立的标准。

(1) 建筑测量类标准共6本，都是体系采用的标准，没有体系设立的标准。

(2) 地基基础勘察或检测类标准共有27本，其中1本为体系设立的标准，16本为现行有效的专门用于勘察或检测的标准，10本是带有检测技术的标准。

(3) 建筑材料与制品检测标准共91本，没有体系设立的标准，都是现行有效的标准；这些标准有些是带有检测要求的产品标准，有些是专门的检测标准。

(4) 建筑结构与构件的检测类标准共22本，有1本是体系设立的标准，其余都是体系采用的标准。

(5) 围护结构与装修检测标准共43本，没有体系设立的标准，都是体系采用的标准；

其中有些是带有检测技术的产品标准或其他技术标准，有些是专门的检测标准。

(6) 建筑功能与设备检测标准共 90 本，其中 2 本为体系设立的标准。

6.5 评定类标准

关于建筑评定及其类似术语较多，如评价、鉴定、评估等。建筑的评估也可分成建筑变形、岩土与地基基础、建筑材料与制品、建筑结构、围护结构与装修、建筑功能与设施等几个专项。

6.5.1 测量评定标准

建筑变形与基本尺寸测量的结果应按《建筑变形测量规范》JGJ 87[46]、《精密工程测量规范》GB/T 15314[47]和《房产测量规范》GB/T 17986[48]等的规定进行评估。与测量相关的标准见本章第 6.4.1 小节，本小节不再重复列出这些标准。

建筑变形及尺寸测量结果是否对建筑的功能构成影响，尚要结合建筑其他标准确定。

6.5.2 岩土与地基基础评定标准

列入本专业的既有建筑地基基础评定标准只有一本，名称为《既有建筑地基承载力评定标准》。该标准适用范围：既有建筑地基承载力；主要内容：检测方法、数量、评定方法。解决建筑评定中的地基承载力问题和地基不均匀变形问题。

既有建筑地基基础的评定显然不能仅靠一本标准完成。下列标准也是《既有建筑地基承载力评定标准》所依赖的标准。

(1) 本章第 6.4.2 小节列出的勘察与检测标准，《既有建筑地基承载力评定标准》不仅依赖于相关标准列举的勘测方法，还要依赖其勘测结果的评价。

(2) 本章第 6.4.2 小节列出的设计规范、技术规程和验收规范，其中设计规范和技术规程限定的指标可成为勘测结果评定的基准。此外设计规范、技术规程和验收规范等也将成为既有建筑地基基础加固或处理主要依据的标准。

6.5.3 建筑材料与制品评定标准

建筑材料与制品检测结果的评定一般均含在检测标准、验收规范、产品标准之中。这些标准规定的评定指标或产品性能指标仅针对材料或产品本身，至于产品性能或材料性能是否对建筑的功能或结构的性能构成影响尚需进一步的评定确定。

由于检测标准、产品标准和部分验收规范已经在相关小节中列出，本小节不再重复列出这些标准，仅在表 6-12 中仅列出少量典型标准。

建筑材料与制品评定标准 **表 6-12**

序号	标准名称	目前状况	备注
1	混凝土强度检验评定标准	GB/T 50107	
2	建筑结构检测技术标准	GB/T 50344	
3	给水用钢骨架聚乙烯塑料复合管	CJ/T 123	

6.5.4 建筑结构评定标准

关于建筑结构专门的评定标准相对较多。将这些专门的评定类标准列入表 6-13 中。

建筑结构评定标准　　表 6-13

序号	标准名称	目前状况	备注
1	工业建筑可靠性鉴定标准	GB 50144	体系设立
2	民用建筑可靠性鉴定标准	GB 50292	体系设立
3	混凝土结构可靠性评定标准	待编	体系设立
4	砌体结构可靠性评定标准	待编	体系设立
5	钢结构可靠性评定标准	待编	体系设立
6	木结构可靠性评定标准	待编	体系设立
7	混凝土结构耐久性评定标准	在编	体系设立
8	建筑抗震鉴定标准	GB 50023	

虽然建筑结构的评定已经有了较多的标准，但尚不能覆盖全部结构类型和全部鉴定工作，仍然需要一些现行有效的规范作为其基础。将这些标准列入表 6-14 中。

其他建筑结构评定标准　　表 6-14

序号	标准名称	目前状况	备注
1	砖砌圆筒仓技术规范	CECS 08	
2	纤维混凝土结构技术规程	CECS 38	
3	钢筋混凝土深梁设计规程	CECS 39	
4	钢筋混凝土装配整体式框架节点与连接设计规程	CECS 43	
5	钢筋混凝土连续梁和框架考虑内力重分布设计规程	CECS 51	
6	整体预应力装配式板柱建筑技术规程	CECS 52	
7	门式刚架轻型房屋钢结构技术规程	CECS 102	
8	高强混凝土结构技术规程	CECS 104	
9	叠层橡胶支座隔震技术规程	CECS 126	
10	矩形钢管混凝土结构技术规程	CECS 159	
11	拱形波纹钢屋盖结构技术规程	CECS 167	
12	现浇混凝土空心楼盖结构技术规程	CECS 175	
13	砌体结构设计规范	GB 50003	
14	建筑结构荷载规范	GB 50009	
15	混凝土结构设计规范	GB 50010	
16	建筑抗震设计规范	GB 50011	
17	冷弯薄壁型钢结构技术规范	GB 50018	
18	钢筋混凝土升板结构技术规范	GBJ 130	
19	高耸结构设计规范	GB 135	
20	多层厂房楼盖抗微振设计规范	GB 50190	
21	铝合金结构设计规范	GB 50429	
22	混凝土结构耐久性设计规范	国标	
23	装配式大板居住建筑设计和施工规程	JGJ 1	
24	高层建筑混凝土结构技术规程	JGJ 3	
25	网架结构设计与施工规程	JGJ 7	
26	轻骨料混凝土结构设计规程	JGJ 12	
27	冷拔钢丝预应力混凝土构件设计与施工规程	JGJ 19	

续表

序号	标 准 名 称	目 前 状 况	备 注
28	V形折板屋盖设计与施工规程	JGJ/T 21	
29	钢筋混凝土薄壳结构设计规程	JGJ/T 22	
30	高层民用建筑钢结构技术规程	JGJ 99	
31	钢筋焊接网混凝土结构技术规程	JGJ 114	
32	冷轧扭钢筋混凝土构件技术规程	JGJ 115	
33	组合结构设计规范	JGJ 138	
34	预应力混凝土结构抗震设计规程	JGJ 140	
35	现浇混凝土空心楼盖结构技术规程	CECS 175	
36	底部框架砌体房屋抗震设计规程	在编	

6.5.5 围护结构与装修评定标准

既有建筑围护结构评定技术标准的数量较少，列于表6-15之中。

围护结构与装修评定标准 **表6-15**

序号	标 准 名 称	目 前 状 况	备 注
1	既有建筑幕墙可靠性鉴定与加固技术规程	在编	体系设立
2	居住建筑耗能检验与评定标准	立项	体系设立
3	公共建筑耗能检验与评定标准	立项	体系设立

与建筑结构评定相同，围护结构与装修的产品标准、设计规范都是其评定所依据的标准，这些标准参见相关小节。表6-16列出其他小节未列出的标准。这些标准主要包括3个方面的标准。

(1) 设计类标准，设计类标准规定的指标，应成为评定的基准。

(2) 技术规程，技术规程中的一些设计指标也是评定的基准。

(3) 产品标准。

其他围护结构与装修评定标准 **表6-16**

序号	标 准 名 称	目 前 状 况	备 注
1	建筑地面设计规范	GB 50037	
2	工业建筑防腐蚀设计规范	GB 50046	
3	建筑物防雷设计规范	GB 50057	
4	地下工程防水技术规范	GB 50108	
5	建筑内部装修设计防火规范	GB 50222	
6	建筑防腐蚀工程质量检验评定标准	GB 50224	
7	住宅装饰装修工程施工规范	GB 50327	
8	屋面工程技术规范	GB 50345	
9	玻璃幕墙工程技术规范	JGJ 102	
10	建筑玻璃应用技术规程	JGJ 113	
11	金属与石材幕墙工程技术规范	JGJ 133	
12	典型点支式玻璃幕墙工程技术规程	CECS 127	
13	地面辐射供暖技术规程	JGJ 142	
14	柔毡屋面防水工程技术规程	CECS 129	
15	建筑拒水粉屋面防水工程技术规程	CECS 47	
16	增强氯化聚乙烯橡胶卷材防水工程技术规程	CECS 63	

续表

序号	标 准 名 称	目 前 状 况	备 注
17	建筑与建筑群综合布线系统工程设计规范(修订本)	CECS 72	
18	二甲苯型不饱和聚酯树脂防腐蚀工程技术规程	CECS 73	
19	整体浇注防静电水磨石地坪技术规程	CECS 90	
20	点支式玻璃幕墙工程技术规程	CECS 127	
21	膜结构技术规程	CECS 158	
22	聚合物水泥砂浆防腐蚀工程技术规程	CECS 18	
23	建筑幕墙物理性能分级	GB/T 15225	
24	平开钢门基本尺寸系列(32，40mm 实腹料)	GB 5826.1	
25	平开钢窗基本尺寸系列(25mm 实腹料)	GB 5826.2	
26	平开钢窗基本尺寸系列(32mm 实腹料)	GB 5826.3	
27	上滑道车库门	JG/T 153	
28	电动伸缩围墙大门	JG/T 154	
29	电动平开、推拉围墙大门	JG/T 155	

6.5.6 建筑功能与设施评定标准

关于建筑功能与设施的检测标准列于相关小节中，检测结果的评定按这些标准进行。而检测结果是否对建筑的功能或设施的功能构成影响则要按相应的设计标准评定，这些标准见表 6-17。

表 6-17 所列标准提出了建筑特定功能的指标，也是建筑功能性改造的依据，如《绿色建筑评价标准》GB/T 50378[49]和《住宅性能评定技术标准》GB/T 50362[50]。

建筑功能与设施评定标准　　表 6-17

序号	标 准 名 称	目 前 状 况	备注
1	住宅卫生间功能和尺寸系列	GB/T 11977	
2	室外给水设计规范	GBJ 13	
3	室外排水设计规范	GBJ 14	
4	建筑给水排水设计规范	GB 50015	
5	建筑设计防火规范	GBJ 16	
6	采暖通风与空气调节设计规范	GB 50019	
7	城镇燃气设计规范	GB 50028	
8	室外给水排水和燃气热力工程抗震设计规范	GB 50023	
9	建筑采光设计标准	GB/T 50033	
10	建筑照明设计标准	GB/T 50034	
11	室外给水排水工程设施抗震鉴定标准	GBJ 43	
12	室外煤气热力工程设施抗震鉴定标准	GBJ 44	
13	高层民用建筑设计防火规范	GB 50045	
14	通用用电设备配电设计规范	GB 50055	
15	电热设备电力装置设计规范	GB 50056	
16	建筑物防雷设计规范	GB 50057	
17	民用建筑隔声设计规范	GBJ 118	

续表

序号	标准名称	目前状况	备注
18	建筑隔声评价标准	GBJ 121	
19	民用建筑照明设计标准	GBJ 133	
20	建筑灭火器配置设计规范	GBJ 140	
21	民用建筑热工设计规范	GB 50176	
22	公共建筑节能设计标准	GB 50189	
23	建筑与建筑群综合布线系统工程设计规范	GB/T 50311	
24	建筑与建筑群综合布线系统工程验收规范	GB/T 50312	
25	智能建筑设计标准	GB/T 50314	
26	民用建筑工程室内环境污染控制规范	GB/T 50325	
27	城市居民生活用水量标准	GB/T 50331	
28	给水排水工程管道结构设计规范	GB/T 50332	
29	建筑中水设计规范	GB/T 50336	
30	住宅隔声标准	JGJ 11	
31	民用建筑电气设计规范	JGJ/T 16	
32	民用建筑热工设计规程	JGJ 24	
33	民用建筑节能设计标准(采暖居住建筑部分)	JGJ 26	
34	绿色建筑评价标准	GB/T 50378	
35	住宅性能评定技术标准	GB/T 50362	

6.5.7 评定类标准的统计

关于建筑评定类的标准共111本，其中体系设立的标准10本，其余均为体系采用的现行有效的标准。以上统计不包括其他门类已经列出的带有评定内容的检测标准和产品标准。

(1) 岩土与地基基础有一本体系设立的标准；

(2) 建筑结构评定类标准共44本，其中体系设立的标准7本，采用的标准37本；

(3) 围护结构与装修评定标准共32本，其中体系设立的标准3本，体系采用的标准29本；

(4) 建筑功能与设施共有标准35本，全部为体系采用的标准。

6.6 加固与改造类标准

加固是提升既有建筑结构性能的措施，改造则是提升建筑功能与设施的措施。

加固与改造标准可分成地基基础、建筑结构、围护结构与装修和建筑功能与设施等几个专项，又可分成设计、施工、验收几个阶段的工作。

目前公认的加固和改造原则是遵照新建的原则（新建、改建和扩建）。实际上，当有专门的标准时，加固改造的特殊问题按专门的标准实施，一般性问题按现行有效规范标准的规定实施；当没有专门的标准时，按现行有效的规范标准的规定实施。

6.6.1 地基基础加固标准

关于既有建筑地基基础加固标准的名称列于表 6-18 之中。

既有建筑地基基础加固标准　　表 6-18

序号	标准名称	目前状况	备注
1	既有建筑地基基础加固技术规程	JGJ 123	体系设立
2	建筑地基加固施工质量验收及检测技术标准	待编	体系设立
3	氢氧化钠溶液（碱液）加固湿陷性黄土地基技术规程	CECS 68	

除了上述标准外，表 6-19 列出一些带有施工技术、设计要求和验收要求的现行有效标准。

其他地基基础加固标准　　表 6-19

序号	标准名称	目前状况	备注
1	土层锚杆设计与施工规范	CECS 22	
2	基坑土钉支护技术规程	CECS 96	
3	加筋水泥土桩锚支护技术规程	CECS 147	
4	工业与民用建筑灌注桩基础设计与施工规程	JGJ 4	

6.6.2 建筑结构加固与修复标准

建筑结构加固与修复方面的技术标准列于表 6-20 之中。

建筑结构加固与修复标准　　表 6-20

序号	标准名称	目前状况	备注
1	混凝土结构加固技术规范	CECS 25	体系设立
2	钢结构加固技术规范	CECS 77	
3	砌体结构加固技术规范	审查阶段	体系设立
4	木结构加固技术规范	待编	体系设立
5	砌体结构耐久性加固技术规程	待编	体系设立
6	建筑结构加固工程施工质量验收规范	征求意见	体系设立
7	建筑抗震加固技术规程	JGJ 116	
8	震损建筑抗震修复和加固技术规程	在编	
9	古建筑木结构维护与加固技术规范	GB 50165	体系设立

本章第 6.4.3 小节等所列建筑材料与制品检测类标准中结构原材料的产品标准，如钢材类标准，原材料性能指标的检测标准，如《砂、石碱活性快速试验方法》等是结构加固工程施工质量控制应遵守的标准；其结构实体检测类标准，如《回弹法检测混凝土抗压强度技术规程》[51]等也是工程质量控制依赖的标准。

本章第 6.4.4 小节所列建筑结构检测标准中的结构产品标准，如《预应力混凝土肋形屋面板》等，结构检测标准，如《建筑结构检测技术标准》[52]等，验收类标准，如《混凝土结构工程施工质量验收规范》[53]等，结构类技术规程，如《户外广告设施钢结构技术规程》[54]等，都是结构加固工程施工质量控制依据的标准。

本章第 6.5.4 小节等所列建筑结构评定依赖的其他标准，如《钢筋混凝土升板结构技术规范》等关于设计的规定，为结构加固实现的下限目标，关于工程质量验收的规定为加固工程施工质量控制的基准。

6.6.3 围护结构与装修改造标准

既有建筑围护结构与装修改造标准的名称见表 6-21。

既有建筑围护结构与装修改造标准　　表 6-21

序号	标 准 名 称	目前状况	备注
1	既有居住建筑节能改造标准	JGJ 129	体系设立
2	既有公共建筑节能改造标准	待编	体系设立
3	既有建筑幕墙可靠性鉴定与加固技术规程	在编	体系设立

由于围护结构与装修的改造基本上是更新，因此关于围护结构与装修材料或配件的检测标准，是改造时材料与配件质量控制依据的标准。这些标准包括：聚氯乙烯（PVC）门窗执手、膨润土橡胶遇水膨胀止水条等产品类标准。本节不再将这些标准一一列出。

此外，一些围护与装修的检测标准将成为围护与装修改造工程施工质量控制的标准。例如《建筑工程饰面砖粘结强度检验标准》、《建筑外窗保温性能分级及检测方法》等。本节不再将这些标准一一列出。

除了上述标准外，相关围护与装修工程的施工规范可作为改造工程施工质量控制的标准，这些标准的名称列入表 6-22 之中。

其他围护结构与装修改造标准　　表 6-22

序号	标 准 名 称	目前状况	备注
1	屋面工程质量验收规范	GB 50207	
2	地下防水工程质量验收规范	GB 50208	
3	建筑地面工程施工质量验收规范	GB 50209	
4	建筑装饰装修工程质量验收规范	GB 50210	
5	建筑防腐蚀工程施工及验收规范	GB 50212	
6	住宅装饰装修工程施工规范	GB 50327	
7	建筑涂饰工程施工及验收规程	JGJ/T 29	
8	塑料门窗安装及验收规程	JGJ 103	
9	外墙饰面砖工程施工及验收规程	JG 126	
10	外墙外保温工程技术规程	JG 144	
11	终端电器选用及验收规程	CECS 107	
12	合成树脂幕墙装饰工程施工及验收规程	CECS 157	

6.6.4 建筑功能与设施改造标准

既有建筑功能提升与设施改造标准名称列入表 6-23 中。

建筑功能提升与设施改造标准　　表 6-23

序号	标　准　名　称	目前状况	备注
1	既有建筑使用功能改善技术规范	待编	体系设立
2	既有建筑设备系统鉴定与改造技术规范	待编	体系设立
3	既有公共建筑节水改造标准	在编	体系设立

关于既有建筑功能和设施功能的提升操作，相应的检测类标准是改造操作时需要依赖的标准，这种检测包括改造前和改造后的情况。

表 6-24 列出其他一些标准，这些标准也是建筑功能提升时应当遵循的标准。这些标准提出具有特殊用途建筑的功能空间及尺度的要求。例如托幼建筑的楼梯踏步高度有其特殊的要求，将其他建筑改为托儿所之类的建筑时，其楼梯踏步高度也应满足相应规范的要求。

建筑与设施功能提升依赖的标准　　表 6-24

序号	标　准　名　称	目前状况	备注
1	压缩空气站设计规范	GB 50029	
2	氧气站设计规范	GB 50030	
3	乙炔站设计规范	GB 50031	
4	医院污水排放标准	GBJ 48—83	
5	冷库设计规范	GB 50072	
6	洁净厂房设计规范	GB 50073	
7	居住建筑设计规范	GB 50096	
8	中小学校建筑设计规范	GBJ 99	
9	粮食平房仓设计规范	GB 50320	
10	粮食钢板筒仓设计规范	GB 50322	
11	民用建筑工程室内环境污染控制规范	GB 50325	
12	医院洁净手术部建筑技术规范	GB 50333	
13	老年人建筑设计规范	GB/T 50340	
14	生物安全实验室建筑技术规范	GB 50346	
15	厅堂扩声系统设计规范	GB 50371	
16	宿舍建筑设计规范	JGJ 36	
17	图书馆建筑设计规范	JGJ 38	
18	托儿所、幼儿园建筑设计规范	JGJ 39	
19	疗养院建筑设计规范	JGJ 40	
20	文化馆建筑设计规范	JGJ 41	
21	商店建筑设计规范	JGJ 48	
22	综合医院建筑设计规范	JGJ 49	
23	城市道路和建筑物无障碍设计规范	JGJ 50	
24	剧场建筑设计规范	JGJ 57	

续表

序号	标准名称	目前状况	备注
25	电影院建筑设计规范	JGJ 58	
26	汽车客运站建筑设计规范	JGJ 60	
27	旅馆建筑设计规范	JGJ 62	
28	饮食建筑设计规范	JGJ 64	
29	博物馆建筑设计规范	JGJ 66	
30	办公建筑设计规范	JGJ 67	
31	汽车库建筑设计规范	JGJ 100	
32	老年人建筑设计规范	JGJ 122	
33	殡葬建筑设计规范	JGJ 124	
34	惩戒建筑设计规范	JGJ 127	
35	新建低层住宅建筑设计与施工中氡控制导则	GB/T 11785	
36	体育建筑照明设计及检测标准	JGJ 153	
37	视觉工效学原则—室内工作系统照明	GB/T 13379	
38	地下建筑照明设计标准	CECS 45	

6.6.5 加固与改造类标准统计

加固与改造类共有标准 72 本，其分布情况如下：

(1) 既有建筑地基基础加固标准 7 本，其中 2 本是体系设立的标准，5 本为现行有效标准；已在其他门类中列举的设计规范和技术规程不在统计范围之内；

(2) 建筑结构加固与修复标准 9 本，其中 7 本为体系设立标准，其他为已有标准，已在其他门类中列举的设计规范和技术规程不在统计之中；

(3) 围护与装修改造的标准共 15 本，其中 3 本为体系设立标准，其他为现行有效标准；已在其他门类中列举的设计规范和技术规程不在统计之中；

(4) 建筑功能提升与设备改造标准共 41 本，其中 3 本为体系设立标准，其他 38 本标准为现行有效标准，其他门类列出的设计标准和技术规程不在统计范围。

6.7 废弃与拆除类标准

建筑的废弃与拆除应包括废弃建筑的管理、建筑拆除时的安全、环境与生态的保护、特殊污染场地的处理、固体废物的循环使用、特殊有害物质的永久性处置等方面的工作。

6.7.1 拆除类标准

从目前的情况来看，建筑的废弃与拆除方面的标准未能覆盖上述全部问题。

建筑废弃与拆除的所用标准均列在表 6-25 中。

建筑废置与拆除标准　　**表 6-25**

序号	标准名称	目前状况	备注
1	既有建筑废置管理规程	待编	体系设立
2	既有房屋拆除技术标准	待编	体系设立
3	建筑拆除工程安全技术规范	JCJ 147	

6.7.2 安全类标准

由于建筑拆除安全方面的规范不足，需要利用建筑工程施工安全等专业标准。现将该专业可能涉及建筑拆除安全的规范列于表 6-26 中，这些标准也可供加固改造工程参考。

关于施工安全与环保的标准　　**表 6-26**

序号	标准名称	目前状况	备注
1	建筑施工现场安全与卫生标志标准（国标）	GB 2893，GB 2894	
2	建筑施工高处作业安全技术规范	JGJ 80	
3	建筑施工现场环境与卫生标准	JGJ 146	
4	建筑施工安全检查标准	JGJ 59	
5	施工现场临时用电安全技术规范	JGJ 46	
6	建筑机械使用安全技术规程	JGJ 33	
7	建筑施工门式钢管脚手架安全技术规范	JGJ 128	修订中
8	建筑施工扣件式钢管脚手架安全技术规范	JGJ 130	
9	建筑施工碗扣式脚手架安全技术规范	JGJ 166	
10	施工企业安全生产评价标准	JGJ/T 77	
11	建筑施工木脚手架安全技术规范	JGJ 164	
12	建筑施工工具式脚手架安全技术规程	已审查	
13	湿陷性黄土地区建筑基坑工程安全技术规程	JGJ 167	
14	建设工程施工现场供用电安全规范（国标）	GB 50194	
15	建筑施工作业劳动防护用品配备及使用标准	已审查	
16	建筑施工塔式起重机安装拆除安全技术规程	已审查	

6.7.3 废弃物循环利用标准

表 6-27 列出一些关于建筑废弃物循环利用的标准。

废弃物循环利用标准　　**表 6-27**

序号	标准名称	目前状况	备注
1	建筑地基处理技术规范	JGJ 79	
2	载体桩设计规程	JGJ 135	
3	混凝土再生骨料应用技术规程	在编	体系设立

6.7.4 废弃与拆除类标准统计

本门类共有标准 22 本，其中体系设立的标准 3 本，其余 19 本均为已有标准。

第7章　既有建筑标准体系的实施方案

本章对“既有建筑标准体系”的编制原则、体系的实施以及采用标准措施的实施等问题进行了说明。本章还对“既有建筑标准体系”采用现行有效规范进行评定与鉴定的理念进行了专门的介绍，特别介绍了设计的理念及其存在问题。

7.1　既有建筑标准体系概况

2003年，建设部发布了《工程建设标准体系》（城乡规划、城镇建设、房屋建筑部分）（以下简称《工程建设标准体系》），其中建立了“既有建筑加固与房地产”专业标准体系。2006年年初，建设部又组织对《工程建设标准体系》[55]进行修订工作。这次修订将该专业标准体系的名称改为“建筑维护加固与房地产”。

应该说，无论是“建筑维护加固与房地产”专业标准体系还是《既有建筑评定与改造标准体系》都不能完全满足既有建筑技术工作的真正需求。

本书第6章提供的“既有建筑标准体系”包含了《既有建筑评定与改造标准体系》要求的评定类和改造类标准，也包含了“建筑维护加固与房地产”专业标准体系关于建筑维护与加固标准，并大量增加了检查维护、修缮修复、检测评定和废置拆除等方面的标准，使标准体系覆盖了既有建筑全部的技术内容，标准体系涵盖的标准拓展到500余本，既丰富了既有建筑技术的内涵，又没有大幅度增加“既有建筑标准体系”待编标准的数量。

7.2　建立标准体系的原则

“既有建筑标准体系”对“建筑维护加固与房地产”专业标准体系进行如下调整：

（1）删除《工程建设标准体系》“建筑维护加固与房地产”专业标准体系中的房地产类标准；保留了该专业标准体系的基本架构；调整后的标准体系见本书附录B，称为“建筑维护与加固专业标准体系”。

（2）尽量采用《工程建设标准体系》其他专业标准体系的已有标准和虽未列入《工程建设标准体系》，但有利于充实“既有建筑标准体系”的标准，如工程建设标准化协会的标准，国家和工程建设行业的产品标准等。

（3）充分发挥综合标准、基础标准和通用标准的作用，尽量减少体系中待编标准的数量。

7.2.1　标准体系的架构

以下按层次和门类的次序介绍“既有建筑标准体系”的架构。

1. 体系的层次

“既有建筑标准体系”分为四个层次：第一层次，综合标准；第二层次，基础标准；第三层次，通用标准；第四层次，专用标准，与《工程建设标准体系》“建筑维护加固与房地产”专业标准体系相同。

体系中综合标准与其他标准之间没有领导与被领导之间的关系，只是综合标准兼备基础标准、通用标准和专用标准的特点。

通用标准与专用标准之间也没有领导与被领导的关系，只有技术规定详细程度不同和涵盖技术范围不同。通用标准涵盖的范围相对较大，专用标准对某项技术规定得更为细致。

例如，《混凝土结构现场检测技术标准》(报批稿)[11]是混凝土结构现场检测技术的通用标准，提出了结构混凝土强度现场检测的回弹法、超声回弹综合法、后装拔出法等检测技术，还提出了混凝土其他性能的测定方法、构件性能的检测方法和结构性能的测定方法等。

《回弹法检测混凝土抗压强度技术规程》JGJ/T 23[51]是混凝土抗压强度检测的专用标准。该标准对回弹仪、回弹测区、回弹操作、换算强度计算和强度推定等都有详尽的规定。

《混凝土结构现场检测技术标准》(报批稿)在提到混凝土强度的回弹检测方法时，只概括介绍回弹法检测技术中的重要部分，对其他问题则要求执行《回弹法检测混凝土抗压强度技术规程》JGJ/T 23 的规定。

专用标准可以适当严于通用标准，行业标准可以适当严于国家标准，也就是说《回弹法检测混凝土抗压强度技术规程》JGJ/T 23 关于混凝土抗压强度的推定等，可以严于国家标准《混凝土结构现场检测技术标准》(报批稿)的相关规定。通用标准则要照顾到许多专用标准的规定，只能选取最宽松的指标。

例如，《回弹法检测混凝土抗压强度技术规程》JGJ/T 23 关于检验批混凝土强度的推定值为具有 95%保证率特征值推定区间的中值；《混凝土强度检验评定标准》GB/T 50107[56]关于混凝土强度的评定值为具有 95%保证率特征值推定区间的上限值，有的规范取具有 95%保证率特征值推定区间下限值；《混凝土结构现场检测技术标准》(报批稿)作为通用标准要照顾到全部标准，因此规定：可以根据情况取推定区间的合适数值。

2. 标准的门类

“既有建筑标准体系”把基础标准、通用标准和专用标准分成维护与修缮、检测与鉴定、加固与改造和废弃与拆除四个门类。这些标准的门类与本书附录 B“建筑维护与加固专业标准体系”的门类完全相同。

7.2.2　采用已有标准的措施

“既有建筑标准体系”虽然与“建筑维护加固专业标准体系”架构相同，标准的门类相同，但“既有建筑标准体系”所采用的已有标准远远超过“建筑维护与加固专业标准体系”。

“既有建筑标准体系”采用的标准可以分成以下 3 种情况：

(1)《工程建设标准体系》其他专业标准体系的国家标准或行业标准，以下简称第一种标准；

（2）相关的国家产品标准和建设行业的产品标准；以下简称第二种标准；

（3）工程建设标准化协会的工程建设标准和产品标准；以下简称第三种标准。

我国建筑行业的国家标准和行业标准估计有千余本。既有建筑使用过程中的技术问题与这些标准规定的技术内容相关。但“既有建筑标准体系”不可能针对每一本工程建设标准都编制一本既有建筑的标准。这样体系设立的标准太多，标准编制的工作量太大，而且标准重复的内容多，根本无法实施。

因此，建立“既有建筑标准体系”的重要原则就是充分采用现有标准。为落实这一原则，“既有建筑标准体系”在建立时进行了下列研究工作：

（1）对《工程建设标准体系》所有现行有效的标准进行梳理，对标准规定的内容进行分析和研究，选择出可用于既有建筑维护与修缮、检测与鉴定、加固与改造、废弃与拆除的内容，把相关部分纳入“既有建筑标准体系”，称为“既有建筑标准体系”引用的标准。

例如《湿陷性黄土地区建筑规范》GB 50025[57]，该规范第 9 章包括使用与维护的内容。“既有建筑标准体系”把该规范第 9 章相关内容纳入维护与修缮门类的标准。

（2）对《工程建设标准体系》之外现行有效的国家和行业产品标准进行梳理，对标准规定的内容进行分析和研究，把相关部分纳入“既有建筑标准体系”的相应门类之中，也将这些标准称为“既有建筑标准体系”引用的标准。

例如《冷轧扭钢筋》JG 190[58]规定了冷轧扭钢筋的定义、分类、技术要求、试验方法、检验规则、标志、包装、运输、贮存等内容。混凝土结构中冷扎扭钢筋力学性能的取样测定也要遵守该标准相关的规定。

（3）对现行有效的中国工程建设标准化协会的工程建设标准和产品标准进行梳理，对标准规定的内容进行分析研究，把相关规定纳入“既有建筑标准体系”相应门类之中，称为“既有建筑标准体系”利用的标准。

例如《钢结构防火涂料应用技术规范》CECS 24[59]，该标准附录二为“钢结构防火涂料试验方法”，附录四为“钢结构防火涂料涂层厚度测定方法”；既有钢结构防火涂料涂层厚度也可按照该规范的方法测定。

采取这个原则后，使“既有建筑标准体系”涵盖标准的总数达到 578 本，其中 55 本为标准体系设立的标准，523 本为标准体系采用的标准。

最后所要强调指出的是，“既有建筑标准体系”只采用已有标准，不采用待编标准。采取这种措施目的是便于本标准体系的落实与实施。

7.2.3 标准体系的实施

《工程建设标准体系》即将批准发布，工程建设标准主管部门会积极推动体系设立标准的编制工作。由于“既有建筑标准体系”设立的标准与《工程建设标准体系》“建筑维护加固与房地产”专业标准体系设立的标准基本相同，“既有建筑标准体系”设立标准的落实是没有问题的。

截至 2010 年底，“既有建筑标准体系”设立的许多标准已经完成了编制工作，一些标准已启动了编制工作。因此体系设立标准的落实是没有问题的。

“既有建筑标准体系”引用的第一种和第二种标准都是现行有效的标准，按照工程建设国家标准和行业标准的编制规则，新编标准可以引用已有标准，而且有标准的引用格式。因此，“既有建筑标准体系”的引用标准也可以得到落实。

对于“既有建筑标准体系”利用的标准，也就是工程建设标准化协会标准，当新编标准也是工程建设标准化协会标准时，不存在引用的问题。当新编标准为工程建设标准时，可以对协会标准的规定进行适当调整和改进，形成工程建设标准的条款或附录。

《混凝土结构现场检测技术标准》（报批稿）已经采取了这种措施，解决不能直接引用工程建设标准化协会标准《钻芯法检测混凝土强度技术规程》CECS 03[60]相关规定的问题。

7.3　对各类标准的分析与研究

在执行上述原则和落实相关措施时，对各层次和门类的标准进行了有针对性的分析和研究。以下按综合标准和基础标准、维护与修缮类标准、检测类标准、评定类标准、加固改造类和废置与拆除类标准的次序介绍“既有建筑标准体系”中标准的设置与采用情况。

7.3.1　综合标准和基础标准

既有建筑标准体中的综合标准和基础标准共有 26 本，其中体系设立的标准 4 本，体系采用的标准 22 本。其中体系设立的待编基础标准共有 3 本，分别为《既有建筑维护与修缮统一标准》、《既有建筑评定与改造统一标准》和《建筑物全寿命管理与技术术语标准》；体系设立的综合标准只有一本，其名称暂定为《既有建筑技术规范》。

《既有建筑技术规范》应该成为一本全面体现国家或地方法规及条例和政府相关主管部门规定和规章的技术标准，成为一本保护既有建筑技术问题相关各方合法权益的技术标准，成为一本协助相关技术人员解决既有建筑技术问题的标准。

《既有建筑技术规范》应该包括下列几个方面的规定：

（1）既有建筑合理使用的规定；

（2）既有建筑检查维护的技术规则和技术措施；

（3）既有建筑修复修缮的技术规则和技术措施；

（4）既有建筑检测鉴定的技术规则和技术措施；

（5）既有建筑加固改造的技术规则和技术措施；

（6）既有建筑废置与拆除的技术规则和技术措施。

从当前情况来看，设置《既有建筑技术规范》可以大幅度减少“既有建筑标准体系”中待编标准的数量。

7.3.2　维护与修缮类标准

“既有建筑标准体系”涵盖的维护与修缮门类通用标准和专用标准共 54 本，其中本标准体系设立的标准共 15 本，采用的标准 39 本。根据分析，现行标准中有维护规定的标准约为 300 多本。“既有建筑标准体系”仅列出其中 39 本作为本标准体系采用的标准。

目前虽然带有检查和维护技术标准的数量较多，但规定得比较详细的标准较少。因此建议标准编制修订时，把检查重点和维护维修措施规定得更加具体详细一些。

修复和修缮是既有建筑出现明显问题时所采取的处理措施。修复的对象范围相对较小，修缮措施的对象范围相对较大，问题相对严重。修复和修缮原则上都不提升结构的承载力或建筑的使用功能，只是恢复等原有的能力。

7.3.3 检测类标准

“既有建筑标准体系”涵盖的检测类标准共有279本，只有4本为标准体系设立的待编标准。这4本标准的名称暂定《建筑地基基础检测技术标准》、《木结构现场检测技术标准》《重要大型公用建筑监测技术标准》和《建筑施工振动与冲击对建筑物振动影响测量和评价技术规程》。

“既有建筑标准体系”列出的检测类标准，多数是针对建设工程质量的检验测试标准，只有少数标准明确说明适用于工程质量检验也适用于既有建筑检验，例如《建筑结构检测技术标准》GB/T 50344[52]、《混凝土结构现场检测技术标准》（报批稿）[11]和《建筑门窗工程检测技术规程》JGJ/T 205[61]等。

凡是适用于实体的检验测试技术，都可用于既有建筑的检测，这里所说的实体是建筑本身，不包括水泥、砂等原材料。

建设工程质量检验主要用于合格评定，也就是说检验结果只要做出符合或不符合设计或规范要求的结论即可，而既有建筑的检测是要为建筑的评定和鉴定提供基本参数和必要信息。

1. 建筑测量标准

测量一般都是针对实体进行的。例如，《建筑变形测量规范》JGJ 8[46]规定的测量技术，可以用于施工阶段的测量，也可用于既有建筑的测量。

2. 地基基础标准

地基基础勘察或检测标准共有27本，其中只有《既有建筑地基基础检测技术标准》为标准体系设立的待编标准，目前已有单位申请编制该标准；其余26本均为本标准体系采用的标准，其中16本为专门用于勘察或检测的标准，10本是带有地基检测技术的标准。

勘察类规范规定的方法，如《岩土工程勘察规范》GB 50021[62]规定的方法，并不能完全适用于既有建筑地基的检测。但是可以配合《建筑地基基础检测技术标准》使用。例如，在既有建筑附近进行地质情况的补充勘察是既有建筑检测鉴定中经常使用的方法。

3. 建筑材料与制品类标准

建筑材料与制品检测标准共91本，没有标准体系设立的标准，都是本标准体系采用的标准；这些标准有些是带有检测要求的产品标准、有些是专门的检测标准。

建筑材料与制品质量的检测方法也可用于相应材料与制品性能的检测。但不可否认的是，有些材料质量的检测方法不能用于材料制成品的性能检测，例如水泥水化热的测定方法，不能用于测定硬化后混凝土中水泥水化热。此时应分析限定水泥水化热的目的，如果限制目的是避免混凝土水化热裂缝，则应检测混凝土是否存在裂缝，如果限制的目的是保证混凝土的强度，则可通过强度的检测方法解决相应问题。

4. 建筑结构及构件标准

建筑结构的检测类标准共22本，只有《木结构现场检测技术标准》是本标准体系设立的待编标准，其余都是本标准体系采用的标准。其中《户外广告设施钢结构技术规程》[54] LECS 148 等 2 本标准为工程建设标准化协会的标准。

建筑结构检测技术的对象一般已经建成，因此这种技术不仅用于工程质量的检测，也可用于既有结构的检测。这个原则已经列入《建筑结构检测技术标准》GB/T 50344 中。

目前《钢结构现场检测技术标准》GB/T 50621[63] 已经批准实施；《混凝土结构现场检测技术标准》已经进入报批阶段，该标准明确将结构的检测分为工程质量的检测和结构性能的检测两种情况。

5. 围护结构与装修标准

围护结构与装修检测标准共 43 本，没有标准体系设立的标准，都是标准体系采用的标准。其中有些是带有检测技术的产品标准或其他技术标准，有些是专门的检测标准。其中的《建筑门窗工程检测技术规程》JGJ/T 205 已经颁布实施，该标准明确规定适用于工程质量的检测和既有建筑门窗性能的检测。

6. 建筑功能与设备检测标准

本标准体系引用的标准，如《建筑隔声测量规范》GBJ 75[64] 等，本身就是针对已建成的建筑物，可以用于既有建筑功能的测试。

7.3.4　评定类标准

关于建筑评定及其类似术语较多，如评价、评定、评估、鉴定等。

建筑的评估也可分成建筑变形、岩土与地基基础、建筑材料与制品、建筑结构、围护结构与装修、建筑功能与设施等几个分项。

1. 建筑测量结果评估标准

建筑变形与基本尺寸的测量结果应按《建筑变形测量规范》JGJ 87、《精密工程测量规范》GB/T 15314[47] 和《房产测量规范》GB/T 17986[48] 等的规定进行评估。

建筑变形及尺寸的测量结果是否对建筑功能构成影响，尚要结合相关标准进行评定。

2. 地基基础评定标准

标准体系设立的既有建筑地基基础评定标准只有一本，名称为《既有建筑地基承载力评定标准》，为已完成标准。

既有建筑地基基础的评定显然不能仅靠一本标准完成。地基基础设计类标准，勘察类标准设定的指标显然应该成为评估所依赖的标准。

3. 建筑材料与制品评定标准

建筑材料与制品检测结果的评定一般均含在检测标准、验收规范、产品标准之中。这些标准规定的评定指标或产品性能指标仅针对材料或产品本身，至于产品或材料性能是否对建筑的功能或结构的性能构成影响，尚需进一步的评定确定。

4. 建筑结构评定标准

建筑结构评定类标准共 44 本，其中标准体系设立的标准 7 本，本标准体系采用的标准 37 本。

由于目前普遍重视建筑的安全性，建筑结构的承载力与建筑的安全性有密切关系，因此标准体系设立的建筑结构专业标准相对较多，待编标准也相对较多，共有《混凝土结构可靠性评定标准》等 5 本待编标准。

即便所有的待编标准都完成编制，也不能覆盖所有种类的结构，因此本标准体系列出《建筑结构荷载规范》GB 50009 等 37 本结构设计类规范标准。在这 37 本标准中，《砖砌圆筒仓技术规范》CECS 08[65]等 12 本标准为工程建设标准化协会的标准。此外一些验收规范也是结构鉴定的依据。

5. 围护结构与装修评定标准

围护结构与装修评定标准共 33 本，其中体系设立的标准 3 本，体系采用的标准 30 本。

设立的 3 项标准均为在编标准，其中《公共建筑节能检测标准》JGJ/T 177[66]已经颁布实施。

围护结构与装修的评定并未受到足够的重视，单凭体系设立的上述 3 本标准显然不能满足围护结构与装修评定的要求，引入已有标准成为必然。这些标准包括《建筑地面设计规范》GB 50037[67]等 23 本设计类标准和《建筑幕墙物理性能分级》等 7 本产品标准。在 23 本设计类标准中，有 11 本为工程建设标准化协会的已有标准。

6. 建筑功能与设施评定标准

建筑功能与设施共有标准 33 本，全部为本标准体系采用的标准，而且基本上是设计类标准和产品标准。

7.3.5 加固与改造类标准

加固是提升既有建筑结构性能的措施，改造则是提升建筑功能与设施的措施。本门类共有标准 80 本，其中标准体系设立的标准 20 本，其余为采用已有标准。上述标准分布在地基基础、建筑结构、围护结构与装修和建筑功能与设备四个分项中。

1. 地基基础的标准

地基基础加固类标准共有 8 本，其中 3 本为标准体系设立的标准；其余 5 本为采用其他专业的已有标准。

在标准体系设立的标准中，《建筑地基加固施工质量验收及检测技术标准》为待编标准；其余 2 本为已编制完成的标准。

在 5 本采用其他专业的标准中，除了行业标准《工业与民用建筑灌注桩基础设计与施工规程》JGJ 4—80[68]之外，《土层锚杆设计与施工规范》CECS 22[69]和《氢氧化钠溶液（碱液）加固湿陷性黄土地基技术规程》CECS 68[70]等 4 本标准均为工程建设标准化协会的标准。

2. 建筑结构加固标准

建筑结构加固与修复方面的技术标准共 13 本，其中标准体系设立的标准 11 本，本标准体系采用的标准 2 本。

在标准体系设立的标准中，《震损建筑抗震修复和加固技术规程》等 3 本标准为在编标准，《木结构加固技术规范》等 5 本标准为待编标准。《钢结构加固技术规范》CECS 77[71]等 2 本标准为工程建设标准化协会标准。

3. 围护结构与装修改造标准

围护与装修改造的标准共 18 本，其中 3 本为标准体系设立标准，其他为本标准体系采用的标准；已在其他门类中列举的设计规范和技术规程不在统计之中；

由于建筑装修的改造基本就是更换，既有建筑装修工程的施工质量完全可以按照新建建筑工程的规定进行施工质量的验收。

在三本标准体系设立的标准中，《既有采暖居住建筑节能改造技术规程》JGJ 129[72]为已有标准，《既有建筑幕墙可靠性鉴定与加固技术规程》为在编标准。特别值得一提的是《既有公共建筑节能改造标准》，在本标准体系建立时尚为待编标准，现已发布实施，名称为《公共建筑节能改造技术规范》[73]。这一事例说明本标准体系的重要性和实用性，也说明其实施的可行性。

4. 建筑功能与设施改造标准

建筑功能提升与设备改造共有标准 41 本，其中 3 本为标准体系设立标准，其他 38 本标准为本标准体系采用的标准。在这 38 本标准中，只有《地下建筑照明设计标准》CECS 45[74]为工程建设标准化协会的标准，其他门类列出的设计标准和技术规程也可作为建筑功能和设施功能提升的标准，但其不在上述 38 本标准的统计范围。

在 3 本标准体系设立标准中，除《既有建筑使用功能改善技术规范》为待编标准外，其余两本标准均为在编标准。

7.3.6　废弃与拆除类标准

本门类共有标准 22 本，其中体系设立的标准 3 本，其余 19 本为体系采用的标准。本门类的标准分成废置废弃与拆除、安全类标准和固体废弃物循环使用类三个分项。

标准体系设立废弃与拆除类标准 2 本，为《既有建筑废置管理规程》、《既有房屋拆除技术标准》，这 2 本标准均为待编标准。

本标准体系采用的施工安全标准共 16 本，其中《建筑施工工具式脚手架安全技术规程》、《建筑施工作业劳动防护用品配备及使用标准》和《建筑施工塔式起重机安装拆除安全技术规程》等 3 本标准处于审批阶段，其余 14 本标准均为现行有效标准。

固体废弃物循环采用标准共 3 本，其中《混凝土再生骨料应用技术规程》为标准体系设立的在编标准，其余 2 本为本标准体系采用的标准。

7.3.7　标准数量统计

根据以上分析和研究情况“既有建筑标准体系”设立标准和采用标准的分布情况见表7-1。

设立标准和采用标准的分布情况　　**表 7-1**

门类/层次	涵盖标准数量	体系设立标准		采用标准	
		总数	待编	总数	协会标准
基础标准	25	3	3	22	0
维护修缮	54	15	10	39	19
检测	279	4	4	275	34
评定	111	10	5	101	23
加固改造	72	15	6	57	7
废弃与拆除	22	3	2	19	0
合计	563	50	30	513	83

加上一本综合标准，本标准体系共涵盖标准 564 本，其中 50 本为标准体系设立的标准，其余为标准体系采用的标准。

在标准体系设立的标准中，有 30 本待编标准，在标准体系采用的标准中有 83 本工程建设标准化协会的标准。

第8章　既有建筑技术规范综述

本章总括地介绍了《既有建筑技术规范》（课题研究稿）的研究背景，也就是《既有建筑技术规范》（课题研究稿）形成的过程、主要内容等。此外本章还重点介绍了《工程结构可靠性设计统一标准》GB 50153[8]关于结构可靠性评定的研究背景及其理念的扩展。

由《既有建筑技术规范》（课题研究稿）到正式实施的技术标准之间还需要完成很多工作，还要广泛地征求意见，因此本书仅对《既有建筑技术规范》（课题研究稿）的观点和技术内容进行介绍，不再另附《既有建筑技术规范》（课题研究稿）的条文。

8.1　技术规范的形成

本节从“十一．五”课题要求与实际需求、规范涵盖的内容和规范的完善与提高等方面简要介绍《既有建筑技术规范》（课题研究稿）的研究背景。

8.1.1　课题要求与实际需求

《既有建筑技术规范》是“既有建筑标准体系”设立的综合标准。所谓综合标准可以兼具基础标准、通用标准的特点。“既有建筑标准体系”有多本待编的基础标准。而待编标准过多不利于“既有建筑标准体系”的实施。《既有建筑技术规范》一本标准综合标准可以涵盖多本基础标准的内容，使“既有建筑标准体系”待编标准的数量明显减少。

目前既有建筑的使用、二次装修、检查维护、修缮修复等方面存在较多的问题，急需编制相关标准。

8.1.2　涵盖的内容

按照既有建筑标准体系的规划，《既有建筑技术规范》（课题研究稿）应该对既有建筑使用期的技术规则作出全面的规定。所谓全面性可以从技术规范的范围、技术规范的对象和既有建筑的性能三个方面予以说明。

从技术措施方面来看，《既有建筑技术规范》（课题研究稿）包括了使用要求、检查维护技术规则、修复修缮技术规则、检测与鉴定技术规则、加固改造技术规则和废置与拆除方面的技术要求。

从技术对象方面来看，《既有建筑技术规范》（课题研究稿）包括了既有建筑地基基础、主体结构、围护结构、装饰装修、设备设施、附设结构物和附属构筑物等。

从性能方面来看，《既有建筑技术规范》（课题研究稿）包括了对建筑结构抵抗偶然作用的能力、安全性、适用性和耐久性的技术规则，并把这些技术措施扩展到围护结构、装饰装修、设备设施等技术对象；此外，提出建筑功能、环境状况和能耗状况等检查、鉴定和改造的技术规则。

8.1.3 研究内容的实施

《既有建筑技术规范》(课题研究稿) 中内容应用的最佳方式是编制可正式实施的标准规范。2011年5月，中国工程建设标准化协会批准制定《既有建筑评定与改造技术规范》，将把《既有建筑技术规范》(课题研究稿) 中有关评定与改造的内容编制成为规范，表明《既有建筑技术规范》(课题研究稿) 的成果已进入实质性的应用阶段。

8.2 技术规范内容简介

《既有建筑技术规范》(课题研究稿) 包括既有建筑检查维护、修复修缮、检测鉴定、加固改造和废置拆除方面的内容，以下对这些内容进行简要介绍。

8.2.1 检查维护技术

提出适用于既有建筑使用人和责任人的检查维护技术。分别介绍地基基础、建筑结构、建筑防水与围护结构、装饰与装修、设备与设施、环境品质、附属构筑物和附设结构物等的维护技术。既有建筑检查维护技术的研究背景和主要内容将在本书第9章中介绍。

8.2.2 修复修缮技术

对既有建筑的修复修缮技术包括地基基础问题的治理、结构的修复、木结构的修复修缮与加固改造、建筑防水、围护结构、设备设施、电器线路的修缮与改造等。既有建筑修复修缮技术的研究背景和主要内容将在本书第10章中介绍。

8.2.3 检测评定技术

对既有建筑的检测技术将在本书第11章中介绍。对既有建筑的评定是本书研究的重点，包括抵抗偶然作用的能力、结构安全性、结构适用性、建筑使用功能、耐久性和环境品质等6个方面的内容，将在本书第12章～第16章中介绍。

8.2.4 加固改造技术

对既有建筑的加固改造技术包括地基基础、主体结构、使用功能、围护结构、设备设施等6个方面的内容，将在本书第17章中介绍。

8.2.5 废置与拆除

对建筑物的废置与拆除包括废置期间的管理和注意事项、拆除的安全要求和固体废物的处置要求等3方面的内容，将在本书第18章中介绍。

第 9 章　既有建筑的检查维护技术

本章按检查维护的规则、地基基础、主体结构、建筑防水与围护结构、装饰装修和设备设施的次序介绍《既有建筑技术规范》(课题研究稿) 检查维护技术的研究背景和参考规范标准等。

9.1　检查维护的规则

检查是通过外观的肉眼观察和工具量测判定既有建筑是否存在问题和存在问题性质的一种检测技术。经验丰富的技术人员可以通过现场的检查做出恰当的鉴定结论。维护是对存在的普通问题进行修复，主要目的是防止既有建筑存在的问题恶化。

《既有建筑技术规范》(课题研究稿) 把日常检查、正确使用、及时维护、定期检测和适当处理等列为既有建筑安全责任人、管理者或使用者所应该采取的措施。其中检查和维护是既有建筑的管理者或使用者要亲自解决的实际问题。

当既有建筑的管理者对检查工作有疑问时，可向有关专业人士或专业机构咨询。当所采取的维护措施超出既有建筑管理者能力范围时，可委托专业机构实施维护。

9.2　地基基础的检查维护

关于地基基础的检查与维护技术分成浅埋基础地基、特殊地基和深埋地基等几类情况。既有建筑附属构筑物地基基础的检查与维护与既有建筑基本相同。

9.2.1　浅埋地基基础

《既有建筑技术规范》(课题研究稿) 提出的浅埋地基基础日常维护的技术措施有：避免重物堆积、避免开挖沟槽、避免局部水位频繁变化、避免生物性损伤等。检查对象主要有建筑散水、勒脚、建筑周边道路与地面、周边管井等部位。

1. 避免重物堆积

在既有建筑周边长期堆积重物可以使既有建筑局部地基的压缩量增大，地基变形增大，出现局部墙体开裂和房屋倾斜等现象。严重者可造成房屋的倾覆。例如上海静安区莲花河畔景苑小区楼房倾覆就与一侧堆土过多有关。

紧靠既有建筑堆积重物，会使散水下的回填土产生较大的压缩变形，使埋地管线损伤，会出现管线渗漏，地基浸水、燃气泄漏、电缆断裂等问题，及时清理建筑周边堆积的重物则是避免发生此类问题的正确且简单易行的维护措施。

2. 避免开挖沟槽

在既有建筑基础附近开挖沟槽会降低建筑的抗倾覆能力，使地表水位发生变化；当沟槽过深时，会使基础下的土体产生侧向变形，加大局部基础的不均匀沉降，轻者可造成墙体开裂，重者可造成建筑的倾斜甚至倾覆等。周边新建工程基坑开挖造成既有建筑出现问题的事例已经很多。

避免沟槽深度超过基础底面或将沟槽及时回填夯实，是正确且简单易行的维护措施。

3. 避免水位变化

所有地基都不宜长期遭水浸泡，更不能使其局部遭水浸泡；对于地下水位较高的地区，则不能使地下水位产生急剧变化。

避免浅埋地基局部遭水浸泡的技术措施如下：

(1) 避免对建筑周边的植物大量浇水；

(2) 保证埋地给排水管线通畅并避免出现渗漏现象；

(3) 定期清除既有建筑附近各类管井中的积水及杂物。

这里仅对上述一些特殊问题予以说明。随着一些地区气候的变暖，埋地管线的埋置深度被减小。遇到极端寒冷的冬季，这些管线往往会冻裂破坏，并对既有建筑构成不利影响。如2008年初南方的冰冻灾害，致使湖南、湖北等地多处供水管线破损。排水管线也存在着同样的问题，而且出现问题不容易发现。其长期渗漏必然会对既有建筑构成影响。气温升高时，污、废水管线中产生较多的有害气体，长时间大量的积存会影响公众的健康，甚至引发爆炸。定期清除这些物质是完全必要的。

造成既有建筑地下水位急剧变化的主要原因是附近新建工程的降水。

4. 避免生物性损伤

高大乔木和一些灌木的根系会造成既有建筑基础及埋地管线的损伤，避免其损伤的技术措施是使之与建筑或管线保持一定的距离，或控制其根系的发展方向。

攀援植物也会对一些既有建筑构成损伤，但这种损伤一般较轻微。

受生物性损伤最为严重的可能是既有建筑的埋地排水管线。埋地排水管线中不仅有酸性、碱性等腐蚀性物质，还有大量的细菌和病毒等。一些种类的细菌对埋地排水管线的损害相当严重。

5. 检查技术要点

浅埋地基基础的常规检查对象通常是建筑散水、勒脚和周边管井。

既有建筑的散水具有排水的功能，回填土沉陷时容易出现损伤，当基础出现不均匀沉降时可以作为对比的参照物，对于散水的检查应该注重下列现象：

(1) 散水的开裂现象；出现开裂要及早修补，保持其排水的能力；

(2) 散水填塞材料的完好性；填塞材料破损也会影响散水应有的功能，发现问题也要及时修补；

(3) 散水局部塌陷或破损；散水塌陷有可能是局部回填土下沉等因素造成，而回填土下沉可能会造成埋地管线的破损；

(4) 散水及附近地面大范围变形、破损或开裂；地下水位变化等可造成这种现象。

当既有建筑的散水出现局部塌陷和破损现象时，可以从下列方面进一步查找原因：

(1) 局部埋地给排水管线或附近管井是否渗漏；

(2) 散水下回填土是否夯实；

(3) 散水附近是否存在堆载；

（4）散水是否遭受撞击。

散水及建筑附近道路和地面大范围变形、破损或开裂时，宜核查地下水位变化、毗邻建设工地的降水、深基坑施工或地面振动等情况。此时既有建筑一般已经出现明显影响。

建筑勒脚的检查主要是要判断基础是否出现环境作用造成的损伤。基础一般埋置在土中，环境作用造成的损伤不容易被发现。而勒脚内的构件一般比基础的环境恶劣，如果这部分结构或围护结构未出现环境作用造成的损伤，则基础应该是完好的。

9.2.2　特殊地基

特殊地基包括膨胀土、湿陷性黄土、冻胀土、永冻土等。其中冻胀土地基的维护主要是避免地基浸水后产生冻胀现象，永冻土地基只在少数地区存在，本小节仅介绍膨胀土和湿陷性黄土地基的维护措施及规定。

1. 膨胀土地基

《膨胀土地区建筑技术规范》GBJ 112[75]关于膨胀土地基的维护有下列主要规定：

（1）对地面排水、边坡、挡土墙等进行维护；

（2）保持给排水和热力管网系统的畅通；

（3）严禁破坏坡脚和墙基的行为；

（4）严禁在坡肩上大面积堆料；

（5）对建筑物周围的树木定期修剪，管理草坪等绿化设施。

对膨胀土地区的地基基础应按《膨胀土地区建筑技术规范》GBJ 112 检查水平位移、坡体表面的通长水平裂缝、地面隆起开裂、墙柱裂缝、吊车轨道变形等项目。具体的维护和检查技术可参见《膨胀土地区建筑技术规范》GBJ 112 的相关规定。

2. 湿陷性黄土地基

《湿陷性黄土地区建筑规范》GB 50025[57]关于湿陷性黄土地基的维护有下列主要规定：

（1）建筑物周围 6m 以内的地面应保持排水畅通，不得堆放阻碍排水的物品和垃圾，严禁大量浇水；

（2）对化粪池和检查井，每半年应清理 1 次；

（3）在既有建筑的防护范围内，增添或改变用水设施时，应按有关规定采取相应的防水措施和其他措施；

（4）对防护范围内的防水地面、排水沟和雨水明沟每年应全面检修 1 次。

对湿陷性黄土地区影响既有建筑地基基础的检查，应执行《湿陷性黄土地区建筑规范》GB 50025 的下列规定：

（1）每年雨季前和每次暴雨后，对防洪沟、缓洪调节池、排水沟、雨水明沟及雨水集水口等应进行详细检查，清除淤积物，整理沟堤，保证排水畅通；

（2）每年入冬以前，应对可能冻裂的水管采取保温措施，供暖前必须对供热管道进行系统检查；

（3）每隔 3～5 年，宜对埋地压力管道进行工作压力下的泄压检查，对埋地自流管道进行常压泄漏检查；对采用严格防水措施的建筑宜每周检查 1 次；其他建筑宜每 2 周检查 1 次；

（4）对重要的建筑应进行沉降观测和地下水位观测，每年应根据地区水准控制网，对水准基点校核1次。

具体的检查和维护技术可参见《湿陷性黄土地区建筑规范》GB 50025的规定。

9.2.3 深埋基础

深基础的检查部位可根据具体情况布置在地下室墙体、地下室底板和沉降缝处。

当发现地下室墙体、底板出现裂缝和渗漏问题以及沉降缝发生明显变化，可委托有能力的鉴定机构进行检测鉴定。

散水、勒脚的局部问题可能不会对深埋的基础造成影响，但当建筑周边道路或地面出现有规律的变形、开裂等现象时，深埋的地基可能已经受到了影响。

9.3 主体结构的检查维护

既有建筑主体结构的维护及检查的重点与结构的材料类型有关，主要是指结构材料的种类，如混凝土结构、砌体结构、钢结构和木结构等。各类结构经常出现的问题不同，环境对于不同材料类型的结构影响也不尽相同。

既有建筑附属构筑物的结构应该按照既有主体结构的方法进行检查和维护。

9.3.1 砌体结构

此处所说的砌体结构包括用黏土砖、混凝土砌块和其他硅酸盐砌块砌筑的砌体结构和围护结构。

1. 墙体的维护与裂缝检查

清水砖墙的维护重点是清除墙面的污垢，修补脱落的砂浆勾缝等。砂浆勾缝在外墙防水、防渗方面的作用十分明显。

砌筑墙体的检查重点应为墙体裂缝和砌体的表面损伤。砌筑墙体容易出现裂缝的部位以及造成开裂的主要原因如下：

（1）地基不均匀变形导致的裂缝。宜重点检查首层墙体门窗角、结构缝两侧、散水和地面出现变形的部位。

（2）太阳辐射热导致的裂缝。宜重点检查顶层端部墙体的门窗角、南侧横墙、女儿墙根部等部位。

（3）不同材料交接部位的裂缝。多为收缩和温度变化原因造成。

（4）有施工洞口的部位。多为施工质量不良、砌体干缩、环境温湿度变化所致。

一般认为，上述裂缝与结构的安全性关系不大，但也应采取措施对裂缝进行治理。下述裂缝则是比较危险的，应该成为检查的重点，一旦发现需要采取必要的加固措施。

（1）拱形砌筑结构，拱脚处开裂，拱顶部位的垂直裂缝或块材破损情况；

（2）门窗洞口的砖过梁裂缝；

（3）带有水平推力屋盖或楼盖的窗口下沿水平裂缝。

当墙体出现重力荷载造成的裂缝时，表明墙体承载能力严重不足，应该尽快采取措施进行处理。这种裂缝一般沿竖向发展，且可能会有多条平行的裂缝。

2. 表面损伤的检查

砌筑墙体的下列部位容易出现环境作用造成的损伤：

（1）首层墙体防潮层以下部位，也就是前面提到的勒脚部位；

（2）檐口女儿墙与屋面板交接的部位，造成损伤的原因主要是屋面渗漏；

（3）落水管附近，一般也是落水管长期漏水所致；

（4）厨卫盥洗等用水较多房间的外墙，多为室内地面积水渗漏所致；

（5）积雪直接接触的部位，多为积雪反复冻融造成的损伤；

（6）灰缝水平裂缝，一般为拉结钢筋锈蚀膨胀裂缝。

出现环境作用造成的损伤，应该采取措施予以修补。尚未出现问题的上述部位应该采取适当的防护措施。

9.3.2　混凝土结构

混凝土构件可以分成素混凝土构件、钢筋混凝土构件和预应力混凝土构件。目前素混凝土构件已经比较少见，多数为钢筋混凝土构件或预应力，对这些构件的检查主要是变形、裂缝以及可见的损伤等。

1. 构件的变形和裂缝

《既有建筑技术规范》（课题研究稿）提出检查的重点是大跨度屋面和楼面构件的挠度，以及下列容易出现裂缝的部位：

（1）容易出现应力集中的部位。例如房屋阴角、构件截面突变处、楼板洞口角部和构件局部承压的部位等。

（2）实际作用效应与设计计算模型不一致的部位。预制板端部、梁的支承部位等。

（3）容易受到地基不均匀变形影响的首层构件。

（4）容易受到环境温度影响的构件。如室外构件、采用地采暖的楼面构件等。

（5）表面积较大的构件。这些构件容易受到混凝土干缩的影响，容易出现干缩裂缝。

钢筋混凝土和预应力混凝土构件存在问题一般都要先出现裂缝，显然检查要从裂缝入手。目前，混凝土构件表面多数都有装饰层，一般情况下构件开裂会造成装饰层出现裂缝。当有必要时可以剔开装饰层检查构件是否存在裂缝。

2. 环境作用损伤

缺陷与损伤具有本质的不同，缺陷是施工造成的，损伤是环境作用造成的，此处所说的环境包括自然环境和人为的侵蚀性环境。《既有建筑技术规范》（课题研究稿）提出易出现环境作用损伤的部位如下：

（1）易遭受雨雪等影响的挑檐、阳台、雨罩等裸露构件；

（2）未封闭在混凝土中的预应力锚夹具、连接垫板及螺栓等金属件；

（3）与腐蚀性土壤直接接触且露出地面的室外构件，如首层墙和柱根部；

（4）潮湿部位和可能出现渗漏的部位。

显然，容易出现损伤的部位也是需要重点维护的部位。

9.3.3　钢结构

钢结构的检查与维护可分成常规的维护和特殊部位的检查。

1. 常规的维护

《既有建筑技术规范》(课题研究稿) 建议按下列项目对钢结构进行常规维护:

(1) 清除构件表面的灰尘和污物;

(2) 对缺陷或破损的防火和防腐涂层进行及时修补。

钢结构的构件表面一般都有防腐和防火涂层，清除涂层表面的灰尘和污物有利于延长涂层的寿命。发现涂层出现损伤或缺陷时应该进行及时修补，便于涂层真正发挥作用。

2. 特殊部位的检查

钢结构构件的常规检查尚应注重下列特殊问题:

(1) 承受反复作用构件截面突变部位的裂纹。反复作用可以使钢构件出现疲劳裂纹，这些裂纹容易出现在钢构件截面突变的部位，这些部位会存在应力集中的问题。

(2) 跨度较大构件的变形情况。

(3) 长细比较大构件的屈曲情况。此处是指杆件出现明显的弯曲现象。

(4) 薄壁构件局部的屈曲情况。此处是指杆件的翼缘或者腹板等，特别是缺少加劲肋且靠近连接或支座的部位。

(5) 连接及紧固件的完好情况，主要指铆栓的断裂、螺栓的松动、焊缝的破坏等。

9.3.4 木结构

《木结构设计规范》GB 50005[76]是少数做出检查和维护规定的结构设计类规范，其规定虽然只是工程交付两年之内的检查和维护，但房屋的使用者和管理者可以将这些规定的项目扩展到建筑的全部使用阶段。特别是环境潮湿或有白蚁活动的地区，这种检查应该是每年都要进行的。

9.4 建筑防水与围护结构的检查维护

以下介绍建筑防水、幕墙、门窗和保温的维护问题。

9.4.1 建筑防水

有些围护结构具有防水要求，有些围护结构没有防水要求，本节先介绍有防水要求的围护结构的检查与维护问题。所有防水检查的重点都是渗漏检查，维护则是针对容易出现损伤和施工质量缺陷的部位。

1. 屋面防水

屋面卷材防水的防护层包括表面的小豆石、热反射涂层、隔热层等，室内防水一般也有保护面层，在日常使用时应该保持防水层的完好，并在每年雨季到来之前，对屋面防水进行下列项目的检查:

(1) 卷材防水应检查是否存在起泡、空鼓、表面龟裂、搭接脱开与泛水开裂等情况。这些部位容易出现老化损伤或施工质量缺陷。

(2) 屋面刚性防水应检查屋面的坡度、防水层表面和檐口处开裂等情况。

(3) 瓦屋面，应检查瓦的完整性和搭接完好性。

(4) 金属类屋面应检查搭接处材料的完好性或开裂情况，拉接螺栓完好性及防水垫片的完好性和老化情况。

《既有建筑技术规范》(课题研究稿) 提出的屋面维护措施如下:

(1) 清理屋面排水口处的堵塞物，以免排水口阻塞造成屋面积水过多，屋面积水过多可能会造成屋面的坍塌，我国的深圳市有这种坍塌的事例。

(2) 清理屋面的积灰和杂物。屋面积灰过多也会造成屋面的坍塌，此外屋面积灰过多可造成屋面构件变形过大，将屋面防水层破坏，屋面杂物过多也会造成屋面防水层破坏。

(3) 定期涂刷屋面热反射涂层，避免屋面防水层老化过快。

(4) 保持屋面隔热层的完好性和安装牢固性，避免刮风掀落和危害公众安全。

(5) 及时清除屋面的积冰和积雪，积冰和积雪对屋面的防水层不利，过厚的积冰可造成屋面坍塌。

(6) 及时修补金属屋面防腐层的局部损伤。

2. 地下防水

《既有建筑技术规范》(课题研究稿) 提出：地下防水宜注重下列部位和问题的检查:

(1) 出现宽大裂缝的渗漏;

(2) 出现大面积的渗漏;

(3) 变形缝和新旧结构接头等处的渗漏;

(4) 穿墙管、预埋件和孔口处的渗漏等。

这些都是地下防水容易出现渗漏的部位。地耐力突变、地基不均匀变形、底板变形过大或抗裂承载力不足等问题会造成地下防水层开裂，造成渗漏。根据《地下工程防水技术规范》GB 50108[77]的规定，地下防水包括：防水混凝土、附加防水层、注浆防水、细部构造做法等防水做法。该规范把地下防水分成四个等级，并根据地下水的情况规定了各种防水做法对应于防水等级的要求。近年来，一些城市的地下水位大幅度下降，一些设计人员也随之降低了地下防水的要求。遇有暴雨天气或地下水位的升高，会出现大面积的渗漏。这是造成地下防水渗漏的原因之一。

对既有建筑地下防水的维护宜包括下列措施：不在墙体上开孔埋管，不在底板的局部长期堆放重物和注意对内置防水层的保护。

9.4.2 围护结构

围护结构包括幕墙、门窗、保温层等。

1. 幕墙与门窗

《既有建筑技术规范》(课题研究稿) 提出了玻璃幕墙、金属幕墙、石材幕墙和门窗的检查维护项目。这些项目来自《玻璃幕墙工程技术规范》JGJ 102[78]、《金属与石材幕墙工程技术规范》JGJ 133[79]和《建筑门窗工程检测技术规程》JGJ/T 205[61]等。此处不再进行过多的介绍。

2. 屋面与墙面保温层

屋面与墙面保温层普遍存在的问题有粘结的牢固性、受潮后保温性能降低和保温材料的燃烧性能等。

可燃性保温材料的表面一般都有一层不燃材料制成的面层，保持这个面层的完好有助于防止意外事件引燃保温材料造成火灾。卷材屋面防水之上的小豆石也可起到一定的防火作用。保温材料受潮大致有两个方面的原因，一是其防护层的防水功能失效，二是室内水分进入了保温层。防止保温材料受潮应从两方面进行检查和维护。粘贴型的墙面保温层容易出现脱落的现象。发现其空鼓时，应该及时进行修复。

9.5 其他对象的检查维护

《既有建筑技术规范》（课题研究稿）提出的检查维护对象还有装饰装修、设备设施、环境品质和附设结构物等。

1. 装饰与装修

《既有建筑技术规范》（课题研究稿）提出的装饰装修检查与维护的对象包括建筑地面、吊顶、墙面和轻质隔墙等。

主要检查项目为安装的牢固性，装饰装修安装不牢固也会造成人员伤害和财产损失。

2. 设备与设施

《既有建筑技术规范》（课题研究稿）所提出的设备设施包括供热施、给水排水设施、电器设施以及安装在屋顶的太阳能热水器、冷却塔、水箱等物体。

对设备设施的检查要点如下：

（1）安装的牢固性。经过一段时间的使用之后，所有设备设施都会有安装牢固性问题，如暖气管线、给水管线、电器开关与插座等出现松动。

（2）局部轻微损伤。如管线锈蚀、电器开关损坏等。

（3）管线渗漏。如暖气管线、给排水管线和太阳能热水器等。

对于设备设施使用和维护的要点如下：

（1）用户不要擅自改动设备设施的管线，如暖气管线、给排水管线和电器线路等。

（2）保持管线及设备设施的清洁，延长管线的使用寿命，发挥设备设施的功效。

3. 环境品质

既有建筑的环境品质主要为给排水问题、空气品质问题、噪声问题、电磁波和光污染等问题，包括建筑本身的问题、建筑周边的问题和建筑对周边的影响问题。

造成既有建筑给水问题的原因主要有：

（1）给水管线损伤、锈蚀、遭受污染等；

（2）储水设施污垢过多或滋生细菌病毒等。

造成既有建筑空气污染的因素主要有：

（1）装修造成的污染；

（2）室外大气扬尘及污染；

（3）公共建筑通风设施中的粉尘和细菌病毒等；

（4）家具和生活用品释放的有害物质，如甲醛等；

（5）排风、排水设施出现故障或存在问题等。

4. 附设结构物

既有建筑附设结构物的检查维护应由其产权人负责。既有建筑的广告牌、塔架的产权人有时并非既有建筑的产权人。

《既有建筑技术规范》（课题研究稿）建议对于既有建筑上的广告牌、灯箱等应该每年进行一次检查，并提出了检查和维护的要点。

第 10 章　既有建筑的修复修缮技术

本章介绍的主要内容包括：修复修缮的规则、地基基础的修缮与修复、结构的修复技术、木结构的修复修缮与加固改造、建筑防水的修复修缮和其他修复与修缮问题。

10.1　修复修缮的规则

《既有建筑技术规范》（课题研究稿）提出修复修缮的目的为恢复其原有的功能，当其存在的严重影响人身健康和使用安全的问题时，应采取必要的改造措施。一般情况下修复修缮不包括提升房屋功能或性能的技术措施。

我国的房管部门有一系列成熟的房屋修复修缮技术，大部分技术已经列入相应的技术标准。承担既有建筑修复修缮的单位可参照这些标准进行相应的技术工作。

房屋的修复修缮可分成地基基础的治理，砌体、混凝土与钢结构的修复，木结构的修缮与加固，建筑防水、围护结构和设备设施的维修，电器线路的维修与改造，建筑装修的修复与改造等。

10.2　地基基础的修缮与修复

《建筑地基处理技术规程》JGJ 79、《民用建筑修缮工程查勘与设计规程》JGJ 117、《既有建筑地基基础加固技术规范》JGJ 123 和《民用房屋修缮工程施工规程》CJJ/T 53 等都有地基基础的修复技术，有些技术称为地基基础的加固技术可能更为合适。本节仅介绍地基基础的修复和修缮技术，加固的技术在本书第 17 章介绍。

本节以下仅介绍地基的修复技术、基础的修复技术和建筑的纠偏技术。

10.2.1　地基

地基的修复技术有直接修复技术、压密灌浆技术、树根桩处理技术和梁式托换技术等。

1. 直接修复技术

《建筑地基处理技术规程》JGJ 79 规定的方法一般适用于新建工程地基的处理，可用于提高已有基础侧边土体的承载力或减小其压缩系数，也可直接修复基础下的基础。但有些方法可能会对已有地基产生不利的影响，在选择时应特别注意。

2. 压密灌浆技术

压密灌浆技术可用于基础下地基的补强和压缩性能的改善。压密灌浆可采用硅酸钠灌浆法和水泥灌浆法等。所用设备、孔距、注浆压力、注浆速度等施工操作应遵守《建筑地基处理技术规范》JGJ 79[80]、《民用建筑修缮工程查勘与设计规程》JGJ 117[81]和《民用房屋修缮工程施工规程》CJJ/T 53[82]等标准的相关规定。采用压密灌浆类处理方法时应注意下列问题：

（1）防止出现地下管线和检查井被阻塞的现象；

（2）防止地面出现隆起或基础局部破坏的现象。

3. 树根桩处理技术

有些标准把树根桩的技术称为托换技术，树根桩的处理技术可见图 10-1，技术的要点可参见《民用房屋修缮工程施工规程》CJJ/T 53 等。

4. 梁式托换技术

梁式托换处理方法可见图 10-2，处理时应注意下列问题：

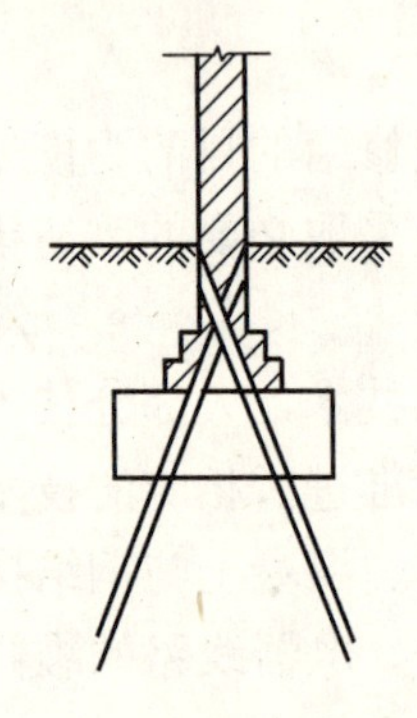

图 10-1　树根桩托换示意

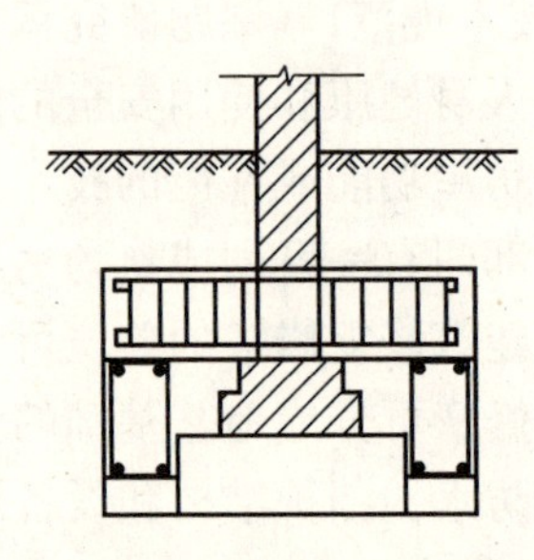

图 10-2　梁式托换示意

（1）托换底梁下土体可采取换填法、灰土挤密桩法、砂石桩法等予以加强；

（2）托换梁应有相应的刚度；

（3）被托换基础或构件应具有相应的承载力。

10.2.2　基础

基础的修复技术有注浆法和加大截面法等，其中注浆法更接近于修复技术。

1. 注浆修复法

《既有建筑地基基础加固技术规范》JGJ 123 注浆法适用于基础因不均匀沉降、冻胀或其他原因裂损时的修复加固。注浆液材可采用水泥浆等。注浆操作可按《既有建筑地基基础加固技术规范》JGJ 123 的规定执行。

砌体结构裂缝的修补技术和混凝土构件裂缝的修补技术也可用于基础裂缝的修复。

2. 加大截面法

加大截面法是结构加固常用的技术，也可用于基础的修复。加大截面法与地基加固中扩大基础底面积的处理方法有类似之处。两者的区别在于，扩大基础底面法的新增基础下土体可采取换填法、灰土挤密桩法、砂石桩法等予以加强；而为了基础修复的加大截面法不必采取这种措施。扩大基础底面法的情况可见图 10-3 和图 10-4 的示意。

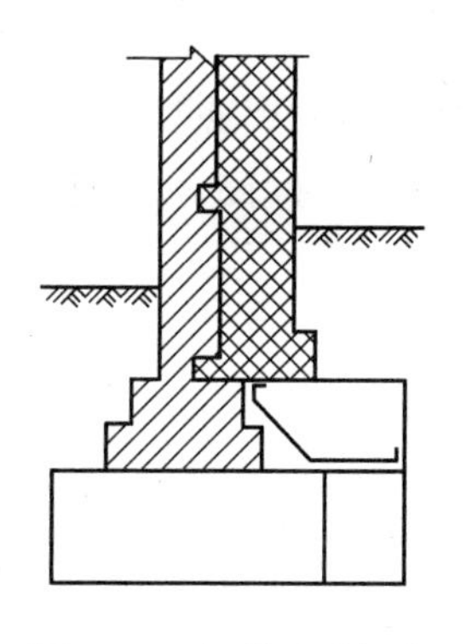

图 10-3 条形基础加宽

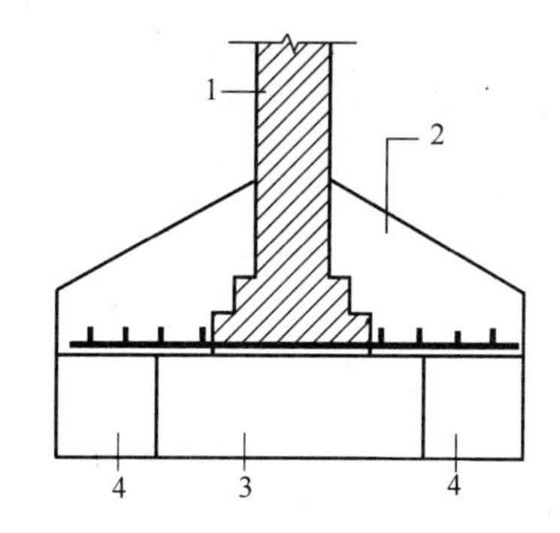

图 10-4 独立基础加宽

1—原有墙体；2—后加基础；3—原有基础；4—加宽混凝土基础

10.2.3 建筑纠倾

纠倾处理适用于房屋整体倾斜超过国家现行标准《建筑地基基础设计规范》GB 50007[83]允许值的情况，且影响正常使用的多层房屋建筑。《既有建筑地基基础加固技术规范》JGJ 123 提出的纠倾方法可分成迫降纠倾和顶升纠倾。实际工程中使用迫降纠倾较多。

1. 迫降纠倾

《既有建筑地基基础加固技术规范》JGJ 123 提出的迫降纠倾有基底掏土法、井式法、钻孔取土法、堆载法、人工降水法、地基部分加固法和浸水法等方法。《既有建筑地基基础加固技术规范》JGJ 123 提出了迫降法的规则如下：

（1）一般情况下沉降速率宜控制在 5～10mm/d 范围内；

（2）迫降接近终止时应预留一定的沉降量，以防发生过纠现象；

（3）迫降过程中应每天进行沉降观测，并应监测既有建筑裂损情况。

基底掏土法适用于匀质黏土和砂土上的浅埋建筑物，可分为人工掏土法和水冲掏土法两种。井式法适用于黏性土、粉土、砂土、淤泥、淤泥质土或填土等地基上建筑物。钻孔取土法适用于淤泥土等软弱地基的建筑物。堆载法适用于淤泥土和松散填土等软弱地基上体量较小且纠倾量不大的浅埋基础。建筑物的纠倾可以几种方法联合使用。人工降水法适用于地基土的渗透系数大于 10^{-4} cm/s 的浅埋基础，同时应防止纠倾时对邻近建筑产生影响。

2. 顶升纠倾

顶升纠倾适用于建筑物的整体沉降及不均匀沉降较大，造成标高过低；倾斜建筑物基础为桩基；不适用采用迫降纠倾的倾斜建筑以及新建工程设计时有预先设置可调措施的建筑。顶升纠倾的最大顶升高度不宜超过 800mm。

10.3 结构修复

对于出现损伤但无需提高承载力的砌筑、混凝土和钢结构及连接可采取修复的措施。

10.3.1 砌体结构

砌筑构件损伤的修复技术有拆砌、剔砌、掏砌、掏换、裂缝治理等措施。

1. 拆砌

所谓拆砌法是将大面积存在问题的墙体拆除重砌，也就是是整面墙或某段墙从顶到底全部拆除重砌。《民用房屋修缮工程施工规程》CJJ/T 53 提出了拆砌施工应当注意的问题：

(1) 拆除工作，应由上层块体开始；

(2) 拆砌墙体应留槎；

(3) 新墙砌筑时保证施工质量等。

2. 剔砌

砖砌体的剔砌可用于墙体局部单侧块材出现损伤的修复，也就是局部单侧拆除重砌。剔砌的施工操作应遵守《民用房屋修缮工程施工规程》CJJ/T 53 的规定：

(1) 根据损伤的面积把剔砌分成一次性剔砌和分段剔砌；

(2) 剔砌厚度不宜过大；

(3) 应随剔拆随留槎，随清理；

(4) 新砌块宜与原有墙体块材色泽接近。

3. 掏砌

砌筑墙体的掏砌可用于对墙体局部全墙宽的修复，也可用于砌筑墙体增设防潮层或掏拆洞口等，其施工操作应遵守《民用房屋修缮工程施工规程》CJJ/T 53 的规定：

(1) 把掏砌施工分成一次性掏砌和分段多次掏砌；

(2) 宜选用有支撑操作方式；

(3) 掏拆时，应随掏拆，随留槎，随清理；

(4) 保障砌筑质量符合相关规定等。

4. 裂缝的修补

砌筑墙体的裂缝处理可采用压力灌浆的方法修补，修补工作应在裂缝的原因查明，裂缝继续发展的因素得到治理后实施。裂缝处理的压力灌浆操作应遵守《民用房屋修缮工程施工规程》CJJ/T 53 的相关规定。压力灌浆的方法也可用于混凝土构件裂缝的处理。

10.3.2 混凝土构件

混凝土构件的修复包括裂缝的治理和截面损伤的修复等。

1. 裂缝的修补

混凝土构件的裂缝治理技术较多，可按《建筑工程裂缝防治技术规程》建议的程序和方法处理。砌体结构的某些裂缝也可按该规程建议的方法进行处理。凡是裂缝的治理都应查明裂缝原因，先治理产生裂缝的原因，然后再治理裂缝。

2. 混凝土构件的修复

混凝土构件的表层损伤可采用水泥砂浆、聚合物砂浆、纤维砂浆和砂浆－纤维布的修复方法。混凝土构件表面损伤的处理，应剔除损伤并清理剔凿面和钢筋的锈蚀物，分层涂抹修复面层。当面层厚度较大时，可增加射钉、钢板网、钢丝网或纤维布等防裂措施。《建筑工程裂缝防治技术规程》提出了一些修复操作的规定。

10.3.3 钢构件

钢结构修复包括涂层的涂刷、螺栓等的更换、杆件的矫正或更换、裂纹的治理、锈蚀的修补、焊缝的修补和防火措施的更换等。此处仅介绍螺栓的更换和杆件的矫正两项技术。

1. 螺栓的更换

钢构件断损螺栓或铆钉更换修复操作应符合下列规定：

（1）损坏最严重的应最先更换；

（2）更换应逐个进行，不应同时拆除两个及两个以上的螺栓或铆钉；

（3）新换上螺栓的承载力不得小于原有的铆钉或螺栓；

（4）铆钉头宜用气割割除，不应损伤结构件；

（5）宜采用以新螺栓顶出旧铆钉或螺栓的操作方法；

（6）当发现原有孔洞存在问题时，可协商采取扩孔和扩大锚栓直径的处理措施。

2. 构件的矫正或更换

对于局部变形较大或明显弯曲的构件可采用矫正处理的措施。钢构件的矫正处理操作应遵守《民用房屋修缮工程施工规程》CJJ/T 53的相关规定。对于实施矫正较困难的构件可采取拆换的处理措施。钢构件拆换处理的操作应遵守下列规定：

（1）测定或估算钢杆件的受力情况；

（2）设置足够的支顶和拉结，卸除杆件内力；

（3）设置杆件节点之间的支撑或拉结，减小节点之间的相对位移。

10.4　木结构的修复与加固

木结构的修复修缮和加固改造应采取防腐朽、防虫蛀等处理措施，对于其中的钢制构配件应进行防腐处理；对于钢质构配件和木质构配件宜采取防火处理措施。

10.4.1　木结构的修复

木结构的修复可分为裂缝的治理、连接件的治理、杆件局部损伤的修复等项工作。

1. 裂缝的治理

木结构的裂缝治理应根据顺纹裂缝、斜纹裂缝、节点裂缝等裂缝特点采取有针对性的治理措施。顺纹的干燥裂缝一般对构件承载力的影响不大，可以采取封闭的处理措施。斜纹裂缝会严重影响构件的承载力，宜采取杆件更换的处理措施。对于不易更换的杆件，应采取增加钢夹板的处理措施。节点区的顺纹裂缝也应该进行加固处理，其处理措施以增加通过裂缝的螺栓为主。

2. 杆件损伤的修补

木杆件的局部损伤一般由虫蛀或腐朽造成，当其较小时，可将损伤处去除，选用材性相同或相近的木材进行修补，并采用胶粘和加钉连接处理措施。

3. 加接的修复

当腐朽等发生在构件端部或截面损伤严重时可采取加接的修复方法。轴心受压木柱根部腐朽可采用混凝土柱墩加接的方法，混凝土柱墩中应有埋件与木柱端部可靠连接。木柱的加接部分应使用与原柱同品种或性能相近的木材，加接连接界面可为平头齿面夹板对接、直面搭接榫接或斜面搭接榫接，见图10-5。其中两种榫接法也可设置夹板。

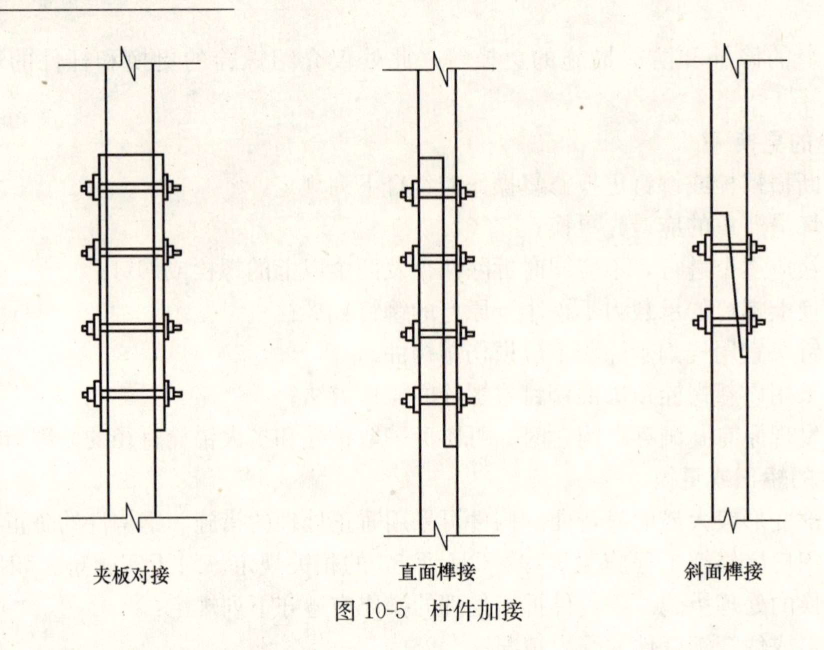

图 10-5 杆件加接

10.4.2 位移与变形的治理

木结构的修缮包括受弯构件挠度调整、构架牮正和屋架纠偏等项工作。

1. 杆件的变形

承载力满足要求但挠度过大的梁、搁栅等构件，可采用增设钢拉杆的方法减小挠度，见图 10-6，也可采取敷设钢夹板或木夹板的方法提高构件刚度。

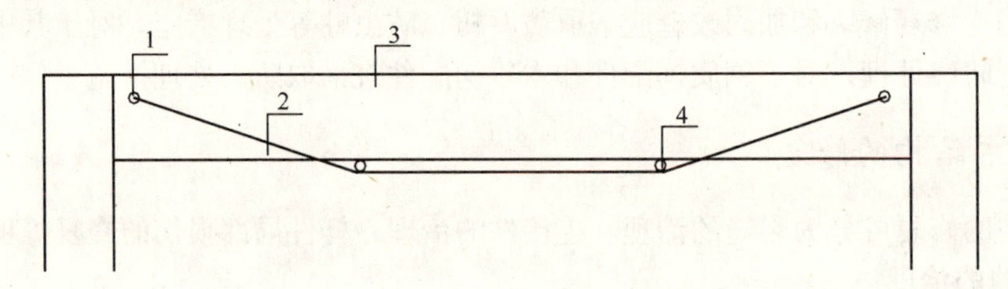

图 10-6 增设钢拉杆减小受弯构件挠度

1—拉杆锚固点；2—钢拉杆；3—加固梁；4—圆钢

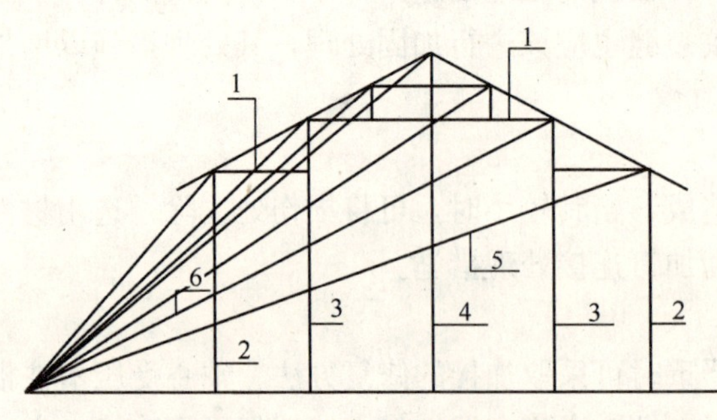

图 10-7 立帖式木构架牮正示意

1—廊川；2—廊柱；3—步柱；4—脊柱；5—钢条或钢丝；6—花篮螺栓

2. 木构架的牮正

对于杆件及连接基本完好，存在倾斜的立贴式木构架可采取牮（音：建）正的修缮方法，见图 10-7。

立贴式构架倾斜的牮正应遵守《民用房屋修缮工程施工规程》CJJ/T 53 和《民用建筑修缮工程查勘与设计规程》JGJ 117 的规定：

（1）牮正前，应卸除屋面及楼层荷载，并应拆开围护结构与木构架相连接的部分；

（2）在木构架上应布置牵引绳、回拉绳及张紧设备，柱根撑木应可靠固定；

（3）牮正工作应分段进行，不应一次到位；

（4）每段牮正时，牵引绳的张紧和回拉绳的放松必须同步进行；

（5）牵拉过正不宜超过20mm；所谓牵拉过正，是指构架顶点超过垂直位置的距离；

（6）牮正后应进行必要的修复工作。

3. 木屋架的纠偏

对于杆件和节点完好，存在倾斜的木屋架可采取纠偏的方法处理。此处所说木屋架的倾斜，不包括地基不均匀沉降造成的倾斜。木屋架的纠偏可执行《民用建筑修缮工程查勘与设计规程》JGJ 117的相关规定。

4. 落地修复

对于损伤严重的立贴式构架和出现倾斜的其他类型的木构架可采取落地翻修方式，并应遵守相应规范的下列规定：

（1）落地翻修的拆除应从上部杆件开始，并应与新建时安装的次序相反；

（2）未损伤的柱可不拆除，在原位纠偏；

（3）对于拆下来的杆件应逐一编号，记录原来的位置；

（4）对严重损伤的予以更换；

（5）将修复的杆件和连接件安装至原来的位置，安装的次序应与新建构架次序相同。

落地修复的拆除过程具有较大的危险性，要注意施工过程的安全。

10.4.3　木结构的加固

木结构的加固可分成杆件加固、节点加固和增设支撑等措施，加固设计应符合《木结构设计规范》GB 50005和《民用建筑修缮工程查勘与设计规程》JGJ 117的相关规定。

1. 木结构的加固

对于存在下列问题的构件、杆件和节点应采取加固措施：

（1）验算承载力不满足现行《木结构设计规范》GB 50005要求的木结构构件；

（2）出现明显弯曲变形的木柱和其他受压杆件；

（3）节点区配件及构件出现受荷破坏或损伤；

（4）木杆件承受较大的拉力。

木构件的加固可采用增大截面的方法，增大截面的方法可分成增加钢质夹板的方法（图10-8），贴加木构件的方法（图10-9）和外包混凝土的方法。其中，外包混凝土的方法比较适用于木柱的加固。

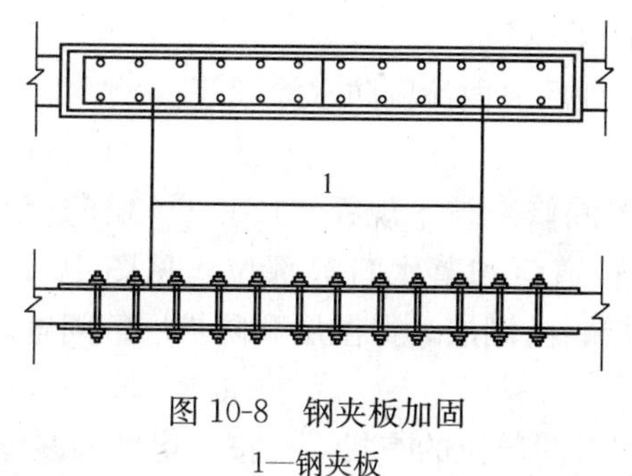

图10-8　钢夹板加固

1—钢夹板

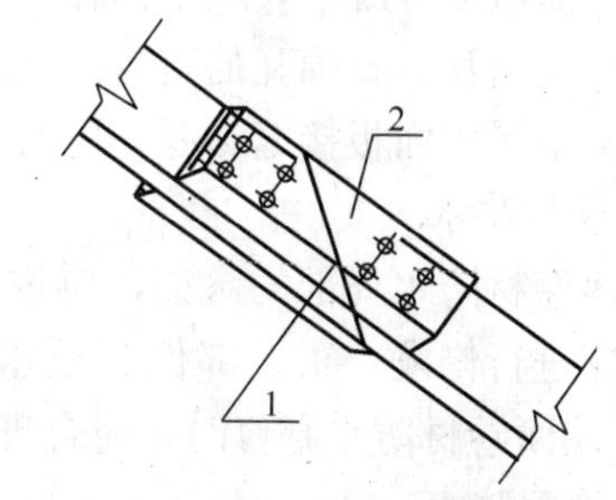

图10-9　贴加木构件

1—原有杆件（有断裂迹象）；2—加固木夹板

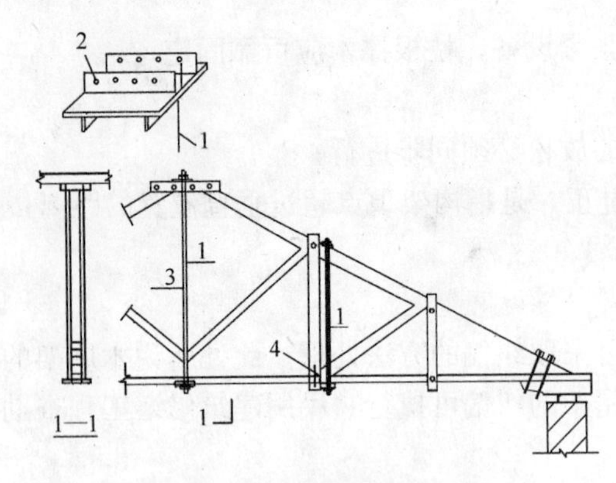

图 10-10　增加杆件加固示意
1—加固拉杆；2—木螺丝孔；3—原有木杆件；4—原有木夹板

对于木结构的加固可以采用增加杆件的方法，见图 10-10。

木屋结构节点区的加固宜采取钢夹板的加固方法，受拉木杆件可用钢拉杆加固。

2. 增设支撑

支撑设置不符合要求的木结构，应按《木结构设计规范》GB 50005 的要求增设支撑或增设刚度较大的墙体。

3. 木结构的改造

对于体系严重不符合《木结构设计规范》GB 50005 要求的木屋架，应实施全面的改造，改造项目除包括提高杆件的承载能力和节点承载力之外，尚应包括防火隔断、支撑系统、电器线路系统、防潮通风措施等。

10.5　建筑防水的修复修缮

建筑的防水可分为屋面防水、墙面防水、室内防水、地下防水等。不同防水的修复修缮的重点不同，方法也不尽相同。地下防水的渗漏只能采取治理的措施。

建筑防水局部出现问题，可采取局部修复的措施，大面积问题和多次修复不能彻底解决的问题可采取彻底的翻修。屋面防水的翻修应遵守国家现行标准《屋面工程技术规范》GB 50345[84]的相关规定，并应提供合理的使用年限。

10.5.1　屋面防水

屋面防水分成瓦屋面、卷材防水、涂膜防水和刚性防水等。对于屋面出现渗漏时应首先查找渗漏的原因。屋脊塌陷、屋架倾斜、屋面构件变形过大等问题也会造成屋面防水的破坏，对于这种情况，应该对屋面结构予以治理，之后再治理渗漏的问题。当多次修复无效时，应采取全面的修缮措施或改变屋面的防水形式。

1. 瓦屋面防水

各类瓦屋面出现局部渗漏时，应针对产生渗漏的原因，分别采取下列修复措施：

（1）瓦开裂和损坏，应予以更换；

（2）油毡瓦等脱落，应予修补；

（3）金属瓦、石棉瓦的密封材料老化，应予以更换；

（4）金属屋面板接缝渗漏，可对接缝进行处理后表面涂刷防水涂膜等。

2. 卷材防水

屋面卷材防水局部的渗漏，应按照《房屋渗漏修缮技术规程》JGJ/T 53[85]建议的方法和程序进行修复，重点部位为泛水、天沟、管道口和落水口等部位，见图 10-11～图 10-14。屋面卷材防水翻修时，应合理解决隔汽层、防潮层、保温层和防护层等问题。

3. 涂膜防水

涂膜防水屋面局部渗漏的修复，应注重下列渗漏部位的查找，并按《房屋渗漏修缮技术规程》JGJ/T 53 建议的方法和程序予以修复。

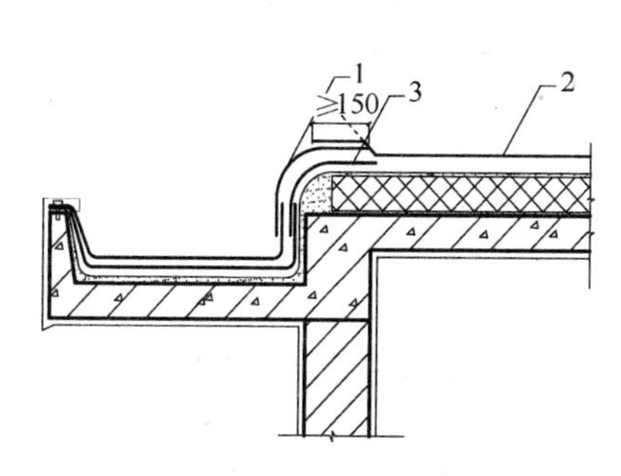

图 10-11　屋面天沟处渗漏维修

1—新铺防水层；2—原防水层；3—新铺附加层

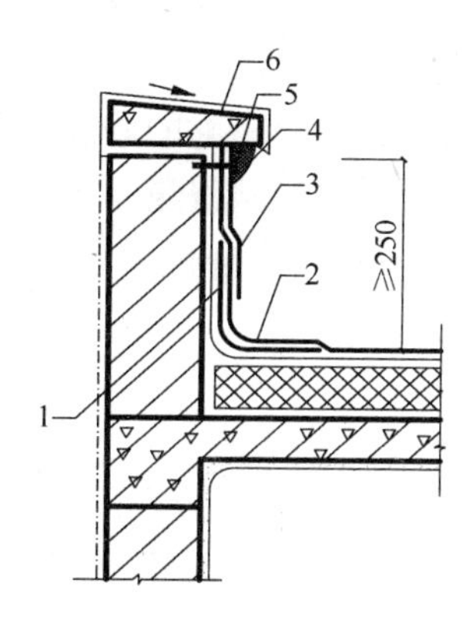

图 10-12　屋面泛水处渗漏维修

1—原附加层；2—原卷材防水层；3—新铺卷材防水层；4—密封材料；5—钉固定金属压条；6—防水处理

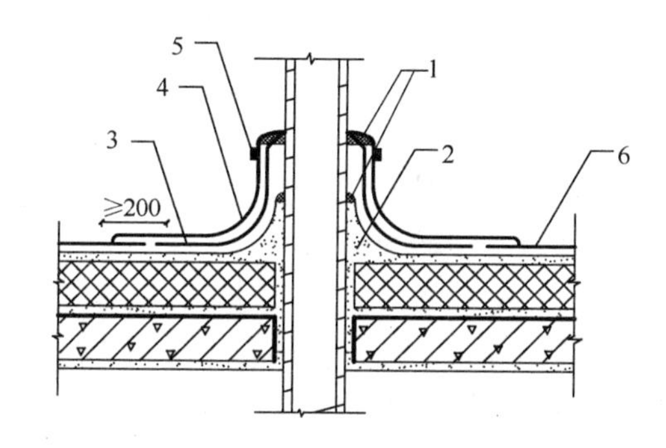

图 10-13　出屋面管道根部渗漏维修

1—新嵌密封材料；2—新做防水砂浆台；3—新铺附加层；4—新铺卷材防水层；5—金属箍；6—原防水层

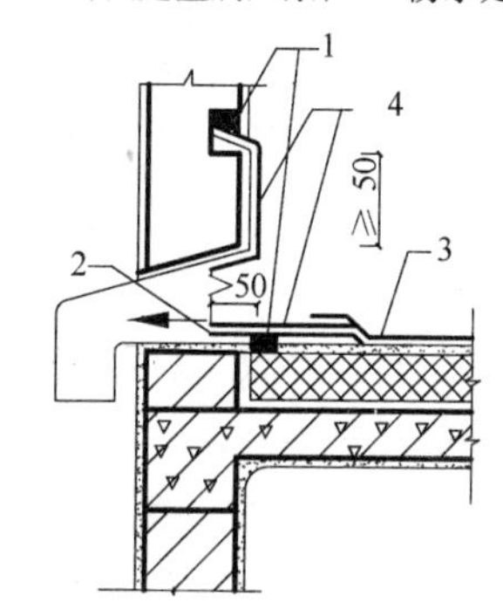

图 10-14　屋面横式水落口渗漏维修

1—新嵌密封材料；2—新铺附加层；3—原防水层；4—新铺卷材防水

（1）暴露式防水层的阴、阳角及收头部位，见图 10-15。

（2）分格缝、变形缝等部位，见图 10-16。

（3）泛水及女儿墙压顶部位。

（4）水落口及天沟、檐沟等部位。

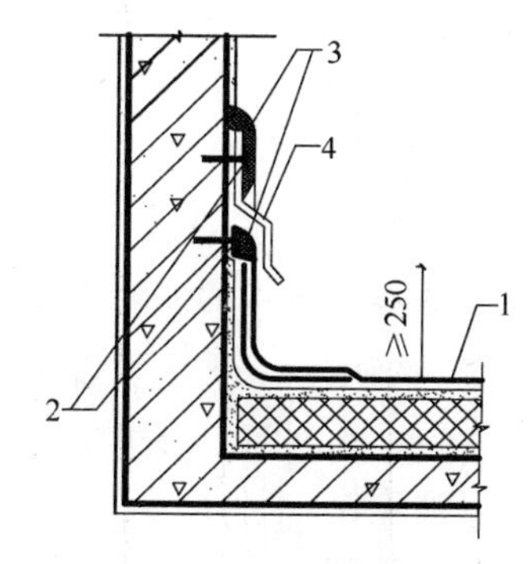

图 10-15　阴角部位渗漏维修

1—原涂膜防水层；2—钉固定金属板；3—密封材料；4—新铺金属板

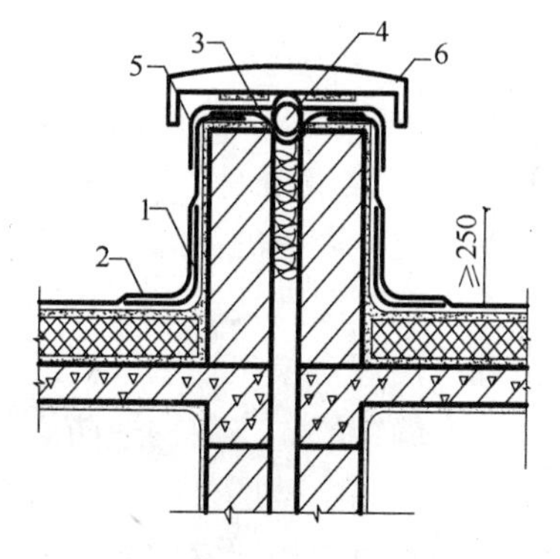

图 10-16　变形缝渗漏维修

1—原附加层；2—原涂膜防水层；3—密封材料；4—新嵌衬垫；5—新铺封盖；6—新铺金属盖板

屋面涂膜防水大面积渗漏或修复效果不好时，应进行全面的翻修或改为卷材防水。

4. 刚性防水

刚性防水屋面局部渗漏的修复宜采用有机材料嵌缝和局部加贴卷材面层或涂膜面层的方法，并应按《房屋渗漏修缮技术规程》JGJ/T 53的相关规定做好分格缝。分格缝处渗漏维修见图10-17；泛水部位渗漏维修见图10-18。

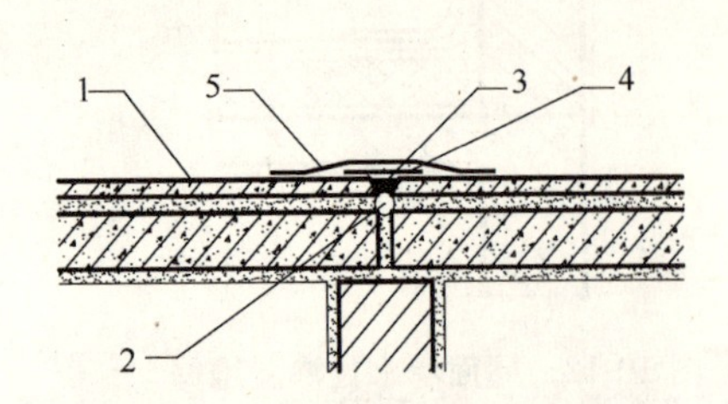

图10-17　分格缝处渗漏维修

1—原刚性防水层；2—新嵌背衬；3—新嵌密封材料；4—隔离层；5—新铺防水层

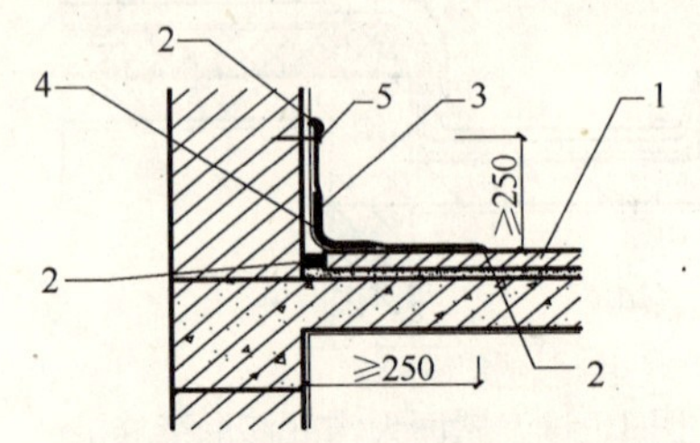

图10-18　泛水部位渗漏维修

1—原刚性防水层；2—新嵌密封材料；3—新铺附加层；4—新铺防水层；5—钉固定金属条

刚性防水屋面渗漏严重或修复效果不好时，可进行全面的翻修或改为卷材防水。

10.5.2　墙面防水

墙体防水可分成结构缝防水、金属墙板防水和混凝土墙板防水等。

1. 墙体结构缝

结构缝附近墙体渗漏应从下列方面寻找渗漏原因和采取治理措施：

(1) 结构缝屋面部分盖板或泛水处理措施；

(2) 穿墙管线；

(3) 屋面与墙面交接部分盖板和嵌缝材料；

(4) 墙面缝隙的盖板和嵌缝材料。

2. 金属板拼装墙面

金属板拼装墙面板的渗漏，应对下列部位进行重点的检查和渗漏的治理：

(1) 板的拼装缝处理措施；

(2) 拼装缝密封材料的老化与损伤情况；

(3) 墙板与结构拉结处板面损伤及密封材料的损伤情况；

(4) 板面柔性防水或涂膜防水层的设置情况等。

3. 混凝土拼装类墙面

混凝土拼装类墙面板的渗漏点的检查和治理应注意下列问题：

(1) 对于出现渗漏点楼层以上各层的板纵横缝进行全面检查，发现问题按相关规范的规定予以治理；治理对象包括墙板接缝处的排水槽、滴水线、挡水台、披水坡等和墙板垂直、水平、十字缝恢复、空腔构造防水等；

(2) 对渗漏点以上楼层外门窗洞口缝隙进行检查并予以治理；

(3) 对渗漏点以上楼层室内防水进行检查，发现问题予以治理；

(4) 对于渗漏点以上各楼层管线渗漏情况进行检查，发现问题予以治理；

(5) 对于渗漏点以上楼层的板面开裂情况进行检查，发现问题予以治理。

对于治理效果不明显预制墙板渗漏问题，可从结构总的刚度和太阳辐射热、温度应力等方面考虑渗漏治理措施。

10.5.3　室内防水与地下防水

1. 室内防水

室内防水渗漏的修复应注重下列问题：

（1）支承防水的结构层或隔墙自身的刚度和体积稳定性；

（2）防水层设置的高度与用水高度的相关关系；

（3）用水房间设备设施的渗漏情况；

（4）穿过防水层管线及其孔洞的处理措施；

（5）室内防水的保护及排水坡度。

2. 地下防水

地下防水渗漏的治理工作应遵守《地下工程防水技术规范》GB 50108 的下列规定：

（1）治理前应查明渗漏水部位和情况，分析渗漏水原因，确定适宜的治理方法；

（2）渗漏治理的施工宜先高后低，先治理顶部、随后治理墙体、最后治理底板；

（3）治理操作前应做好降水和排水工作；

（4）治理工作应做好操作人员防毒工作；

（5）治理工作应做好操作现场的通风、排风工作和防火防爆工作。

具体的治理技术可按《地下工程防水技术规范》GB 50108 和《房屋渗漏修缮技术规程》JGJ/T 53 建议的方法确定。

10.6　其他修复与修缮

其他修复与修缮问题主要包括围护结构和设备设施两方面的问题。

10.6.1　围护结构

围护结构包括建筑的屋面、楼面和墙体、门窗和幕墙等。

1. 屋面

建筑的屋面不仅有防水要求，还有保温隔热的要求。保温层的修复宜与屋面防水层的翻修同时进行，以利于资源的节约。保温层翻修时，应使其性能满足现行规范的要求。

2. 楼面和墙体

楼面和墙体存在的问题主要有裂缝问题、损伤问题、渗漏和变形问题。关于裂缝和损伤问题，前面已经讨论，以下仅介绍变形和渗漏问题。

刚度较小的楼板，可通过增加反梁的方法提高抗弯刚度；挠度过大的楼面板可采取增设吊顶、垫层找平等方法予以处理；挠度过大的楼面梁也可采取施加预应力拉杆的方法予以调整。穿楼板管线孔的构造处理可按《房屋渗漏修缮技术规程》JGJ/T 53 提供的方法确定。

墙体存在的下列特殊问题可按《房屋渗漏修缮技术规程》JGJ/T 53 提供的方法修复：

（1）阳台和雨篷与墙体的连接处渗漏；

（2）外墙门窗洞口渗漏；

（3）砖砌墙体渗漏；

（4）女儿墙外侧墙面渗漏；

（5）新旧建筑物外墙接缝处渗水；

（6）不同材料的交接处渗漏等。

当更换自承重外墙材料时，宜同时使外墙的保温隔热性能达到现行标准的要求。

3. 门窗与幕墙

门窗可按《建筑门窗工程检测技术标准》JGJ/T 205 建议的方法进行修复或更换。玻璃幕墙的修复可按《玻璃幕墙工程技术规范》JGJ 102 的规定执行。

10.6.2 设备设施

设备设施的修复修缮可细分成通风管道系统、采暖管线系统、给水管线系统、排水管线系统等。

对于使用时间较长的既有建筑，其设备设施一般均达到应进行改造的程度。对于建成时间较短的既有建筑，其设备设施出现问题应该随坏随修。对于介于两者之间的既有建筑可采取局部替换或更换的处置措施，或采取局部改造的处理措施。

这里特别要指出的是电器线路的问题，由于既有建筑电器线路老化严重，火灾事故频发，一般情况下应对既有建筑的电器线路进行彻底地改造，以保障用电安全。电器线路及电器设施的改造应执行《民用建筑电气设计规范》JGJ 16[86]的规定，并应满足用户的要求。电器线路系统的修缮与改造工程应具有适当的合理使用年限。

第11章　既有建筑的检测技术

建筑行业已经基本形成了系列的检验测试技术，虽然这些技术主要是针对建筑工程质量或建筑产品质量，但是适当转化，这些技术也可以用于既有建筑。《建筑结构检测技术标准》GB/T 50344—2004 率先实施了这种转化，《建筑门窗工程检测技术规程》JGJ/T 205—2010 和《混凝土结构现场检测技术标准》（报批稿）等标准随之实施了相应的转化工作。

本章以《混凝土结构现场检测技术标准》（报批稿）和《建筑门窗工程检测技术规程》JGJ/T 205 为基础，介绍既有建筑的检测规则，主要介绍如何将工程质量等的检测技术转化为既有建筑性能或功能的检验技术。

11.1　检测技术

既有建筑的检测对象可以是地基基础、主体结构、围护结构、装饰装修、设备设施和附设结构物等。检测的目的是确定功能或性能的实际状况。检测技术可以细分成检查技术、检验技术和测试技术；检测方法可以分成间接法和直接法；检测方式可以分成全数检测、抽样检测等。

11.1.1　技术分类

以下按检查技术、测试技术和检验技术的次序简要介绍检测技术。

1. 检查技术

检查技术是简单且行之有效的检测技术。所谓简单是指检查主要靠肉眼观察和简单工具的量测，无须使用复杂和昂贵的仪器设备。既有建筑的管理者可以通过检查发现房屋存在问题，专业的检测鉴定机构也需要开展检查工作。检查工作的效果显然与检查人员的经验与能力有关。既有建筑的管理者能够通过检查发现问题，对不明确的问题可以委托专业检测机构予以解决。专业检测机构可以通过检查判定房屋的安全性、适用性和耐久性。

2. 测试技术

测试技术也可称为测定技术，是确定材料、产品或构件等性能指标或状况的技术。如混凝土缺陷的测试、结构动力性能的测试、结构变形的监测等。

3. 检验技术

检验技术是测试和验证两步工作的结合，包含了对材料、产品或构件等状况或性能指标的测定以及与规定的状况和性能进行比较，多少带有评价的意味。

例如，对混凝土强度的检验就带有评定的意味。建筑工程质量的检测多数都带有合格评定的意味，可称为检验工作，既有建筑的检测工作一般不带有合格评定的意味，一般都是测试工作。但也有例外的情况，如《混凝土结构现场检测技术标准》（报批稿）中的实荷加载可称为检验技术，检验构件的受力性能。

11.1.2 检测方法

既有建筑的检测方法可分成间接法和直接法，也有介于两者之间的半直接法。

1. 间接法

通过相关性换算得到材料、产品某项物理或化学参数的方法称为间接法。例如回弹检测混凝土强度，所测试的是混凝土表面布氏硬度的相对值，通过混凝土硬度与立方体抗压强度的相关性换算得到混凝土的立方体抗压强度值。因此，回弹测试混凝土强度是一种间接法。但是当用回弹法确定材料表面的硬度时，该方法则属于直接法。

间接法的优势在于测试工作易于进行，劣势在于存在系统不确定性，或称之为系统偏差。对于回弹法检测材料强度来说，不同种类材料的表面硬度与强度之间换算关系是不同的，例如钢材、混凝土等。单就混凝土来说，不同品种混凝土的表面硬度与立方体抗压强度相关关系也存在差异。将同一测强曲线用于某些特殊混凝土，必然会存在偏差。国际上认为这种偏差是不易确定的且是系统性的，因此称为系统不确定性问题。

对于工程质量的检测来说，存在系统不确定性问题肯定会使某一当事方蒙受损失，因此必要时应该对间接法的测试结果进行校准或修正。在既有建筑的检测中，在条件许可时也要对间接法的测试结果进行校准或修正，以规避检测鉴定机构的风险。

所有的间接法必然会存在系统的不确定性问题，对间接法测试结果系统不确定性的校准和修正将是本章所要重点讨论的问题之一。

2. 直接法

直接测试所需的化学或物理参数的方法称为直接法。例如，钻芯法检测混凝土抗压强度和静压桩测试桩基承载力等方法。这里所要说明的是，钻芯检测混凝土抗压强度的技术原型是工程质量检验常用的立方体试块抗压强度的检验技术。从结构中截取标准尺寸的混凝土立方体试件难度较大，钻取芯样的工作相对简单，而且其测试的都是混凝土抗压强度。因此钻芯法是从立方体抗压强度检验转化而来，适用于既有结构混凝土强度的直接测试。

直接法的优势在于系统不确定性小，劣势在于往往不具备相应的条件。例如对既有建筑桩基承载力的直接检测就很难实施。

为了解决这个问题，《钻芯法检测混凝土强度技术规程》CECS 03：2007 建议采用间接法与直接法相结合的方法，当采用直接法时，允许利用先验经验解决统计不确定性问题。所谓统计不确定性问题是指因样本容量偏少而引发的测试结果不确定。所谓先验经验，对于既有建筑基桩承载力的测定来说，建筑施工阶段的压桩检验资料则成为重要的先验经验。利用先验经验的理论基础为贝叶斯统计理论。

3. 半直接法

先测试材料、产品类似的物理或化学参数，再通过相关性换算得到所需参数的方法可以称为半直接的测试方法。例如后装拔出检测混凝土抗压强度的方法。

后装拔出法测定的是拔出力与混凝土抗拉强度的关系，而混凝土立方体抗压强度与抗拉强度有一定的相关性，由于两者均为强度，因此可以称之为混凝土抗压强度的半直接测试方法。半直接法也会存在系统的和操作的不确定性问题，但是其系统不确定性可能会略小于间接法。

11.1.3　检测方式

检测方式可分成全数检测、抽样检测和协商抽样检测。抽样检测又可分成计量抽样检测和计数抽样检测。抽样检测方式必然会存在统计不确定性问题。

1. 全数检测

既有建筑的检查工作一般建议采取全数检查的方式。由于是对母体中全部个体的检测，不存在样本不完备而导致的不确定性问题。这里的母体不同于设计规范所指的母体。设计规范面对的母体是全国所有建设工程的集合，而工程质量检测和建筑性能检测所对应的母体是一栋建筑全部同类个体的集合。显然前者的不确定性要远远大于后者。

虽然既有建筑母体中个体的数量相对较少，但是对所有检测项目均实施全数检测也是不现实的，通常只能实施全数的外观检查，特别是对缺乏设计、施工或竣工资料的既有建筑，全数外观检查的工作必不可少。

2. 计量抽样方式

以抽样样本的检测数据计算母体均值或特征值的推定值，并以此判断或评估母体质量或性能时所采用的抽样方式称为计量抽样方式。例如抽样测定一个批次构件混凝土的强度，此时同批次构件的集合是母体，抽选构件的测区是个体，所有测区的集合可称为样本。

抽样检测显然使测试的数量减少，但是会带来统计不确定性问题，也就是样本的统计参数与母体的实际指标存在偏差，这种偏差可能会造成错判，低估了母体的实际性能，给用户造成不必要的经济损失，也可能造成漏判，高估了母体的实际状况，给检测鉴定机构带来相应的风险。统计不确定性问题显然是建筑检测中所要重点解决的问题之一。

3. 计数抽样方式

以样本不合格点数为基准对母体进行合格评定的抽样方式称为计数抽样方式。在建筑工程施工质量验收中经常采用这种方法。例如对进场的构配件进行检查验收。

由于对既有建筑的检测一般不需要进行合格评定，从这一角度出发，似乎没有必要引入计数抽样的规则。但是计数抽样确实又是既有建筑检测中经常使用的方式。例如对设计资料缺失的既有建筑，对构件尺寸和配筋情况测试，全数测试的可能性较小，只有采用计数抽样方式进行检测。

计数抽样检测也存在不确定性问题，同样也会存在错判和漏判问题。

恰当地解决计数抽样的统计不确定性问题涉及用户的利益和检测鉴定机构的合法权益。本章将在构件计数抽样一节分析既有建筑检测如何使用技术抽样的方式。

11.2　统计不确定性的表示与控制

检验的不确定性可以分成统计不确定性和测试不确定性两类，本节以下仅讨论计量抽样的统计不确定性问题。统计不确定性问题确实是难于准确确定，而测量不确定性有时是可以调整或修正的。

11.2.1 统计不确定性问题来源

所谓统计不确定性问题是指，采取抽样检测方式时由于样本的不完备导致的测试结果不准确。计量抽样方式用样本的统计参数反映母体的实际统计特征，由于样本只包含了母体中的部分个体，样本的统计参数与母体的肯定会存在偏差，这种偏差是无法准确确定的，因此称之为统计不确定性[87]。

1. 样本统计参数的随机性

混凝土强度、砌筑砂浆强度和黏土砖强度等的检测为计量检测。在结构检测中，用少量检测数据推定结构混凝土强度的标准值 $f_{cu,k}$、砌筑砂浆强度的均值 $f_{2,m}$ 或砌筑块材强度的均值 $f_{1,m}$ 等都属于计量抽样检测。

以母体统计特征按正态分布 N（μ，σ^2）为例，通常的抽样测试都是以样本的算术平均值 m 作为母体均值 μ 的估计值，以样本的标准差 s 作为母体标准差 σ 的估计值。例如，材料强度均值 μ 的推定值 $\mu_e=m$；母体具有 95%保证率的特征值为 $x_k=\mu-1.645\sigma$，其推定值的计算为 $x_{k,e}=m-1.645s$。

由于存在着统计不确定性问题，按照这种方法得不到被推定参数的准确数值。也就是说所有的计量抽样检测都存在 $\mu\neq$m，$\sigma\neq$s 和 $x_k\neq m-1.645s$ 的问题。

按照统计学的基本原理[88]，样本的统计参数是随机变量，具有随机性和无偏性。

样本统计参数的随机性是指：虽然一次性的检验或测试可以得到样本统计参数的一个确定值，如样本算术平均值 m 的一个确定值 m_1，但当进行多次同样方式的随机抽样检验时，每次得到的样本算数平均值都是不同的，即 $m_1\neq m_2\neq m_3$。原因是样本中的个体存在差异，这就是样本统计参数具有随机性的根源。

以下对一个正态分布的母体 N_1（35，3.34^2）进行随机抽样来说明这个问题。该母体的个体共有 10000 个，母体的均值 $\mu_=$35，标准差 $\sigma=3.34$，具有 95%保证率的特征值 x_k = 29.5。在计算机上对该母体进行随机抽样，样本的容量分别为 $n=6$、10、25、50、100 等，对每种容量的样本反复抽样 1000 次，将得到 m 和 s 值列入表 11-1 中。

样本统计参数的特性 **表 11-1**

样本容量 n		6	10	25	50	100
样本均值情况	1000 个 m 值中的最大值 m_{max}	39.3	38.7	37.8	36.4	36.0
	1000 个 m 值中的最小值 m_{min}	30.2	31.2	33.2	33.7	33.8
	1000 个 m 值中的平均值 m_m	35.1	35.0	35.0	35.0	35.0
样本的标准差	1000 个 s 值中的最大值 s_{max}	6.83	5.20	4.71	4.36	4.20
	1000 个 s 值中的最小值 s_{min}	1.03	1.14	2.16	2.31	2.63
	1000 个 s 值中平均值 m_s	3.23	3.29	3.34	3.26	3.34
$x_{k,e}$	1000 个 $x_{k,e}$ 中的最大值 $x_{k,max}$	36.2	33.6	31.8	31.6	31.0
	1000 个 $x_{k,e}$ 中的最小值 $x_{k,min}$	24.0	23.7	26.5	26.2	27.5
	1000 个 $x_{k,e}$ 的平均值 $x_{k,m}$	29.8	29.6	29.6	29.5	29.5

以样本容量为 50 的抽样情况为例说明样本算术平均值 m 的随机性问题：1000 次抽样的样本算术平均值的最大值为 36.4，最小值为 33.7；1000 个样本算术平均值的平均值为

35.0，与母体的均值相等。在1000个算术平均值中，落在34.5～35.5之间的次数为433次，见图11-1，样本算术平均值等于35.0的次数约为90次，不到抽样总次数的10%。

以下对容量为50样本的标准差s的情况予以说明。从表11-1中可以看到，1000次抽样的样本标准差s的最大值为4.36，最小值为2.31；1000个标准差的算术平均值3.26，与母体的标准差还是略有差异。在1000个样本标准差中，落在3.20～3.50之间的次数为321次，见图11-2，样本标准差等于3.34的次数只有7次。

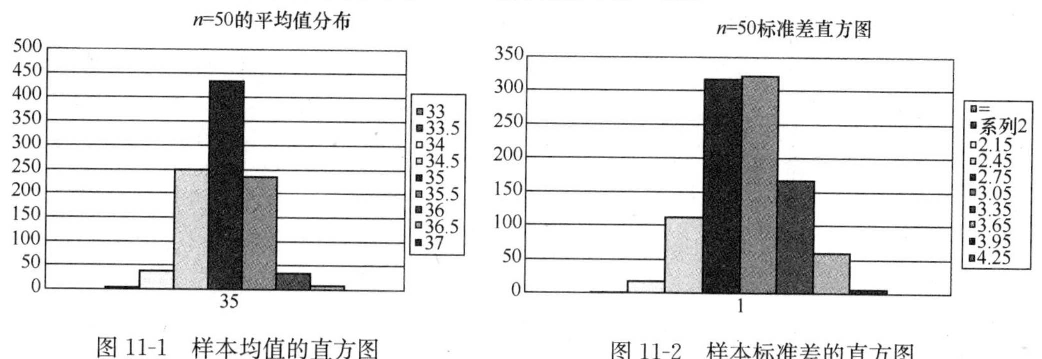

图11-1　样本均值的直方图　　　　图11-2　样本标准差的直方图

由于样本平均值m和样本标准差s具有随机性，$x_{k,e}=m-1.645s$也必然具有随机性。从表11-1中可以看到，当样本容量为50时，1000次抽样得到的$x_{k,e}$的最大值为31.6，最小值为26.2；1000个$x_{k,e}$的算术平均值为29.5，与母体的特征值相等。1000个推定值中，落在29.25～29.75之间的次数为240次，见图11-3推定值等于29.5的次数为4次。

以上的抽样验证了经典的统计学定理：样本的统计参数是随机变量，具有随机性，也证明了靠一次性的抽样检测不易得到母体统计参数的准确值。

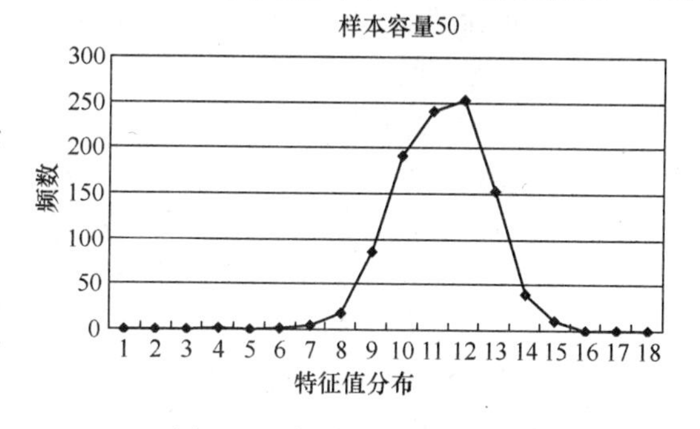

图11-3　推定特征值的分布

2. 样本统计参数的无偏性

虽然大多数样本统计参数与母体相应数值存在着差异，但是也存在着样本统计参数有规律地落在母体相应数值附近的情况，且足够多的样本统计参数的算术平均值与母体相应数值基本相等。这种现象就是统计学中所说的：随机变量的规律可以用概率密度函数描述，样本统计参数对于被估计的参数具有无偏性。

根据经典的统计学原理，对于以x为随机变量的正态母体$N(\mu,\sigma^2)$来说，当σ为已知时，样本算数平均值m是随机变量，其统计分布可以用正态分布$N(\mu,\sigma^2/n)$描述，其中n为样本的容量。也就是说，这两个正态分布的均值是相等的，随机变量m构成的正态分布的方差σ_0，要小于母体的方差σ，母体的随机变量的个体为x，样本统计参数的随机变量的个体为n个x的算术平均值，这就是样本随机变量的随机性要小于母体随机变量的随机性的根源。两个随机变量的比较见图11-4所示。

由以上情况来看，样本的容量大则其概率密度函数相应集中，这种规律在表11-1的数据中也可以得到体现。这一规律所体现的是样本统计参数的随机性随样本容量的增大而

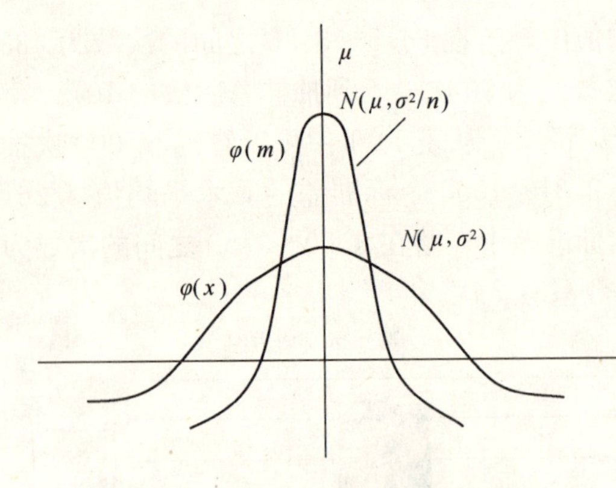

图 11-4 概率密度分布形状比较

有规律地减小，这也是进行统计不确定性控制的理论基础。

经典的统计学原理表明，对于以 x 为随机变量的正态母体 $N(\mu,\ \sigma^2)$来说，当 σ 为未知时，随机变量 m 的分布符合 $t(n)$分布的规律，其中 n 也是样本的容量。$t(50)$直方图的形状可见图 11-1，t 分布概率函数的形状与 $N(\mu,\ \sigma^2/n)$的形状相近，对称于母体的均值，$t(n)$分布的均值与母体的均值 μ 相等。

对于以 x 为随机变量的正态母体 $N(\mu,\ \sigma^2)$来说，当 σ 为未知时，随机变量 s 的统计分布符合 x 分布的规律，样本容量 $n=50$ 的 x 分布直方图的形状可见图 11-2，x 分布的数学期望为正态母体的标准差 σ。

根据以上情况，对于正态母体 N（μ，σ^2）来说，当 σ 为未知时，由 1.645 倍的样本标准差 s 和样本算术平均 m 构成的 $x_{k,e}$也是随机变量，也符合某种统计分布的规律，有些统计学的教科书将其称为偏态的 t 分布。样本容量为 50 的这种分布的直方图见图 11-3，这种分布的数学期望为母体具有 95%保证率的特征值 x_k。

11.2.2 统计不确定性的表示

有关国际标准建议[89,90]对测量不确定性应予以表示。本小节介绍标准差已知和标准差未知两种情况下统计不确定性的表示方法。

1. 标准差已知的置信区间

母体标准差已知时的统计不确定性问题相对比较简单，容易对其理解，在标准差已知的检测推定中又分成对母体均值的推定和对母体特征值的推定。此处，先介绍最为简单的对母体均值推定结果的不确定性表示方法。

按照统计学的基本的原理，当随机变量的分布和概率密度函数为已知时，随机变量的置信区间及其置信度可以通过式（11-1）的积分求出：

$$P(a \leqslant x \leqslant b) = \int_a^b \phi(x)\mathrm{d}x \tag{11-1}$$

式中 P——随机变量 x 落在区间［a，b］内的概率，称为该区间的置信度；

$\phi(x)$——随机变量 x 的概率密度函数；

a——随机变量 x 的取值下限或置信区间的下限；

b——随机变量 x 的取值上限或置信区间的上限。

随机变量 x 的置信区间及其置信度的概念为：随机变量 x 落在区间内的概率，当该概率 P 为 0.9 时，认为该区间的置信度为 0.9；也就是随机选取 100 个 x，落在置信区间之内的 x 约为 90 次。

统计理论的上述定理当然适用于由样本统计参数构成的随机变量 m。当母体标准差 σ 已知时，随机变量 m 的分布符合正态分布 N（μ，σ^2/n）的规律。随机变量 m 具有 0.9 置信度的一个最为常用的置信区间为 $\mu \pm 1.645\sigma_0$。将 ${\sigma_0}^2=\sigma^2/n$ 带入置信区间的上下限值中，特别是当 $n=3$ 时，随机变量 m 的这个具有 0.9 置信度的区间为 $\mu \pm 0.95\sigma$，见图 11-5。

经典统计学的置信区间只表明随机变量 m 落在该区间的概率，并没有对被估计参数的统计不确定性问题作出表示。经典的统计学虽然有置信区间及其置信度的理论，但是一次性的抽样检测是得不到随机变量置信区间的，原因是置信区间的原点 μ 是未知的。只有将置信区间的概念转换成推定区间后才能对被估计参数的统计不确定性予以表示。

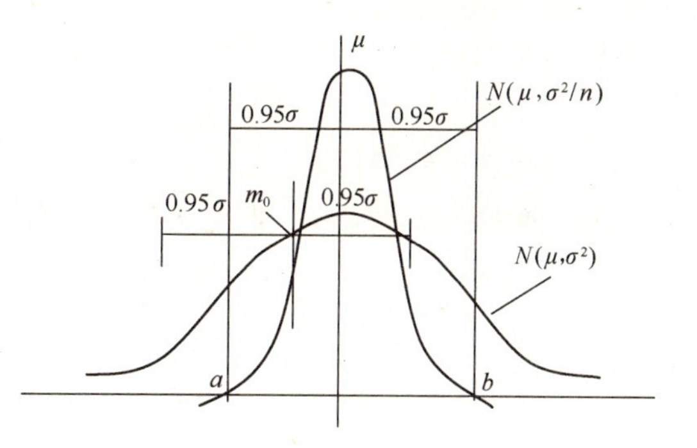

图 11-5　置信区间与推定区间

2. 推定区间

以下介绍《建筑结构检测技术标准》GB/T 50344—2004 关于推定区间的概念。只要一次性检验得到的随机变量 m 的具体数值 m_0 落在置信区间之内，则以 m_0 为原点，可构成一个推定区间，$m_0 \pm 0.95\sigma$，该区间必然包括被估计参数 μ，见图 11-5。当样本的容量为 3 时，置信区间 $\mu \pm 0.95\sigma$ 的置信度为 0.9，推定区间 $m_0 \pm 0.95\sigma$ 的置信度也是 0.9。推定区间置信度的概念为，推定区间包括被推定值 μ 的概率为 0.9，推定区间不包括 μ 值的概率为 0.1；其中 μ 大于推定区间上限值 $m_0+0.95\sigma$ 的概率为 0.05，μ 小于推定区间下限值 $m_0-0.95\sigma$ 的概率为 0.05，0.05 对应于 0.9 来说是小概率事件。

通过以上的介绍可以看到，将置信区间转换成推定区间，实现了对被估计参数的统计不确定性表示。

实际上，《混凝土强度检验评定标准》GBJ 107—87[56]（现已修订为 GB/T 50017—2010）已使用了推定区间上限值作为混凝土强度合格评定的限值之一，虽然当时并未明确表示统计不确定性的要求。《混凝土强度检验评定标准》GBJ 107—87 的统计法是在母体标准差 σ 已知情况下，利用少量试件的混凝土抗压强度平均值 $f_{cu,m}$ 推定检验批混凝土抗压强度具有 95%保证率特征值 $f_{cu,k}$ 的方法。

按照正态分布的规则，母体具有 95%保证率的特征值 $f_{cu,k}$ 可由式（11-2）的要求评定该批混凝土满足要求：

$$f_{cu,k}=\mu_{cu}-1.645\sigma \tag{11-2}$$

式中　μ_{cu}——母体混凝土抗压强度的均值。

当母体标准差已知时，式（11-2）中只有 μ_{cu} 是未知的。这里应该说明的是，《混凝土强度检验评定标准》GBJ 107—87 规定，被评定批次混凝土抗压强度分布的标准差 σ，可以从质量稳定的其他批次同品种混凝土的检验数据中确定。这种方法运用了贝叶斯统计的思想。

在检验批混凝土强度评定中，《混凝土强度检验评定标准》GBJ 107—87 规定，以连续 3 组试件的检验数据算术平均值 $f_{cu,m}$ 为基础进行评定。根据以上的讨论，当样本的容量 $n=3$ 时，μ_{cu} 的推定区间为 $f_{cu,m} \pm 0.95\sigma$。将推定区间的上限值带入式（11-2），得到 $f_{cu,k}= f_{cu,m}-0.695\sigma$。《混凝土强度检验评定标准》GBJ 107—87 以式（11-3）作为检验批混凝土立方体抗压强度的合格评定之一，这种合格评定模式在新修订的《混凝土强度检验评定标准》GB/T 50107—2010[56]中继续得到延用。

$$f_{\mathrm{cu,m}} \geqslant f_{\mathrm{cu,k}} + 0.7\sigma \tag{11-3}$$

3. 标准差未知的情况

当母体标准差未知时，推定区间的基本原理与标准差已知情况完全一致，只是介绍原理的过程要相对复杂一些。因此，以下只介绍基本的概念和最终的表示方法。

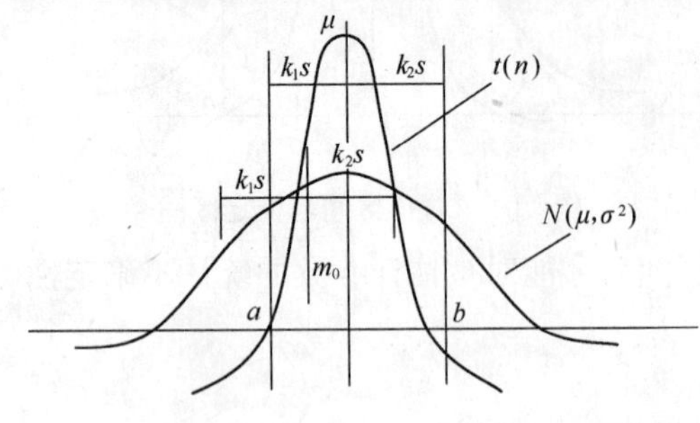

图 11-6 标准差未知的置信区间和推定区间

当母体标准差未知时，样本的算术平均值 m 是随机变量，其分布可用 t（n）表示，其中 n 为样本容量。随机变量 m 同样有置信区间，其中一个具有 0.9 置信度的区间可表示为［$\mu-k_1s$，$\mu+k_2s$］，见图 11-6。对于一次性检验，置信区间的概念也可转化为母体均值 μ 的推定区间［m_0-k_1s，m_0+k_2s］，该区间包括被估计值 μ 的置信度，与置信区间的置信度相同。

当母体的标准差未知时，$m-1.645s$ 是随机变量，按照上述原理，可以得到 x_k 具有不同置信度的推定区间［m_0-k_1s，m_0+k_2s］。x_k 的推定区间虽然与 μ 的推定区间在形式上相同，但系数 k_1 和 k_2 的取值却是不同的。μ 和 x_k 推定区间的系数取值见表 11-2。

计量抽样标准差未知时推定区间上限值与下限值系数　　表 11-2

样本容量 n	标准差未知时推定区间上限值与下限值系数					
	0.5 分位值		0.05 分位值			
	k (0.05)	k (0.1)	k_1 (0.05)	k_2 (0.05)	k_1 (0.1)	k_2 (0.1)
5	0.953	0.686	0.818	4.203	0.982	3.400
6	0.823	0.603	0.875	3.708	1.028	3.092
7	0.734	0.544	0.920	3.399	1.065	2.894
8	0.670	0.500	0.958	3.187	1.096	2.754
9	0.620	0.466	0.990	3.031	1.122	2.650
10	0.580	0.437	1.017	2.911	1.144	2.568
11	0.546	0.414	1.041	2.815	1.163	2.503
12	0.518	0.394	1.062	2.736	1.180	2.448
13	0.494	0.377	1.081	2.671	1.196	2.402
14	0.473	0.361	1.098	2.614	1.210	2.363
15	0.455	0.347	1.114	2.566	1.222	2.329
16	0.438	0.335	1.128	2.524	1.233	2.299
17	0.423	0.324	1.141	2.486	1.244	2.272
18	0.410	0.314	1.153	2.453	1.254	2.249
19	0.398	0.305	1.164	2.423	1.263	2.227
20	0.387	0.297	1.175	2.396	1.271	2.208

续表

样本容量 n	标准差未知时推定区间上限值与下限值系数					
	0.5 分位值		0.05 分位值			
	k (0.05)	k (0.1)	k_1 (0.05)	k_2 (0.05)	k_1 (0.1)	k_2 (0.1)
21	0.376	0.289	1.184	2.371	1.279	2.190
22	0.367	0.282	1.193	2.349	1.286	2.174
23	0.358	0.276	1.202	2.328	1.293	2.159
24	0.350	0.269	1.210	2.309	1.300	2.145
25	0.342	0.264	1.217	2.292	1.306	2.132
26	0.335	0.258	1.225	2.275	1.311	2.120
27	0.328	0.253	1.231	2.260	1.317	2.109
28	0.322	0.248	1.238	2.246	1.322	2.099
29	0.316	0.244	1.244	2.232	1.327	2.089
30	0.310	0.239	1.250	2.220	1.332	2.080
31	0.305	0.235	1.255	2.208	1.336	2.071
32	0.300	0.231	1.261	2.197	1.341	2.063
33	0.295	0.228	1.266	2.186	1.345	2.055
34	0.290	0.224	1.271	2.176	1.349	2.048
35	0.286	0.221	1.276	2.167	1.352	2.040
36	0.282	0.218	1.280	2.158	1.356	2.034
37	0.278	0.215	1.284	2.149	1.360	2.028
38	0.274	0.212	1.289	2.141	1.363	2.022
39	0.270	0.209	1.293	2.133	1.366	2.016
40	0.266	0.206	1.297	2.125	1.369	2.010
41	0.263	0.204	1.300	2.118	1.372	2.005
42	0.260	0.201	1.304	2.111	1.375	2.000
43	0.257	0.199	1.308	2.105	1.378	1.995
44	0.253	0.196	1.311	2.098	1.381	1.990
45	0.250	0.194	1.314	2.092	1.383	1.986
46	0.248	0.192	1.317	2.086	1.386	1.981
47	0.245	0.190	1.321	2.081	1.389	1.977
48	0.242	0.188	1.324	2.075	1.391	1.973
49	0.240	0.186	1.327	2.070	1.393	1.969
50	0.237	0.184	1.329	2.065	1.396	1.965
60	0.216	0.167	1.354	2.022	1.415	1.933
70	0.199	0.155	1.373	1.990	1.431	1.909
80	0.186	0.144	1.390	1.964	1.444	1.890
90	0.175	0.136	1.403	1.944	1.454	1.874
100	0.166	0.129	1.414	1.927	1.463	1.861
110	0.158	0.123	1.424	1.912	1.471	1.850
120	0.151	0.118	1.433	1.900	1.478	1.841

以下举例说明表 11-2 的使用方法。

当样本容量 $n=6$，推定区间的置信度为 0.9，被推定值小于推定区间下限的概率为 0.05，而被推定值大于推定区间上限值的概率为 0.05 时，$\mu_e=m\pm0.823s$；μ_e为被推定值 μ 的估计值，m 和 s 分别为样本的算术平均值和标准差。在同样条件下，母体特征值 x_k 的推定区间上限值和下限值分别为 $x_{k,e1}=m-0.875s$，$x_{k,e2}=m-3.708s$。此例说明推定区间的形式相同但是系数明显不同。

当样本容量 $n=6$，推定区间的置信度为 0.85，被推定值小于推定区间下限的概率为 0.10，而被推定值大于推定区间上限值的概率为 0.05 时，推定区间的上限值 $\mu_{e,1}=m+0.823s$，与上例完全相等；而推定区间的下限值 $\mu_{e,2}=m-0.603s$，系数的绝对值小于上例。在同样的条件下，母体特征值 x_k 的推定区间上限值 $x_{k,e1}=m-0.875s$，与上例完全相等；而推定区间的下限值 $x_{k,e2}=m-3.092s$，系数的绝对值小于上例。由此说明推定区间的置信度可以不同。

11.2.3 推定区间的控制

由上述两个例子可以看到，如果取推定区间的上限值作为合格评定的控制值时，条件过于宽松，取推定区间的下限值作为合格评定时，条件过于苛刻。例如，对于 C30 混凝土来说，当检验得到的样本平均值 $f_{cu,m}=35$MPa，$s=5.0$MPa，当 $n=6$ 时推定区间上限值为 30.6MPa，推定区间下限值 19.5MPa，两者相差 10MPa 之多，差值的幅度达到被推定值 $f_{cu,k}$的 1/3。这样的推定会带来较多的问题。

因此《建筑结构检测技术标准》GB/T 50344—2004 等提出了对推定区间进行控制的要求：推定区间的上下限差值不能大于材料强度等级和 0.1 倍测试得到的样本算术平均值 m 两者中的较大值。其中前者的控制对象为强度等级较低的材料，后者控制强度等级较高的材料。这种控制要求实际上要求检测机构规范检测操作，适当增加样本容量。

以下分别介绍混凝土抗压和抗拉强度推定区间的控制方法。

1. 混凝土抗压强度

混凝土结构现场检测一般要确定检验批混凝土立方体抗压强度的具有 95%保证率特征值 $f_{cu,k}$的推定值 $f_{cu,e}$。结构混凝土一般不具备标准养护的条件，检测时的龄期又不一定正好是 28d，现场抽样检测只能提供龄期相当于 150mm 立方体试件抗压强度具有 95%保证率特征值的推定值。

工程质量检测提供的 $f_{cu,e}$，评定时可将 $f_{cu,e}$与 $f_{cu,k}$进行比较，判定混凝土主要力学性能指标是否满足设计的要求。结构功能性评定时，评定机构可依据 $f_{cu,e}$确定构件性能评定时混凝土材料强度参数的取值。

现场检测混凝土抗压强度可以采用间接法中的回弹法、超声-回弹综合法或后装拔出法，也可采用直接测定抗压强度的钻芯法。下面以回弹法或超声-回弹综合法为例，介绍抗压强度统计不确定性的表示和控制方法。在介绍时不考虑间接法的系统不确定性，也就是认为系统误差已采取措施修正。

一般认为，回弹法或超声-回弹综合法用于现场混凝土抗压强度检测时，检验批样本强度的标准差与母体标准差接近，一般为 3～5MPa。一般来说，混凝土抗压强度标准差 σ 与立方体抗压强度均值 μ 的比值不大于 0.1。

设 Δ 为推定区间上、下限值的差值，$\Delta = k_2 s - k_1 s$。据相关规范的控制要求，Δ 应该小于 5MPa 或 $0.1 f_{cu,m}$ 两者中的较大值。为保证这个要求能够实现，检验批的样本容量 n 为 30～40 之间比较合适。此处所说的样本容量为回弹法、超声-回弹综合法的测区总数，不是构件总数。按 $0.1 f_{cu,m}$ 作为控制指标时，Δ 的控制情况见表 11-3。

样本容量与 Δ 的控制情况之一（MPa）　　**表 11-3**

$f_{cu,m}$	20	25	30	35	40	45	50	60	70	80
$0.1 f_{cu,m}$	2.0	2.5	3.0	3.5	4.0	4.5	5.0	6.0	7.0	8.0
Δ（$n=30$）	1.9	2.4	2.9	3.4	3.9	4.4	4.9	5.8	6.8	7.8
Δ（$n=40$）	1.7	2.1	2.5	2.9	3.3	3.7	4.2	5.0	5.8	6.6

注：Δ 按 $0.1 f_{cu,m}$ 控制，对于高强度混凝土比较合适，对于低强度混凝土控制难度较大。

以 5MPa 作为控制指标时，Δ 的控制情况见表 11-4。

样本容量与 Δ 的控制情况之二（MPa）　　**表 11-4**

$f_{cu,m}$	20	25	30	35	40	45	50			
强度等级差	5.0	5.0	5.0	5.0	5.0	5.0	5.0			
Δ（$n=30$）	4.75									
Δ（$n=40$）	4.14									

注：按 5.0MPa 考虑，对于高强度混凝土来说，控制难度较大。

从以上情况来看，只要保证测区数量控制在 30～40 之间，就可以满足对推定区间的控制要求。对于某些情况，可以用推定区间的上限值作为合格判定的依据之一。

2. 混凝土抗拉强度

回弹法和超声-回弹综合法是间接法，可以取得相对较多的测试数据代表值，或者说样本的容量可以较大。直接法一般无法取得这样多的数据。样本容量少，对推定区间的控制难度就较大。按检测工作的一般经验，取样本的最小值作为特征值的推定上限，以下用混凝土抗拉强度检验来说明这个问题。

长期以来混凝土构件承载力的计算模型都是使用混凝土抗压强度。《混凝土结构设计规范》GB 50010—2010 在构件抗剪承载力计算模型中使用混凝土抗拉强度，而抗拉强度是从立方体抗压强度换算得到的。由于不同品种混凝土的抗拉强度与抗压强度的换算关系有较大差异，在对构件实际性能评定时有时需要确定结构混凝土的实际抗拉强度。

《混凝土结构现场检测技术标准》（报批稿）提出了结构混凝土抗拉强度的检测方法，即劈裂、抗折、后装拔出法等，以下仅介绍劈裂的方法。

《混凝土结构现场检测技术标准》（报批稿）提出的劈裂测试方法源自《普通混凝土力学性能试验方法标准》GB/T 50081[91] 规定的圆柱形试件劈裂试验方法，取样步骤如下：

（1）从混凝土构件上钻取公称直径 d 不小于 100mm 且大于骨料最大粒径 4 倍的芯样，芯样的长度大于公称直径的 2 倍；

（2）将芯样端面进行处理，使芯样的长度 l 满足 $2d \pm 0.05d$ 的要求；

（3）在芯样上选择两条承压线，这两条承压线应与芯样端面垂直，如图 11-7 所示；

（4）对承压线表面进行加工，形成承压线平面度公差不超过 $0.0005l$ 的劈裂试件；

（5）按照《普通混凝土力学性能试验方法标准》GB/T 50081 规定的方法，如图 11-8 所示，进行劈裂试验，确定芯样试件的破坏荷载 F；

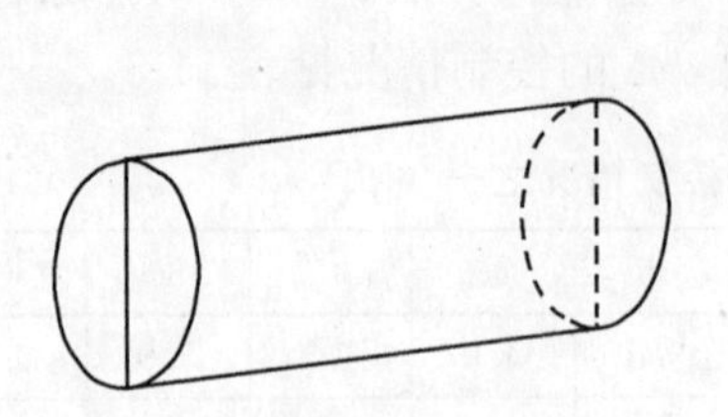

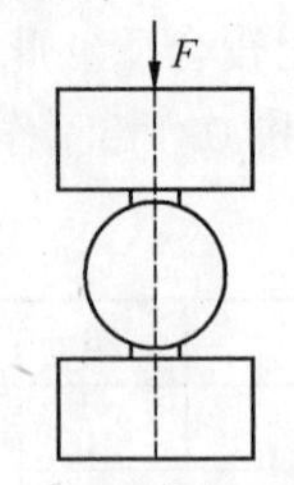

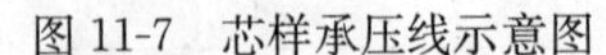

图 11-7　芯样承压线示意图　　　图 11-8　劈裂加载示意图

（6）按照式（11-4）计算单个芯样试件的抗拉强度 $f_{ct,cor,i}$：

$$f_{ct,cor,i}=0.637F/A \tag{11-4}$$

式中　F——芯样试件破坏荷载（N）；

A——芯样试件劈裂面积，$A=d\times l$（mm^2）。

以上方法确定的混凝土抗拉强度与《普通混凝土力学性能试验方法标准》GB/T 50081 规定试验方法基本相同，主要差异在于龄期与养护条件。

《混凝土结构现场检测技术标准》（报批稿）规定，当受检范围较小时，可按下列规则确定结构混凝土在检测龄期抗拉强度特征值的推定值 $f_{ct,e}$：

（1）取样总数不少于 6 个；

（2）在每个构件上的取样数量为 1～2 个；

（3）按前述方法测定芯样试件的抗拉强度 $f_{ct,cor,i}$；

（4）取 $f_{ct,cor,min}$ 作为特征值的推定值 $f_{ct,e}$。

该标准认为取 6～10 个测试数据的最小值作为特征值的推定值是混凝土强度检测评定中经常使用的方法，该值的错判概率一般大于 5%。仅提供抗拉强度的算术平均值，评定机构一般不知道如何使用，因此要提供特征值的推定值。

但是检测单位不可用抗拉强度的特征值与抗压强度的特征值进行比较，并以此作为混凝土强度等级评定的依据。

11.3　测试结果的不确定性

测试结果的不确定性至少可以分成系统不确定性和操作不确定性两类。

11.3.1　系统不确定性

此处所称的系统不确定性专指间接测试方法存在的不确定。产生这种不确定性的根源是间接法所测试的物理或化学指标与需要确定的指标不同，需要依据两者之间的相关性由测试指标换算成需要确定的指标。换算关系的不确定性造就了这种系统不确定性。

1. 线性校准方法

国际上对测量结果不确定度的表示比较重视。而中国的情况是要求对系统不确定性进行修正或验证。在建筑工程质量检测方面这个问题更为敏感，不修正的情况较少。

近年来国家有关部门也开始重视这种不确定性问题的校准或修正，2010 年，国家标准《实验室质量控制-非标准测试方法的有效性评价》[92]颁布实施。该标准中所称的非标准测试方法多数都是间接测试方法，而其采取的评价方法基本上等同采用了 ASTM 相关标准的方法。ASTM 相关标准的方法是线性相关关系的线性校准方法[93,94]，而间接法与直接法之间的关系绝大多是非线性的，照搬 ASTM 的方法解决不了间接测试方法的校准或验证问题。当然也不能完全否定建筑行业里一些测试方法之间具有的线性相关性。

2. 非线性关系的建立

在讨论非线性关系的修正之前，先以回弹法非线性测强曲线的建立为例，介绍建立非线性关系的一种简单方法，也就是建立 f_{cu} 与 R 之间非线性关系的方法。以下用 $f_{cu,i}$ 表明单个试件抗压强度的实测值，用 $R_{m,i}$ 表示试件回弹测试平均值，$f^c_{cu,i}$ 表示用 $R_{m,i}$ 换算得到的混凝土立方体抗压强度。采用最小二乘法的线性回归方法就可建立线性关系 $f_{cu}=AR+C$，其中 A 和 C 均为系数。

利用线形回归的方法也可以建立测试参数与待定参数之间的非线性关系。简单的作法是迭代的方法，其具体步骤如下：

（1）假定 $f_{cu}=aR^b+c$，其中 a、b 和 c 均为待定参数，当然 f_{cu} 与 R 之间也可以有其他形式的非线性关系；

（2）令 $b_1=1$，进行第一次最小二乘法的线性回归计算，得到 $f_{cu,1}=a_1R^{b,1}+c_1$；

（3）计算全部 $f_{cu,i}$ 与 $f^c_{cu,1,i}$ 的比值，此处用 $\zeta_{i,1}$ 一个代表值的比值，计算 $m_{\zeta,1}$ 和 $s_{\zeta,1}$；并在测试点图上标注 $f^c_{cu,1}$ 的曲线形状；

（4）根据 f_{cu}（R）曲线的形状，假定 b_2，其绝对值可略大于预估的合适数值，也就是使合适的 b 值落在 b_1 与 b_2 之间；进行第二次最小二乘法的回归计算，得到 $f_{cu,2}=a_2R^{b,2}+c_2$，计算 $m_{\zeta,2}$ 和 $s_{\zeta,2}$；并在测试点图上标注 $f^c_{cu,2}$ 的曲线形状；

（5）根据 $f_{cu,1}$（R）和 $f_{cu,2}$（R）曲线形状及 $m_{\zeta,1}$ 和 $s_{\zeta,1}$ 与 $m_{\zeta,2}$ 和 $s_{\zeta,2}$ 的比较情况，确定 b_3 的取值，通常情况下 $b_3=(b_1+b_2)/2$，也就是取 b_1 与 b_2 的中间值，也可取 b_1 与 b_2 两者之间差值的 0.618 作为 b_1 或 b_2 的增量；进行第三次最小二乘法的回归计算，得到 $f_{cu,3}=a_3R^{b,3}+c_3$，计算 $m_{\zeta,3}$ 和 $s_{\zeta,3}$；并在测试点图上标注 $f_{cu,3}$（R）的和曲线形状；

（6）进行比较确定，b_4，b_5，……，b_n，进行第 n 次的最小二乘法的回归计算，得到 $f_{cu,n}=a_nR^{b,n}+c_{3n}$，计算 $m_{\zeta,n}$ 和 $s_{\zeta,n}$；使 $m_{\zeta,n}$ 趋近于 1.0，并使 $s_{\zeta,n}$ 取得较小的值。

例如，按照上述方法得到某规范的换算强度关系见式（11-5）：

$$f^c_{cu}=0.00249R_m^{2.01018} \tag{11-5}$$

式中　f^c_{cu}——混凝土立方体抗压强度；

　　　R_m——混凝土测区回弹平均值。

上述非线性换算关系是建立在多品种混凝土立方体试块试验基础上的，由于不同品种混凝土回弹值与立方体抗压强度换算关系存在差异，因此一些标准明确说明了建立的换算关系曲线存在着偏差。例如，《回弹法检测混凝土抗压强度技术规程》JGJ/T 23[51]就客观地说明其测强曲线的平均相对误差 $\delta\leqslant\pm15.0$，相对标准差 $e_r\leqslant18.0\%$。该规范关于相对误差 δ 和相对标准差 e_r 的计算见式（11-6）：

$$\delta=\pm\frac{1}{n}\sum_{i=1}^{n}\left|\frac{f^c_{cu,i}}{f_{cu,i}}-1\right|\times100\% \tag{11-6a}$$

$$e_r=\sqrt{\frac{1}{n}\sum_{i=1}^{n}\left(\frac{f_{cu,i}^{c}}{f_{cu,i}}-1\right)^2}\times 100\% \tag{11-6b}$$

式中 δ——回归方程式的强度平均相对误差（%）；

e_r——回归方程式的强度相对标准差（%）；

$f_{cu,i}$——由第 i 个抗压强度测试得出的混凝土抗压强度值；

$f_{cu,i}^{c}$——由第 i 个试件回弹值平均值 R_m 计算出的混凝土抗压强度值；

n——建立回归曲线的试件数量。

平均相对误差 $\delta \leqslant 15.0\%$ 的示意见图 11-9，如果以测强曲线的换算强度为 1.0，则在其上下各±15%画一条曲线，真正的试验强度值 $f_{cu,i}$ 应在这两条曲线之间，某些试验点可能会落在曲线之外，也就是大于 $0.15f_{cu}^{c}$。以上的规定仅适用于建立回归曲线的试验点，当把这条曲线用于实际工程检测时，偏差可能会大于 0.15，也可能会小于 0.15。造成这种偏差的原因可能有两个，其一是混凝土立方体试件抗压强度本身就具有离散性，其二则是前面提到的系统不确定性问题。

《混凝土结构设计规范》GB 50010 统计的混凝土立方体抗压强度的变异系数见表 11-5。

混凝土立方体抗压强度的变异系数　　表 11-5

$f_{cu,k}$	C10	C15	C20	C30	C40	C50	C60
变异系数	0.24	0.21	0.18	0.14	0.12	0.11	0.10

对于规范来说，使用略为偏大的变异系数是常见的现象；也就是说，在大多数情况下，混凝土试件抗压强度实际的离散性可能会小于表 11-5 所列出的数值，但结构混凝土实际抗压强度的离散性可能会大于表 11-5 之值。相关规范规定，当试件强度离散性过大时要舍去相应的数据。《普通混凝土力学性能试验方法标准》GB/T 50081—2002 规定：普通混凝土力学性能试验应以三个试件为一组，每组试件所用的拌合物应从同一盘混凝土或同一车混凝土中取样；对每组试件强度值的确定有下列规定：

（1）三个试件测值的算术平均值作为该组试件的强度值（精确至 0.1MPa）；

（2）三个测值中的最大值或最小值中如有一个与中间值的差值超过中间值的 15%时，则把最大及最小值一并舍除，取中间值作为该组试件的抗压强度值；

（3）如最大值和最小值与中间值的差均超过中间值的 15%，则该试验结果无效。

在这里讨论出现问题的原因，不应把材料性能指标离散性问题造成的偏差归咎于间接测试方法的偏差。混凝土、钢材、钢筋、砌筑块材、砌筑砂浆和砌体强度等都具有一定的偏差，在评价间接法的偏差或不确定性时，应当把这些因素消除。《钻芯法检测混凝土强度技术规程》CECS 03：2007 中有相应的规定，这些规定将在以下予以介绍。

3. 间接法的系统偏差

所谓间接法的系统偏差是指其换算关系存在不适应性。对于混凝土强度来说，回弹测强曲线可能适用于某种混凝土，但对其他品种的混凝土可能存在系统偏差，对于特种混凝土可能存在更严重的偏差。

应该说这种系统偏差不仅间接法有，直接法也有。以下用《混凝土结构设计规范》GB 50010 规范编制组掌握的相关试验数据的统计情况来说明这个问题。该规范编制组进行的试验研究是立方体试件与棱柱体试件的抗压强度比较，共进行了 349 组试验比对，得出棱柱体试件的抗压强度约为 200mm 立方体试件抗压强度的 0.8，也就是 $f_a = 0.76 f_{cu,150}$。将该试验研究绘成数据直方图见图 11-9。

由 R_a/R 比值可以看到，$R_a = 0.8R$ 的折算关系具有一定的离散性。经过分析认为：$R_a = 0.8R$ 的折算关系只适用于某些强度的混凝土，例如混凝土强度在 30～40MPa，当混凝土强度较低时，折算关系的系数要低于 0.8，当混凝土强度较高时折算系数要高于 0.8[10]。

直接法的折算关系具有这种不完全适用的问题，间接法的换算关系也具有类似的不完全适用的问题，构成了系统不确定性问题。

以下还是以回弹法测强曲线为例说明这个问题。

不同品种的混凝土有其适用的测强曲线，见图 11-10，当将其归为一条测强曲线时就必然存在系统的偏差 Δ，当 Δ 较大时应该进行修正或调整。这里所说的调整就是有关规范提出的建立地区测强曲线或专用测强曲线。建立非线性的专用测强曲线的步骤已在前面予以介绍。

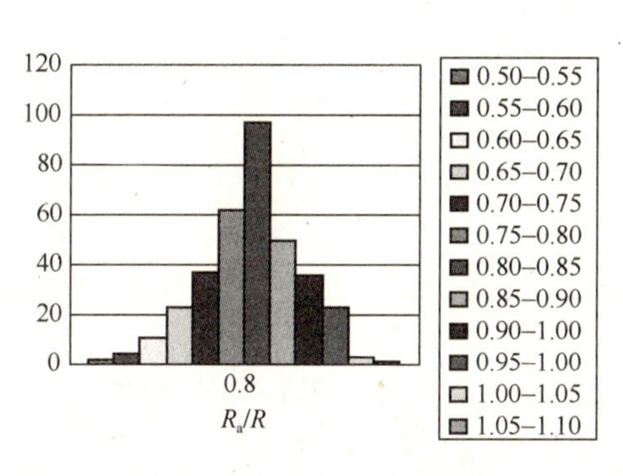

图 11-9　R_a/R 比值直方图

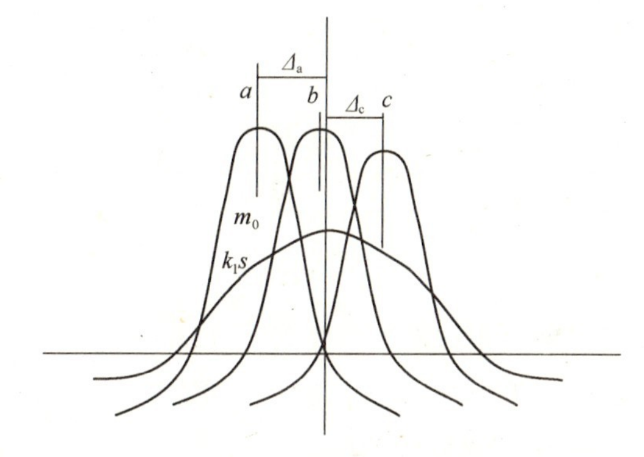

图 11-10　混凝土测强曲线

对于混凝土强度的回弹测试方法来说，一般采用取芯修正，具体的修正方法有修正量法、修正系数法和非线性修正法等。无论采取何种方法修正都要对取芯测试的混凝土强度进行控制，以保证修正的适度。

4. 母体均值推定区间的控制

《建筑结构检测技术标准》GB/T 50344—2004 和《钻芯法检测混凝土强度技术规程》CECS 03：2007 都提出对修正用样本进行控制，以保证修正工作的有效性。实际上是对混凝土母体均值 μ_{cu} 推定区间进行控制，这两本标准均要求芯样强度样本对于母体均值推定区间的置信度为 0.9；推定区间上下限的差值应小于 5MPa 和 $0.1 f_{cor,m}$ 两者之中的较大值。

按照前面的说法，当母体标准差未知时，样本算术平均值 m 是随机变量，其分布可用 $t(n)$ 分布表示。母体均值 μ_{cu} 具有 0.9 置信度的一个对称的推定区间为 $m_0 \pm ks$，该区间包括 μ_{cu} 的概率为 0.9。

有关标准要求，修正间接测试方法的芯样试件抗压强度样本容量不少于 6 个，以下分析 $n=6$ 能否满足对于推定区间的控制要求。

表 11-6 列出推定区间置信度为 0.9 和 0.8 两种情况下样本容量 $n=6$ 时样本的标准差 s_{cor} 的控制值，也就是当 s_{cor} 大于表中所列数值时就不能满足推定区间上下限差值不大于 $0.1f_{cor,m}$ 的要求。

样本容量与 Δ 的控制情况 **表 11-6**

$f_{cor,m}$			20	30	40	50	60	70	80
$0.1f_{cor,m}$			2.0	3.0	4.0	5.0	6.0	7.0	8.0
s_{cor}	$n=6$	置信度 0.9	1.2	1.8	2.4	3.0	3.6	4.3	4.9
		置信度 0.8	1.7	2.5	3.3	4.1	5.0	5.8	6.6
	$n=8$	置信度 0.9	1.5	2.2	3.0	3.7	4.5	5.2	6.0
	$n=9$	置信度 0.9	1.6	2.4	3.2	4.0	4.8	5.6	6.5

从表 11-6 可以看出，对于低强度等级的混凝土，还是以 5MPa 作为上下限差值的控制值为好，因为芯样样本的标准差 s_{cor} 很难小于 3.0MPa；对于强度等级较高的混凝土，显然应该以 $0.1f_{cor,m}$ 作为推定区间上下限差值的限值。另外当样本容量为 6 时，推定区间的置信度以 0.8 为宜，否则需要适当增大样本的容量。当用 5MPa 作为上下限差值时，对于置信度 0.9，$s_{cor}<3.0$MPa，置信度 0.8，$s_{cor}<4.10$MPa，同时，对于混凝土结构来说，直接法也会具有较大的离散性。

对于建立该曲线所未能包括的特殊品种的混凝土，曲线的斜率可能发生明显的变化。

11.3.2 操作不确定性

各种检测技术还存在着操作的不确定性，这种不确定性可称为操作不确定性，引起的偏差可称为操作偏差。操作不确定性主要来源于仪器设备、试样加工、人员读数等。

1. 仪器设备的问题

仪器本身存在问题时，测试结果不能反映被测对象的真实情况，会导致误差出现，这种情况在检测过程中经常会遇到。例如经纬仪的长水准器轴不水平会导致仪器调平后的竖轴不保持铅垂，此时测试建筑物的垂直度会产生偏差。

避免这类问题出现的方法首先是保证仪器定期检定，未检定或超过检定期的仪器可能会导致测试误差增大。其次还要加强仪器出入库管理，仪器出入库时都要进行检查，例如回弹仪在出入库时要率定，钢筋磁感仪在出入库时要校准，出库的仪器如有异常情况则不能使用，入库仪器如有异常情况则不能保证检测结果的准确，应分析原因，必要时应对该仪器测试的数据进行复测。这些措施可保证仪器本身在检测期间的准确性。

不同品牌或型号的仪器精度往往不同，优良的仪器测试精度较高，误差较小，技术不成熟的仪器测试误差较大，且易受环境干扰。因此在有条件的情况下，尽量选择使用测试精度高的仪器。

2. 试样的问题

试样加工、安装不符合有关试验标准要求时，测试结果往往会存在误差。例如进行混凝土芯样抗压强度测试时，试件两端面不平行时都会导致试验误差。

其实各种试验标准对试件的加工都有具体、明确的要求，例如对芯样端面垂直度、圆度都有加工精度要求，每个芯样在试验前都应测量。因此严格按照试验标准进行试样加工和试验就可以避免这类误差。

3. 操作人员的问题

操作人员的问题包括未正确读数、未按要求进行试验等。例如混凝土芯样抗压试验时试件与压力机压力盘的轴线未对准，防水材料老化试验的时间长于或短于规范要求等会导致测试结果出现误差，这种情况在各种检测中均有可能发生。

避免这类误差出现的方法是加强对检测人员的管理，检测人员必须经考核合格后方能上岗；提高检测人员的技术水平和经验判断能力，有些读数和试验误差可以通过丰富的经验予以避免。

4. 分析模型的问题

实际检测过程中有时会对检测数据进行回归分析推定测试对象的特征值，一般都会要求建立的分析模型符合实际情况，但分析模型往往带有某些假定，导致分析结果与实际情况不一致。如果模型的误差在允许范围以内，是可以使用的；但如果模型的计算误差偏大，则要考虑更换计算模型或对计算模型进行调整。

例如检测中常用的回弹法检测混凝土抗压强度就采用了数据回归的计算方式，用混凝土回弹值、碳化深度等为自变量，经回归分析得到混凝土的抗压强度，选取的回归方程不同，则计算结果的相对误差和相对标准差也不同，所以要进行不同回归方程的比较，理想的回归模型应使相对误差和相对标准差最小，多重决定系数接近 1。

一般涉及既有建筑检测的单位如专业检测机构、设计单位、房屋安全鉴定单位等，都应有一套完整的质量管理程序文件，明确规定对仪器、人员、操作的具体要求，严格按照这些规定执行就可以降低或消除操作不确定性引起的误差。

11.4　混凝土性能的检测

混凝土的性能可分成力学性能、工作性能、耐久性能、体积稳定性能和经济性能等。关于混凝土力学性能中的抗压强度、抗拉强度的检测技术已经结合计量抽样检测的不确定性问题进行介绍。本节以混凝土的耐久性为主，介绍《混凝土结构现场检测技术标准》（报批稿）如何将用于工程质量控制的检验技术转换为既有结构混凝土性能的测试技术。

11.4.1　混凝土的耐久性

现场检测可测定结构混凝土耐久性能的抗冻性、抗氯离子渗透性和抗硫酸盐侵蚀性等。《混凝土结构现场检测技术标准》（报批稿）规定，可采用取样方法测定结构混凝土的这些性能。

《混凝土结构现场检测技术标准》（报批稿）列出的这些性能的测试技术与《普通混凝土长期性能和耐久性试验方法标准》GB/T 50082[95]规定的方法基本一致。也就是将控制工程质量的检验方法转换成测定结构混凝土耐久性状况的技术。

1. 混凝土抗冻性的测定

《普通混凝土长期性能和耐久性试验方法标准》GB/T 50082 规定的混凝土抗冻性检验有快冻法和慢冻法两种方法。

《普通混凝土长期性能和耐久性试验方法标准》GB/T 50082 中的试件为立方体，而将结构混凝土的样品加工成立方体试件的难度较大，《混凝土结构现场检测技术标准》（报批稿）规定在结构混凝土中钻取直径不小于100mm的芯样作为抗冻性检验试件。

由于混凝土结构抗冻性的评定只是为委托方提供咨询意见，不进行合格性评定，不会带来过多的争议。因此《混凝土结构现场检测技术标准》（报批稿）规定：缺陷损伤区混凝土的抗冻性能也可采取上述方法测试。

2. 氯离子渗透性能测试

《普通混凝土长期性能和耐久性试验方法标准》GB/T 50082规定混凝土氯离子渗透性的检验方法有试样快速氯离子迁移系数法和电通量法。《混凝土结构现场检测技术标准》（报批稿）采取了与其类似取样测定方法，取样试件为不小于100mm的芯样，具体操作的规定与《普通混凝土长期性能和耐久性试验方法标准》GB/T 50082的规定完全一致。

3. 抗硫酸盐侵蚀性能

《混凝土结构现场检测技术标准》（报批稿）参照《普通混凝土长期性能和耐久性能试验方法标准》GB/T 50082的方法，提出了结构混凝土抗硫酸盐侵蚀性能的取样测定方法。

《普通混凝土长期性能和耐久性能试验方法标准》GB/T 50082规定标准试件为100mm立方体，试件组数较多。试件组数主要用于判定试件强度耐蚀系数为75%时干湿循环次数。该标准规定的干湿循环次数为$N=150$。现场取样很难取得较多的试件，且加工成100mm立方体的难度相对较大，《混凝土结构现场检测技术标准》规定在工程混凝土中钻取公称直径不小于100mm的芯样，芯样的高度不小于100mm，具体试验及判定方法与《普通混凝土长期性能和耐久性试验方法标准》GB/T 50082基本一致。

11.4.2 混凝土的其他性能

本节所指混凝土的其他性能包括混凝土的抗渗性能、混凝土的弹性模量和混凝土的表面硬度。其中混凝土的抗渗性能应归为长期性能或工作性能，不宜归为耐久性能。混凝土的弹性模量和表面硬度属于力学性能，其中表面硬度与抗磨能力有相关性。这些都是过去结构混凝土不能测试的性能，或者说没有测试方法的性能。

1. 混凝土的抗渗性能

《混凝土结构现场检测技术标准》参照《普通混凝土长期性能和耐久性试验方法标准》GB/T 50082的方法，提出了结构混凝土在检测龄期抗渗性能的取样测定方法。

《普通混凝土长期性能和耐久性能试验方法标准》GB/T 50082规定的抗渗试件为截锥体，上直径175mm，下直径185mm，高度150mm，在结构混凝土中基本无法取出这样的芯样。《混凝土结构现场检测技术标准》根据现场取样条件提出了结构混凝土抗渗性能的测试方法，取样试件为公称直径为150mm的芯样，这样使在工程现场取得抗渗试件成为可能。

2. 混凝土静力受压弹性模量

由于既有结构检测中有时需要确定结构混凝土实际的静力受压弹性模量，《混凝土结构现场检测技术标准》参照《普通混凝土力学性能试验方法标准》GB/T 50081的规定，提出了取样测定结构混凝土静力受压弹性模量的方法。

3. 混凝土表面硬度

现行技术标准中缺乏混凝土抗磨能力的规定，而磨损是混凝土结构常见的一种损伤。

由于混凝土的抗磨能力与其表面硬度有一定的相关性，《混凝土结构现场检测技术标准》提出了结构混凝土表面硬度的测试方法。

结构混凝土的表面硬度可采用里式硬度计测定，也可采用普通混凝土回弹仪测试硬度的估计值。普通混凝土回弹仪测试的是混凝土表面硬度的相对值，对于硬度测试来说该方法属于直接测试方法。

当需要根据表面硬度对同一品种混凝土进行分类时，批量构件检测时，可在品种相同的混凝土上布置若干测区，进行回弹测试，按测区计算表面硬度估计值，将表面硬度估计值接近的测区归为同一硬度类别。

11.5　混凝土构件的计数抽样检测

在介绍混凝土构件计数抽样检测前，首先介绍计数抽样检测的要求。

11.5.1　计数抽样及合格判定

按检验批检测时，其最小样本容量不应小于表 11-7 的限定值[96]。

混凝土结构计数抽样检测的最小样本容量　　**表 11-7**

检测批的容量	检测类别和样本最小容量			检测批的容量	检测类别和样本最小容量		
	A	B	C		A	B	C
2-8	2	2	3	501-1200	32	80	125
9-15	2	3	5	1201-3200	50	125	200
16-25	3	5	8	3201-10000	80	200	315
26-50	5	8	13	10001-35000	125	315	500
51-90	5	13	20	35001-150000	200	500	800
91-150	8	20	32	150001-500000	315	800	1250
151-280	13	32	50	>500000	500	1250	2000
281-500	20	50	80	—	—	—	—

注：检测类别 A 适用于一般施工质量的检测，检测类别 B 适用于结构质量或性能的检测，检测类别 C 适用于结构质量或性能的严格检测或复检。

工程质量检测时，计数抽样检测批或全数检测的合格判定，应符合下列规定[96]：

（1）检测的对象为主控项目时按表 11-8 判定；

（2）检测的对象为一般项目时按表 11-9 判定。

主控项目的判定　　**表 11-8**

样本容量	合格判定数	不合格判定数	样本容量	合格判定数	不合格判定数
2—5	0	1	80	7	8
8—13	1	2	125	10	11
20	2	3	200	14	15
32	3	4	>315	21	22
50	5	6			

一般项目的判定 **表 11-9**

样本容量	合格判定数	不合格判定数	样本容量	合格判定数	不合格判定数
2-5	1	2	32	7	8
8	2	3	50	10	11
13	3	4	80	14	15
20	5	6	≥125	21	22

11.5.2 混凝土构件尺寸检测

当检测结果用于工程质量评定时，混凝土构件的尺寸宜按计数抽样方法进行检测，合格判定时，应以设计图纸规定的尺寸为基准，尺寸偏差的允许值应按相关标准确定。混凝土构件的尺寸检测项目包括：构件截面尺寸、标高、构件轴线位置、预埋件位置、构件垂直度及表面平整度。因检测的方法比较简单，此处不进行介绍。

当检测结果用于结构功能性评定，混凝土构件尺寸可按约定的方法检测。

11.6 门窗性能测试

《建筑门窗工程检测技术规程》JGJ/T 205—2010 不仅对门窗工程质量的检测作出规定，还对既有建筑门窗性能的检测作出规定。本节重点介绍如何将建筑工程产品质量的检验技术转换成既有建筑中构配件性能的测试。

11.6.1 门窗制成品的检验

门窗制成品的检验一般为见证取样检验，检验机构一般按相应产品标准规定的方法对送样成品进行检验，检验的项目有气密性能、水密性能、抗风压性能、保温性能、空气声隔声性能等，此外还有针对木门窗的甲醛释放量的检验。

1. 门窗制成品的三性检验

所谓门窗的三性是指建筑外门窗制成品的气密性能、水密性能和抗风压性能。这三项性能是外门窗制成品传统质量检验项目，已有相应的技术标准。《建筑门窗工程检测技术规程》JGJ/T 205 将检验的具体操作引向相应的检测标准，《建筑外门窗气密、水密、抗风压性能分级及检测方法》GB/T 7106。

《建筑门窗工程检测技术规程》JGJ/T 205 对检验结果的评价作出规定：建筑外门窗制成品的气密性、水密性和抗风压性能的检测结果，应以设计要求、产品标准和厂家承诺的指标中的最高指标为基准进行评价。当检验结果不符合设计要求而符合产品标准要求时，表明建设方购置的或厂商提供的产品与设计要求的产品存在质量标准不一致的情况。当厂家承诺的指标高于产品标准时，应按厂家承诺的指标进行检验。

2. 门窗的保温、隔声和采光性能

门窗的保温、隔声和采光性能可谓门窗制成品的新三性，关于这三项性能也已经有了产品质量的检验标准。《建筑门窗工程检测技术规程》JGJ/T 205 把这些检验技术引向相应的检测标准，这些标准的名称如下：

（1）外门窗保温性能检验标准为《建筑外门窗保温性能分级及检测方法》GB/

T 8484；

(2) 门窗空气声隔声性能检验标准为《建筑门窗空气声隔声性能分级及检测方法》GB/T 8485；

(3) 外窗采光性能检验标准为《建筑外窗采光性能分级及检测方法》GB/T 11976。

《建筑门窗工程检测技术规程》JGJ/T 205 规定：门窗制成品保温性能等的检验结果，应以设计要求、产品标准和厂家承诺的最高指标为基准评定。

3. 甲醛释放量

所谓甲醛释放量主要针对含人造木板的木门窗产品。《建筑门窗工程检测技术规程》JGJ/T 205 规定：含人造木板的木门窗产品甲醛释放量应按《室内装饰装修材料-人造板及其制品中甲醛释放限量》GB 18580 的干燥器法或气候箱法进行测试；其评价应取产品标准和《室内空气控制质量》限值的 1/2 两者较低的指标为基准评定。

11.6.2　门窗质量的现场检验

门窗质量的现场检验包括气密性能、水密性能、抗风压性能、现场淋水试验、静载、撞击性能和隔声性能等。是在门窗安装完工后，在现场对门窗的主要性能进行检验。以下仅概括介绍这些检验方法，说明这些检验技术可以转化为既有建筑门窗性能的测试。

1. 三性检验

门窗工程质量的三性是指外门窗气密性能、水密性能和抗风压性能。关于门窗工程质量的三性检验也有相应的技术标准，该标准的名称为《建筑外窗气密、水密、抗风压性能现场检测方法》JG/T 211—2007。《建筑门窗工程检测技术规程》JGJ/T 205 规定：建筑外门窗气密性、水密性、抗风压性的现场检验应在自检和验收合格的批次中随机抽取；对检验结果的评定，应以设计要求的参数为基准，采用《建筑外门窗气密、水密、抗风压性能分级及检测方法》GB/T 7106－2008[97]的相应指标评定。

2. 淋水检验

淋水检验是对《建筑外窗气密、水密、抗风压性能现场检测方法》JG/T 211 水密性检验方法的补充。《建筑外窗气密、水密、抗风压性能现场检测方法》JG/T 211 水密性的检验方法有时在现场难于实施，此时可以采用现场淋水检验门窗的渗漏情况。

《建筑门窗工程检测技术规程》JGJ/T 205 规定：现场淋水检验的部位应具有代表性，应包括窗扇与窗框之间的开启缝、窗框之间的拼接缝、拼樘框与门窗外框的拼接缝以及门窗与窗洞口的安装缝等各种可能出现渗漏的部位；现场淋水试验装置应采用喷嘴，在被检门窗表面形成连续水幕；喷嘴应安装在框架上并与水管连接，喷嘴处的水压应有足够的压力。

3. 静载检验

《建筑门窗工程检测技术规程》JGJ/T 205 规定：现有设备难以进行抗风压性能检验时可采取静载检验的方法。该标准编制组研制开发了专门用于门窗静载检验的设备，并提出了具体的检验步骤和方法。

4. 撞击性能检验

《建筑门窗工程检测技术规程》JGJ/T 205 提出了门窗抗撞击性能的现场检验要求，对安装在易受人体或物体碰撞部位的建筑门窗提出了检验设备的要求和检验的具体步骤。

《建筑门窗工程检测技术规程》JGJ/T 205 规定：撞击点可选择门窗的任何部位，宜选择门窗的薄弱处为撞击点，撞击检验后，门窗应无损坏或保持正常使用功能。

5. 隔声性能检测

建筑外窗空气声隔声的现场测量对象应为已安装完毕的建筑外窗。这种检验包括了对建筑外窗制作质量和安装质量的检验。

建筑外窗空气声隔声的现场测量已有相关标准，该标准为《声学 建筑和建筑构件隔声测量 第 5 部分：外墙构件和外墙空气声隔声的现场测量》GB/T 19889.5[98]。

《建筑门窗工程检测技术规程》JGJ/T 205 规定，建筑外窗空气声隔声的现场测量应按该标准的规定进行检验。

11.6.3 既有建筑门窗检测

1. 门窗检测规则

《建筑门窗工程检测技术规程》JGJ/T 205 实现了把门窗工程质量的检验技术转化为对既有建筑门窗性能的检测。规程提出：既有建筑门窗检测可分成门窗改造工程、门窗修复和更换工程的检测，并提出了相应的规则。

所谓门窗的改造工程基本为门窗的全部更换。因此该规程规定：既有建筑门窗改造工程应按新建工程的规定进行产品、制成品，安装工程和性能指标的检验；门窗改造工程可委托有能力的第三方检验机构进行合格性检验。由于门窗改造工程可能会缺少监理机构和监督机构，既有建筑的业主可以委托第三方检测机构进行改造工程的合格检验。

门窗修复与更换为可能仅为部分的门窗，要确定需修复与更换的门窗。因此该规程规定：门窗修复与更换工程的检测可分成修复更换前的检测和修复更换后的检测。显然修复前的测试主要是确定修复对策和范围；修复后的检验是对门窗的性能作出评定。

门窗修复与更换工程检测原则上应该采取全数查和计数样的方式，主要分成检查、检测与分析、门窗性能检测三个层次。

2. 门窗的检查

由于检查工作易于实施，《建筑门窗工程检测技术规程》JGJ/T 205 提出门窗修复与更换工程宜采用全数检查的方式，对于检查中发现的易于处理的问题可采取相应的处理措施；对于难于判定的问题可采取检测和计算方法解决。

《建筑门窗工程检测技术规程》JGJ/T 205 提出门窗修复与更换工程的检查项目有玻璃、门窗框和门窗扇、密封件状况、连接件与五金件和排水构造。

门窗玻璃的检查方法与门窗工程质量的检查方法相同，发现问题一般采取更换的处理措施。

3. 门窗的实际性能检测

既有建筑门窗修复与改造工程门窗的基本性能可分成外门窗的抗风压、水密性、气密性和门窗的隔声性能、牢固性能等实际性能的检测。这里所说的实际性能包括修复改造之前的性能和修复改造之后的性能。修复前的检测为确定修复方案服务。修复后的检测为确定实际性能是否满足委托方的要求。

第 12 章　既有建筑的安全评定

由于房屋在偶然作用下出现严重的坍塌是真正涉及用户人身和财产安全的重大问题，本章把《既有建筑技术规范》(课题研究稿)“偶然作用”和“安全性评定”两节的条款合并介绍，并称为房屋建筑安全评定技术，以区别于通常所说的建筑结构安全性问题。

12.1　房屋建筑的安全问题

以下先对房屋建筑抵抗偶然作用的能力和房屋建筑安全性等问题进行简单的介绍。

12.1.1　偶然作用

《既有建筑技术规范》(课题研究稿)所说的偶然作用包括罕遇地震、建筑火灾、爆炸、严重冲撞和人为错误等。在这些作用下房屋建筑有时会出现严重的坍塌，造成人员和财产的巨大损失。例如，汶川地震造成7万多人死亡，经济损失达万亿元。造成人员伤亡的主要原因则是房屋的坍塌，见图 12-1 及图 12-2。

图 12-1　地震房屋坍塌之一

图 12-2　地震房屋坍塌之二

地震损伤调查表明，房屋是可以抵抗罕遇地震作用的，或者说保证房屋在建筑抗震设计规范限定的罕遇地震作用下不发生坍塌是可以实现的。特别是在一些低烈度的设防地区，只要对这些既有建筑稍加处理就可以避免在罕遇地震中出现严重的坍塌。农村建筑多为低层或多层建筑，适当地处理就可以使其具有大震不倒的能力。

《既有建筑技术规范》(课题研究稿)所提出的偶然作用都是房屋应该可以抗御的。这些偶然作用与前面提到的山体滑坡等自然灾害不同。山体滑坡和森林火灾等是房屋根本不能抗御的灾害。

《工程结构可靠度设计统一标准》提出了工程结构抵抗偶然作用能力的问题，《既有建筑技术规范》(课题研究稿)把这些规定扩展到既有建筑，并把相关评定规则予以适当的细化。

《既有建筑技术规范》（课题研究稿）关于既有建筑抵抗偶然作用能力评定的基本规则为：在偶然作用发生时和发生后，既有建筑不发生整体或局部的倒塌。在具体评定技术方面，不仅要求既有建筑的主体结构具有一定的抗力，还提出避免偶然作用发生、减小偶然作用效应等的技术措施。

进行既有建筑抵抗偶然作用能力的评定，是《既有建筑技术规范》（课题研究稿）提出的弥补现行规范不足的问题。

12.1.2 安全性问题的类别

所谓既有建筑安全性问题所涉及的范畴显然不能仅限于房屋的主体结构，还应包括地基基础、围护结构、消防系统和设备设施等的使用安全。《既有建筑技术规范》（课题研究稿）所说的既有建筑安全性问题仅包括地基基础、主体结构和围护结构的安全性问题，没有涉及防火和设备的使用安全。此外，既有建筑和设备设施还有影响人身健康的问题，将在既有建筑的环境品质评定相关章节中进行介绍。

1. 地基基础的安全性问题

《既有建筑技术规范》（课题研究稿）把地基基础的安全性问题分成基础与地基的匹配性、主体结构与基础形式的匹配性和地基承载力三个方面。把地基的承载力问题归为安全性问题可能比较容易理解。以下简单介绍一下基础与地基的匹配性和主体结构与基础形式的匹配性问题的研究背景。

基础与地基匹配性或主体结构与基础匹配性的问题有点类似于结构体系问题，当存在这类问题时，既有建筑很可能会出现安全隐患。以下以广西平南某住宅倾覆事故为例说明上部结构形式与基础形式不匹配的结构体系问题。

广西平南县某自建住宅在装修时发生了倾覆事故，并使相邻的建筑倒塌，造成9人死亡，其中3名为未成年人。

调查分析认为：倾覆建筑的基础按三层混合结构设计，为条形基础；实际建造至五层半。为了增大使用面积，其上部结构两侧悬挑（沿街的两个侧面）；为了能使首层成为铺面房，在沿街两侧面设置门和大窗口，并在首层设置了混凝土柱。该建筑角部柱子截面尺寸大、承受的荷载大，条形基础承受不了这种作用首先破坏，使建筑倾覆。该建筑倾覆时碰到邻近建筑，受到冲击后倒塌（见图12-3和图12-4的示意）。

从表面上看，倾覆的原因为条形基础承载力不足，实际是上部结构与基础不匹配，混凝土柱下应该设置独立基础，而条形基础只能作为墙体和构造柱的基础。关于柱下条形基础的使用，《建筑地基基础设计规范》GB 50007有明确的规定，本例中的条形基础不符合该规范的规定。

也就是说《建筑地基基础设计规范》GB 50007对结构与基础匹配的规定是合理的，应该成为地基基础评定中的重要内容之一。

本例反映的另一个问题是结构整体稳定性问题。被砸倒的相邻砌体建筑高宽比过大，其宽度只有4m，共六层，总高度接近20m，高宽比接近5。这个数值已经超过砌体结构高宽比的限值，加上该住宅中几乎没有承重的横墙，稍有碰撞就发生了整体倒塌。

这个事例说明，结构整体稳定性应该成为结构体系评定的重要评定内容。

关于地基承载力的问题是大多数技术人员熟悉的问题，此处不再予以介绍。

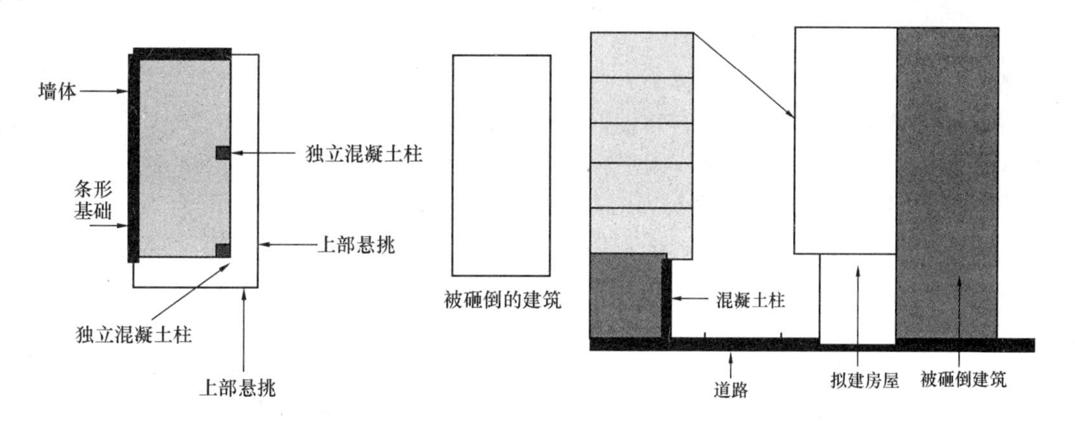

图 12-3　广西平南倾覆住宅平面关系示意　　图 12-4　广西平南倾覆与倒塌住宅关系示意

2. 主体结构的安全性问题

《既有建筑技术规范》（课题研究稿）把既有建筑主体结构的安全性评定分成结构体系、连接与锚固和构件承载力三个评定项目。而《工程结构可靠性设计统一标准》把工程结构的安全性评定分成结构体系、构造与连接和构件承载力三个项目。两者之间略有区别。关于承载力的评定，将在下一小节进行重点的讨论。

结构体系问题包括既有建筑抗震的结构体系问题和不考虑抗震的结构体系问题。关于抗震设防的结构体系问题在相关规范中已有明确规定，此处不再详细地讨论。以下仅讨论不考虑抗震时的结构体系问题，并以实例说明结构体系对于主体结构安全性的重要性。

承德地区某库房为单层单跨砖砌体结构，屋面采用拱型彩色钢板，该库房长跨为 39m，短跨为 32m，墙高 8m，在墙体中部和顶部设有钢筋混凝土圈梁，在窗间墙中部设有构造柱。该屋盖跨度为 32m（沿库房短跨），采用 1.3mm 冷轧彩色钢板，拱型板宽 600mm。

2002 年 12 月，在进行屋盖的安装施工时，东、西外墙突然发生坍塌（图 12-5 和图 12-6）。

拱型屋盖的特点之一是拱脚处会产生水平推力，砌体墙虽然具有较高的抗压承载力，但承受与墙面垂直的水平推力的能力较差。在这样的推力作用下，墙体发生坍塌是必然的。

这一事故体现了结构体系中各种结构形式或结构种类之间的匹配问题，这恰恰是目前按材料种类编制结构设计规范不能很好解决的问题。

图 12-5　坍塌状况一

图 12-6　坍塌状况二

各种结构之间的匹配性问题应该成为结构体系和构件布置评定中的重要内容。

结构稳定性问题也属于结构体系方面的问题。以下用首都体育馆检测与评定的实例来再次说明结构稳定性问题。该体育馆屋面采用正放斜交桁架式钢网架，见图 12-7 的示意，跨度约为 99m，桁架杆件布置情况见图 12-8。

根据《空间网格结构规程技术》JGJ 7 的规定，受压杆件的长细比限值为 180，受拉杆件的长细比限值为 400。该桁架上、下弦及长腹杆长细比符合该技术规程的要求，短斜腹杆（再分式腹杆）为受压杆件，长细比为 233，超过技术规程的限值。这个评价结果仅是针对桁架平面内的，如果考虑平面外的情况，其长细比更不能符合规范的要求。

不仅结构的杆件存在着平面内和平面外的稳定性差异，结构也存在着同样的问题。更为确切地说，一些结构在平面内的刚度较大，而平面外的刚度相对偏小较多，可以认定这种结构体系存在平面外稳定性不足的问题。

从图 12-7 和图 12-8 的比较情况来看，首都体育馆正放斜交桁架式钢网架结构的桁架结构，平面内和平面外的稳定性基本相当，不存在上面所说的平面外稳定性远远小于平面内稳定性的问题。

既有建筑还可能会存在其他类型的结构体系问题，此处不再一一列出。

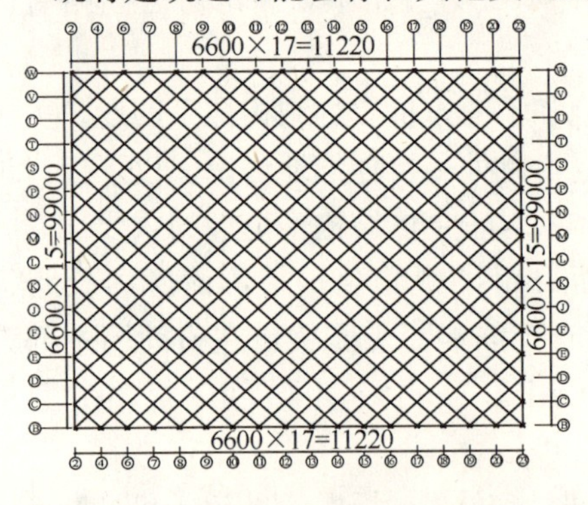

图 12-7 正放斜交桁架式钢网架

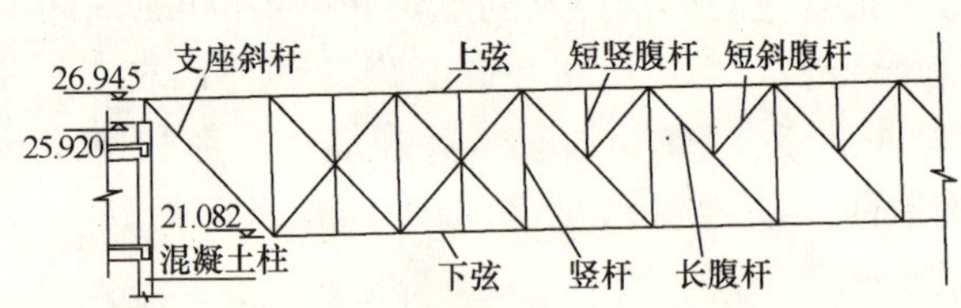

图 12-8 平面桁架杆件布置

主体结构安全性的第二个重点评定的项目是锚固和连接。所谓锚固是指结构之间的特定连接方式，连接是指结构中杆件之间固定的措施。根据调查，凡是发生严重坍塌事故的既有建筑都存在锚固和连接方面的问题，见图 12-9 和图 12-10。

图 12-9 杆件完好、焊缝、断裂

图 12-10 焊缝破坏结构坍塌

而连接锚固在施工质量和检查维护方面普遍存在一些问题，见图 12-11 和图 12-12。

图 12-11　螺栓断损

图 12-12　漏焊

主体结构安全性评定的第三个问题为构件承载力问题，在结构体系、锚固和连接得到保证后，构件承载力的评定可以采取基于状态的评定方法、基于分项系数的评定方法和基于可靠指标的评定方法。在评定时，可以适当利用设计阶段的不确定性储备，也要弥补规范的不足。关于弥补规范的不足的问题，对于轻型钢结构和围护结构特别重要。

3. 围护结构的安全性问题

《既有建筑技术规范》(课题研究稿) 在安全性问题中提出的围护结构主要为既有建筑的外围护结构，包括屋面、外门窗和非承重的墙面等。

外围护结构存在的主要问题是抗风和雪荷载的问题。也就是特定情况下的承载力问题和连接问题，这里所说的连接是指围护结构与主体结构之间的连接和锚固问题。

12.1.3　构件承载力问题

以下主要介绍主体结构构件承载力的问题，介绍的研究背景同样适用于围护结构。对主体结构构件承载力的评定可分成两项评定内容，其一为构造问题，其二为构件承载力的可靠指标问题。

1. 构件的构造问题

构件的构造问题可以分成与构件稳定性相关的构造措施和控制构件破坏形态的构造措施。杆件的长细比、宽厚比、最小截面尺寸和加劲肋等属于与构件稳定性相关的构造要求；最小配筋率、箍筋加密区等是控制构件破坏形态的构造措施。

钢结构构件在长细比及稳定性方面的问题比较突出，例如对北京市丰台体育场网架的检测与评定表明：该网架共有 275 根受压杆件的长细比不符合规范要求，计算应该受拉的杆件也出现了受压弯曲现象，见图 12-13。大同某游泳馆的屋面网架也存在同样的问题，见图 12-14。这种现象表明相关规范关于杆件长细比的规定似乎存在一些问题，设计规范对受压杆件的长细比限值比较合适，但对于受拉杆件，长细比限值较大，钢结构存在一定的安装偏差或不均匀受荷时可能导致拉杆受压。这些问题直接影响结构的安全性，甚至是造成这类结构频频出现坍塌的主要原因之一。

2. 构件承载力的可靠度

结构设计中只有构件承载力有定量的可靠性指标，或称之为可靠度。这些指标由《建筑结构可靠度设计统一标准》GB 50068[99]给出，见表 12-1。

图 12-13　网架杆件受压

图 12-14　网架杆件弯曲

承载能力极限状态的目标可靠性指标 β　　**表 12-1**

破坏类型	安全等级		
	一级	二级	三级
延性	3.7（P_f=0.000108）	3.2	2.7（P_f=0.003477）
脆性	4.2（P_f=0.000013）	3.7	3.2（P_f=0.000687）

注：表中 P_f 为按正态分布计算的对应失效概率，为换算得到。

现行结构设计规范采取了控制作用效应设计值 S_d 的超越概率、控制构件承载力 R_d 的保证率且使 $R_d \geqslant S_d$ 的方法使 β 得以落实，其基本概念如图 12-15 所示。

按照《建筑结构荷载规范》GB 50009[39] 提出的作用效应分项系数估计，作用效应设计值 S_d 的 50 年超越概率约为 1%。也就是说，只要将 R_d 的保证率控制在 99%左右，就可使预期的可靠指标得到保证。

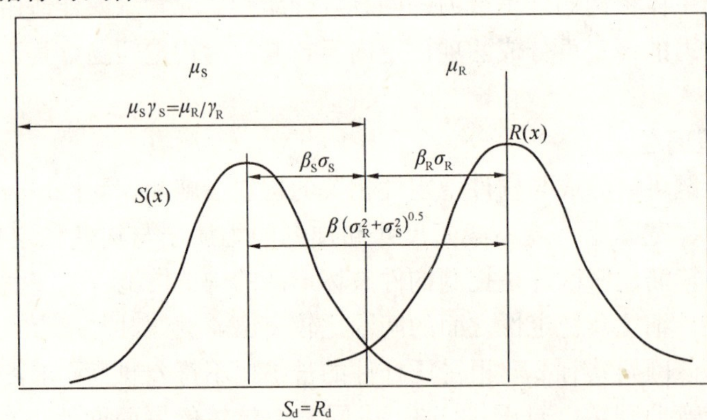

图 12-15　随机变量 R（x）与 S（x）的示意

3. 作用效应的超越概率

如果按照有关规范的设想，作用效应的 50 年超越概率控制在 1%左右，房屋坍塌的事故可以大幅度降低。实际上，在许多情况下照搬现行规范的规定，不能保证作用效应的超越概率为 1%左右。造成这种现象的原因之一是一些规范控制的是作用的超越概率，不是作用效应的超越概率。例如建筑抗震承载力的验算使用的是频遇地震的地震动参数，并非设防烈度地震的全部地震动参数。频遇地震的地震加速度 50 年超越概率约为 63%，而设防烈度地震的超越概率约为 10%。使用作用效应的分项系数，不能保证作用效应 50 年的超越概率在 1%左右。此外由于缺少气象部门有效的数据支持，有关规范的雪荷载可能达不到平均重现期 50 年的要求，致使一些安全度较低的结构在冰冻灾害中出现了严重破坏。特别是一些轻型钢结构，坍塌的比例较高。另外对于一些围护结构，在瞬时风的作用下频频出现严重的破坏。这些现象表明，10 分钟平均风的基本风压可能并不适用于房屋的围护结构。也就是说，这种基本风压和分项系数，不能保证作用效应为 50 年的超越概率为 1%。

这是《既有建筑技术规范》（课题研究稿）建议检测鉴定单位注意的第二个问题，也是弥补规范不足所要解决的问题之一。

4. 构件抗力的保证率

按照可靠度设计方法的基本概念，构件承载力设计值 R_d 的保证率应该由构件承载力的分项系数 γ_{Rd}控制。而构件承载力分项系数 γ_{Rd}的数值应该依据构件承载力统计分布的标准差确定，见式（12-1）：

$$\gamma_{Rd} = \mu_R/(\mu_R - \beta_R\sigma_R) = 1/(1-\beta_R\delta_R) \tag{12-1}$$

式中　μ_R——构件承载力统计分布的均值；

β_R——构件承载力的可靠性指标，类似于材料强度标准值保证率的系数 k，正态分布保证率为 95%时，$k=1.645$；

σ_R——构件承载力分布的标准差；

δ_R——构件承载力分布的变异系数，$\delta_R=\sigma_R/\mu_R$。

按照可靠度设计方法的基本概念，当 γ_{Rd}确定后，R_d 可以用式（12-2）表示：

$$R_d = R_k/\gamma_{Rd} \tag{12-2}$$

式中　R_k——构件承载力分布中具有一定保证率的特征值，可使用材料强度的特征值。

《既有建筑技术规范》（课题研究稿）将 μ_R 大于 R_k 的部分称为设计阶段的不确定性储备。

目前结构设计规范普遍采用材料强度的分项系数 γ_M 来控制构件承载力的保证率。构件材料强度的分项系数 γ_M 通常是由材料强度的变异性确定。当材料强度的变异性与构件承载力的变异性相当时，对于单一材料的结构来说，这种方法还是可行的。例如砌体结构承载力的材料强度分项系数主要来自小型砌筑构件，高厚比小于 5 的砌体。当这种方法用于混凝土结构时可能会存在一些问题。钢筋强度的变异性和混凝土强度的变异性都不能反映构件承载力的变异性。因此有些构件的可靠度偏高，例如混凝土受弯构件，有些构件承载力的可靠度相对偏低，例如混凝土柱等。汶川地震出现了大量“强梁弱柱”的现象，与这种可靠度的设计方法有直接的关系[100]。

对于轻型钢结构来说，这种设计方法使得构件承载力的可靠度明显偏低。造成这种局面的原因有两个，其一是钢材强度的变异性参数取值过低，使得材料强度的分项系数偏小；其二是轻型钢结构及其杆件具有明显的稳定性问题，使得构件承载力的变异性增加。

可以说这个问题是《既有建筑技术规范》（课题研究稿）建议检测鉴定单位注重的第三个问题，也是弥补规范不足所要解决的问题之一。

5. 不确定性储备的利用

前面已经提到，按照现行规范的方法进行设计，有些构件的可靠度偏高。这是既有建筑技术规范（课题研究稿）所说的设计阶段不确定性储备之一。在进行结构评定时，可以适度利用这些储备，避免对这些构件采取不必要的加固措施。

另外，材料强度的标准值也可认为是可靠度设计方法用于解决不确定性问题的安全储备，一些结构设计规范除了有材料强度的标准值储备外，还有构件承载力计算模型的不确定性储备，其概念与材料强度标准值相似。在条件具备时也可适度利用这些储备，尽量减少既有结构的加固工作量。

所谓条件具备是指进行了抵抗偶然作用能力评定之后，在作用效应计算中弥补了现行规范不足的情况下，可以利用这些储备。

12.2 抵抗偶然作用能力的评定

本节主要介绍《既有建筑技术规范》（课题研究稿）关于房屋抵抗偶然作用能力评定相关条款的研究背景。首先介绍罕遇地震问题，然后介绍其他偶然作用问题。

12.2.1 大震不倒能力的评定

《建筑抗震设计规范》GB 50011 关于大震不倒的概念设计主要是控制房屋的结构形式、抗侧力构件的布置和房屋的高度或层数。这种概念设计理念的基础源于多次地震的灾害调查，因此在大多数情况下是比较可靠的。但是这种概念性设计也存在一些例外的情况。

1. 例外情况

汶川地震表明下列房屋发生了严重的坍塌：

（1）单层的工业厂房，这些厂房的柱子并没有发生破坏，而是柱子所支承的屋架和大型屋面板发生了坍塌，见图 12-16；

（2）墙体较少的多层砌体房屋，例如汶川地震中使用预制楼板的多层砌体教学楼发生了严重的坍塌事故[101]，见图 12-17；

（3）地震分组为第Ⅰ组和第Ⅱ组的软土地基上长度较大的多层砌体房屋，这些建筑的纵横墙设置较多，坍塌多发生在这类房屋中部的楼梯间，楼梯间是这类房屋的薄弱部位。

图 12-16　厂房屋面结构坍塌

图 12-17　学校预制板楼面坍塌

2. 坍塌的原因

关于第（1）款和第（2）款所提的问题，可能与地震作用下排架柱顶点或墙体顶部的水平位移量及位移时间差相关，在这种位移量和位移时间差影响下，预制楼面构件的搁置长度、锚固或连接承载力不足时，出现塌落现象，造成建筑的坍塌。

所有地震作用都不是同时传递至房屋的全部构件，较长房屋的端部构件（例如，单层工业厂房的第一榀排架柱等）一般首先承受地震波的作用，并在地震加速度作用下首先产生位移，此时其他构件（例如单层工业厂房的第二榀排架柱）尚未承受到地震的作用，未产生水平位移。对于排架结构来说，其侧向刚度较小，构件顶部水平位移量较大。当其支承的屋面构件锚固或连接不能抵抗这种位移所产生的拉力作用时，屋面构件会出现塌落。

预制楼面的空旷多层砌体结构具有类似的情况，楼面构件塌落后墙体也会倒塌。

在覆土层较厚的抗震第Ⅰ组地区，地震波可能不仅有地面的水平运动，还有类似波浪的地面垂直运动，当多层砌体结构的长度明显大于地震纵波波长且其中部有薄弱区段时，则该部分会产生坍塌。对于多层住宅来说出现坍塌的部位多数是楼梯间。

现行抗震设计规范中似乎并没有考虑上述两种地震作用的问题，因此特定房屋产生坍塌的可能性较大。

这些就是《既有建筑技术规范》（课题研究稿）提示既有建筑的评定机构应当注重的问题之一。

3. 评定的要点

对于上述两类情况综合抗震能力评定的要点为刚度和锚固连接的承载力问题。

所谓刚度是指增加结构抗侧移的刚度，也就是减小墙和柱顶点的位移量和位移差。所谓连接和锚固的承载力是指构件之间的连接或锚固的承载力应该明显大于构件本身的承载力，使破坏尽量发生在构件上，不发生在连接和锚固处。单个构件破坏而不发生结构整体坍塌会大幅度减少人员伤亡和财产损失。这项评定要点也是此类房屋加固改造的要点。

12.2.2 其他抗倒塌能力的评定

房屋结构在爆炸、冲撞、火灾和人为错误等偶然作用下的破坏状态，应按《工程结构可靠性设计统一标准》GB 50153 和《建筑结构可靠度设计统一标准》GB 50068 的规定确定：

（1）主要承重结构不致因偶然事件而丧失承载能力，这是要求对易受到上述作用影响的构件实施保护的技术要求，或是评定其是否有相应的保护措施。

（2）承重结构局部破坏，但其剩余部分具有在一段时间内不发生连续倒塌的可靠度；所谓承重结构破坏可能包括两种可能，完全丧失承载力或部分丧失承载力；这里所要说明的是结构破坏并不等于坍塌，见图 12-18 与图 12-19 的比较。

（3）结构不出现与偶然作用起因不相称的破坏后果；对于某些情况，坍塌必然发生不可避免，但将坍塌控制在一定范围内，可以减小损失。

《既有建筑技术规范》（课题研究稿）提出了房屋抵抗偶然作用的两类评定方法：

（1）个别构件破坏后结构抗倒塌能力的评定；

（2）避免或减小偶然作用影响的评定。

图 12-18　构件破坏　　　　图 12-19　楼梯构件塌落

1. 抗倒塌能力评定

考虑到目前房屋鉴定单位的计算能力，《既有建筑技术规范》（课题研究稿）建议承重结构在少数构件部分或完全丧失承载力后，其他构件承载力具有的可靠度可按下列方法评定：

$$S_{\mathrm{d}} \leqslant R_{\mathrm{k,e}} \tag{12-3}$$

$$S_{\mathrm{k}} \leqslant R_{\mathrm{d,e}} \tag{12-4}$$

式中　S_{d}——按现行规范规定的荷载设计值确定的作用效应；

S_{k}——按现行规范规定的荷载标准值计算的作用效应，也就是不考虑荷载分项系数；

$R_{\mathrm{k,e}}$——构件承载力的标准值，也就是不考虑构件材料强度分项系数；

$R_{\mathrm{d,e}}$——构件承载力的评定值。

在上述公式的计算中，荷载作用效应可按以下规则确定：

（1）荷载的标准值和设计值按现行国家标准《建筑结构荷载规范》GB 50009 确定；其中楼面活荷载可以使用准永久值或频遇值。出现爆炸等偶然作用时，楼面荷载达到 50 年平均重现期的可能性极小；

（2）荷载作用效应可按弹性方法计算确定；

（3）超静定结构延性破坏构件可考虑作用效应重分布，并保证节点内力平衡；

（4）风、雪、雨等荷载效应和地震等作用效应可不予以叠加；爆炸等属偶然作用，其发生的概率极小，没有必要再考虑其他可变作用组合。

上述公式中的构件承载力标准值 $R_{\mathrm{k,e}}$ 应以构件材料强度标准值为计算参数；构件承载力的评估值 $R_{\mathrm{d,e}}$ 应根据构件材料强度评定用值为计算参数确定；构件材料强度的评定用值应在构件材料强度标准值的基础上除以相关规范规定的材料强度分项系数。

在上述公式中不考虑破坏构件的有利作用或仅考虑其部分的承载能力。

2. 减小作用措施的评定

《既有建筑技术规范》（课题研究稿）提出了一些减小偶然作用效应的措施，这些措施包括火灾作用、爆炸作用和碰撞作用等。这些措施相当于抗震中的减震或隔震。

对于房屋的火灾影响，《既有建筑技术规范》（课题研究稿）提出下列措施：

（1）对建筑物中可燃物质的总量进行限制。没有足够的火灾荷载，建筑物一般不会产生火灾的坍塌。但钢结构构件抗火能力一般较差，即使进行可燃物质总量的限制也不能确保钢结构构件不出现坍塌现象。

（2）增设烟感和自动喷淋设施。控制火情，使之不能成为火灾，也是避免房屋出现火灾坍塌的有效措施。

（3）提高主要构件的耐火极限。现行规范规定的耐火极限只能保障人员撤离有足够的时间，不能保障建筑物不发生火灾坍塌。大幅度提高主要构件的耐火极限可以避免建筑物在火灾中发生坍塌，例如将钢柱改为劲性混凝土柱等。

（4）提高相关构件的承载力及连接锚固的承载力。

《既有建筑技术规范》（课题研究稿）还提出了一些防火安全评定的重要项目，这些项目简述如下：

（1）既有建筑的消防通道的状况；

（2）既有建筑的消防设施情况；

（3）既有建筑的防火分区情况；

（4）建筑疏散通道的情况；

（5）建筑装修的可燃性及燃烧后产生毒害性气体的情况；

（6）疏散楼梯的耐火极限情况等；

（7）火灾发生后，避免发生爆炸等次生灾害的预防措施。

《既有建筑技术规范》（课题研究稿）提出防止建筑物在爆炸中坍塌的技术措施如下：

（1）对可爆炸物的爆炸能量进行控制，也就是少放一些可爆炸物质；

（2）将可爆炸物集中放置在建筑中的可控部分；

（3）设置易于泻爆的围护结构；如门窗、非承重的墙体等，当爆炸发生时，这些围护结构发生破坏，使主要的爆炸冲击能量被释放，可以减小其对承重结构的破坏；

（4）设置抗爆构件；也就是对重要构件或人员集中部位进行特殊保护；

（5）减小爆炸损伤构件在结构中的重要性；例如多设置一些柱，减小每个柱的负荷面积等；

（6）将构件改为不易完全丧失承载力的构件。如采用劲性钢混凝土、约束混凝土构件等。

《既有建筑技术规范》（课题研究稿）提出对存在高爆炸风险的建筑物，应对预防爆炸发生的技术措施进行评定，评定项目简述如下：

（1）可爆炸气体的泄漏报警装置；

（2）消除静电的设施，静电可以起爆炸；

（3）不发火地面的情况；

（4）可爆粉尘清除情况，一些工业生产车间内存在可爆炸粉尘，及时清除可避免爆炸事故的发生；

（5）室内空气的相对湿度情况等；

（6）爆炸事故发生后，防止易燃、毒害、腐蚀性液态物质造成次生灾害。

当然并非所有的既有建筑都需要进行上述全部项目的评定。

《既有建筑技术规范》（课题研究稿）提出易遭受撞击的房屋抗倒塌能力的评定方法，还提出了预防建筑物遭受撞击影响的技术措施，这些措施简述如下：

（1）对易遭受碰撞的构件增设防撞设施和警示设施；一般的桥梁都有防撞措施；
（2）降低易遭受撞击构件在结构中的重要性；
（3）将这类构件改造成不易完全丧失承载力的构件；
（4）提高相关构件的承载力和连接锚固的承载力。

12.3 安全性评定

《既有建筑技术规范》（课题研究稿）关于既有建筑安全性评定的对象可分成地基基础、主体结构和围护结构。

12.3.1 地基基础的评定

既有建筑地基基础的安全性评定项目有如下三项：
（1）地基类型与基础形式之间的匹配性；
（2）基础形式与主体结构形式的匹配性；
（3）地基的承载力评定。

关于前两款评定项目，在本章前面已经进行了介绍。地基的承载力评定以《建筑地基基础设计规范》的基本规定为基准。既有建筑基础的承载力应该结合相关结构设计规范的规定进行评定。

12.3.2 结构安全性评定

主体结构的安全性评定可分成结构体系、连接锚固和构件承载力三个分项。围护结构的安全性可进行连接锚固和承载力两个项目。

1. 结构体系的评定

应当重视结构体系问题，对结构体系的评定可分成下列三种情况：
（1）既有建筑中结构之间的匹配性问题；
（2）构件尺度较大问题；
（3）轻钢结构的稳定性问题。

下列情况可认为属于结构之间的形式不匹配，应进行结构体系的改造：
（1）具有较大推力的拱形屋面或楼面放置在抗侧力较差的柱或砌筑墙体上；
（2）重型屋盖或楼盖放置在刚度或抗力较差的柱或墙体上；
（3）在同一结构单元中使用不同的结构形式，如内框架结构与框架结构混合等。
（4）上部结构与基础的形式不匹配；
（5）基础的形式与地基情况不匹配；如在水位频繁变化的软土中，采用复合地基会存在较多的问题。

对于存在下列问题的结构，在结构体系评定时应予以特殊的重视：
（1）存在跨度较大屋面和楼面结构或构件。此时其承受纵向作用的构件数量必然较少，容易出现问题；
（2）按平面构件设计且高度较大结构的平面外稳定性；
（3）悬挑较大的构件。悬挑构件出现坍塌的情况相对较多，悬挑较大时应特别注意；

（4）基础埋置较浅的高层混凝土结构。

《工程结构可靠性设计统一标准》GB 50153 将结构刚体位移作为承载能力极限状态的标志之一，但是现行结构设计规范除了《砌体结构设计规范》GB 50003 有关于抗倾覆的规定外，其他规范似无具体规定。当混凝土结构整体牢固性较高，基础埋置较浅时整体的抗倾覆问题则会显得突出，在地震作用和其他偶然事件影响下会出现整体倒覆的问题，见图 12-20 和图 12-21。

图 12-20　地震造成房屋倾覆

图 12-21　上海某建筑倾覆

对于轻型钢结构的稳定性提出了下列评定建议：

（1）结构或构件平面外的稳定性不应小于平面内的稳定性。平面外稳定性小于平面内的稳定性，可能是轻型钢结构在特定情况下发生坍塌的主要原因之一[102]；

（2）受拉杆件可能受到压力作用时，其长细比应按受压杆件评定[103]。

2. 构件承载力的评定

构件承载力的评定可以分为考虑地震作用和不考虑地震作用两种情况。

现行《建筑抗震设计规范》GB 50011 和《建筑抗震鉴定标准》GB 50023 所进行的是小震弹性抗震承载力的验算或鉴定，没有按照《地震动参数区划图》的规定进行设防烈度地震的抗震承载力设计，这种设计和鉴定方法使结构抗震承载力的可靠性指标大幅度降低。对于大多数建筑来说，由于有大震不倒的设防要求，构件承载力可靠指标的降低可能不会造成灾难性的影响，可能会使部分构件在设防烈度地震影响下损伤程度略微严重一些。据此，《既有建筑技术规范》（课题研究稿）建议，既有建筑在综合抗震能力的构造评定应按《建筑抗震设防分类标准》GB 50223、《建筑抗震设计规范》GB 50011 和《建筑抗震鉴定标准》GB 50023[104] 的规定执行，其抗震承载力的评定也可按照上述规则执行。

对于结构体系合理的既有建筑，可以采取基于结构状态的构件承载力评定方法。也就是，符合建筑抗震规范大震不倒要求的既有建筑和进行过抗倒塌验算的既有建筑，其构件承载力的评定可采取基于结构状态的评定方法。其依据就是，只要既有建筑具有抗倒塌的能力，不进行构件承载力可靠性指标的计算评定，结构也不会出现太多的问题。

基于结构状态的评定方法是指结构构件没有明显的变形或位移，混凝土构件和砌筑构件没有明显的重力荷载裂缝。砌筑构件和混凝土构件出现初始受力裂缝时所承受的荷载，一般不到构件承载力的 50%，也就是说构件至少有 2 倍以上的安全系数。有这样的安全系数再结合建筑抗倒塌能力的评价，可以评价构件具有足够的承载力。

对下列结构的构造连接承载力评定时，可对作用的取值进行适当调整：

（1）频受风灾影响地区的基本风压和风振系数。主要指既有建筑的围护结构。近年来，一些既有建筑的围护结构在风荷载的作用下频频出现破坏现象，瞬时风压可能是造成围护结构抗风承载力不足的主要原因。目前结构规范提供的基本风压是依据 10min 的平均风确定的，这种基本风压比较适用于既有建筑的主体结构，而对围护结构可能取值偏小。

（2）受到冰冻和降雪影响较大地区的基本雪压。主要针对轻型钢结构。在 2007 年东北地区的雪灾和 2008 年春南方地区的冰冻灾害中，大量轻型钢结构出现坍塌现象，表明这种结构的安全系数可能偏低，因此其雪荷载应当提高取值[105]。

（3）排架和框架结构的地震峰值加速度。排架结构在地震中坍塌的事例较多，汶川地震中还出现了许多框架柱破坏的现象。对于这些构件进行承载力验算时，地震加速度宜取设防烈度地震的加速度，以判定构件承载力和锚固连接承载力的关系。这里应该强调指出的是，《建筑抗震设计规范》GB 50011 从来就没有限制在结构计算中使用设防烈度地震加速度，从 89 版规范到 2010 版规范，都有建议使用设防烈度地震加速度的规定。

《既有建筑技术规范》（课题研究稿）提出了频受风灾影响地区围护结构基本风压的确定方法。《建筑结构荷载规范》GB 50009 已经对围护结构的风振系数进行调整，目前该规范称之为阵风系数。

《既有建筑技术规范》（课题研究稿）提出了受到冻雨、冰冻影响和降雪较大的地区的基本雪压取值的建议，当有短期的相关数据时，也可按《建筑结构荷载规范》GB 50009 提供的方法推断 50 年或 100 年一遇的基本雪压。

《既有建筑技术规范》（课题研究稿）提出特定结构的地震峰值加速度宜按《中国地震动参数区划图》的规定确定。该规划图提出的地震动峰值加速度是 50 年超越概率为 10%，其平均重现期为 475 年。按照可靠度设计原则，当基准期的超越概率较小时，作用效应的分项系数可以适当降低，当使用设防烈度地震加速度对应参数进行抗震承载力验算时，作用效应的分项系数大致可以取 1.15 左右。

此外，结构的重力荷载，也就是恒载可以取标准值，可不考虑恒载的分项系数；楼面可变作用可以取频遇值或准永久值，也可不考虑作用效应的分项系数。

《既有建筑技术规范》（课题研究稿）提出，构件和连接的承载力评定值宜按现行结构设计规范提供的计算模型确定，也就是用现行规范的计算公式计算构件和连接或锚固的承载力。当现场检测存在下列问题时可对计算模型进行调整 以符合实际情况：

（1）构件存在不可恢复性损伤。例如钢筋锈蚀对承载力的不利影响。

（2）构件存在明显轴线位置的偏差。偏差等对作用效应和构件承载力都会存在影响。

（3）构件承载力计算模型中未考虑相关因素的影响。这种因素可以分成两种情况，一种为对构件承载力不利的因素，一种是对构件承载力有利的因素。不利因素为梁类构件受到的扭转作用对构件抗弯和抗剪承载力的不利影响等。有利因素为梁类构件纵筋的配筋率对构件抗剪承载力提高的作用等。

（4）可以适度利用设计阶段的其他不确定性储备。所有结构设计规范都会留有一定的安全性储备，当施工质量达不到设计要求和设计者考虑问题不周时构件承载力的可靠指标还可以满足相关规范的下限要求。也就是说，当施工质量完全符合设计要求，设计基本满足设计规范要求时，构件承载力的可靠性指标肯定会高于相关规范限定的数值。这就是所谓的不确定性储备。当鉴定单位可以明确这些储备时，就可以利用这些储备，将构件承载力评定为符合现行规范的要求。但当鉴定单位对此不了解时，不可利用这些储备。

这里所要明确说明的是，所有结构设计规范的编制者都不会明确指出规范留出额外的安全储备，这些储备是解决设计阶段不确定性问题的。既有建筑的特点是许多设计阶段的不确定性问题都已经变成确定的，如结构的恒载、构件材料的强度、构件的截面尺寸等。汶川地震中，一些既有建筑也经历了设防烈度或罕遇地震的考验。经历了设防烈度地震考验，构件未出现承载力不足的现象，无论其计算能否符合要求，都可以评定其承载力符合要求。经历了罕遇地震考验，没有出现构件的破坏，即使结构体系不符合相关规范的要求，也可评价该既有建筑可以满足罕遇地震不倒的要求。

但是既有建筑存在一些不能确定的问题，也就是未经历过的偶然作用，包括罕遇地震的影响等。特别是对于围护结构和轻型钢结构不宜利用这些储备。

对混凝土框架柱和排架结构的上层柱评定时宜考虑以下建议：

（1）不宜使用抗震承载力调整系数；

（2）柱的抗震承载力宜除以大于 1.2～1.5 的构件承载力不确定性系数 γ_{Rd}。

做出这些建议的原因是，这些构件在地震中出现了大量破坏的现象，表明混凝土结构的设计方法没有使柱的可靠性指标高于梁类构件的可靠性指标。新近修订的《混凝土结构设计规范》GB 50010—2010 已经注意到这个问题，增加了构件承载力的分项系数 γ_{Rd}。

《既有建筑技术规范》（课题研究稿）建议对附设结构物和附属构筑物的安全性评定应采取与建筑结构和围护结构相同的评定方法。

第 13 章 既有建筑的适用性评定

《既有建筑技术规范》（课题研究稿）首次提出既有建筑的适用性问题，本章首先对这个概念进行介绍，然后介绍相关条款的研究背景。

13.1 既有建筑的适用性

既有建筑是由地基基础、主体结构、围护结构、装饰装修、设备设施等基本元素构成。构成既有建筑的这些基本元素都有适用性或功能性的问题。基于习惯，将某些对象的适用性称为功能可能更为合适。

13.1.1 结构的适用性

国际标准有结构适用性的概念，而我国的建筑结构设计规范没有适用性设计的规定，只有少数结构设计规范明确提出正常使用极限状态的设计要求。结构的正常使用极限状态设计只是结构适用性设计的一部分内容。

1. 适用性问题

按照国际标准关于结构适用性字面的理解，service ability——适用性，应该是结构所提供的服务性功能，主体结构服务的对象主要是指既有建筑的围护结构、装饰装修、设备设施和建筑的基本功能；其最终服务的对象是既有建筑的业主和使用人。

20 世纪 80 年代以前，我国建筑结构的安全水平偏低，设计规范和设计人员对结构的安全性比较重视。近年来，随着结构设计规范安全水平的提高，安全性问题得到基本解决，适用性问题逐渐凸显。近年来关于建筑质量存在争议的问题大多数可归结为适用性问题。典型的问题归类如下：

(1) 地基基础变形

基础不均匀变形造成墙体的开裂和埋地管线破裂。

(2) 主体结构变形

梁、柱、墙体、楼板等结构构件变形过大会造成门窗开启困难、玻璃破碎；梁、板挠度过大还会造成楼面装修材料开裂或屋面防水受损，见图 13-1 和图 13-2。

(3) 非重力荷载造成的开裂

此处所说的作用主要包括混凝土的收缩、砌体的收缩、温度应力造成的构件变形，不同材料间或构件接缝处产生的裂缝；见图 13-3 和图 13-4。

(4) 围护结构和装修损坏

结构变形造成围护结构和装修损坏，特别是在多遇地震作用下，这种问题十分突出。

(5) 振动和噪声

这里所说的振动和噪声不是外界环境造成的，而是由既有建筑中用户活动和设备设施

图 13-1　结构变形过大造成屋面积水

图 13-2　屋面防水被拉裂造成渗漏

图 13-3　屋面墙体温度裂缝

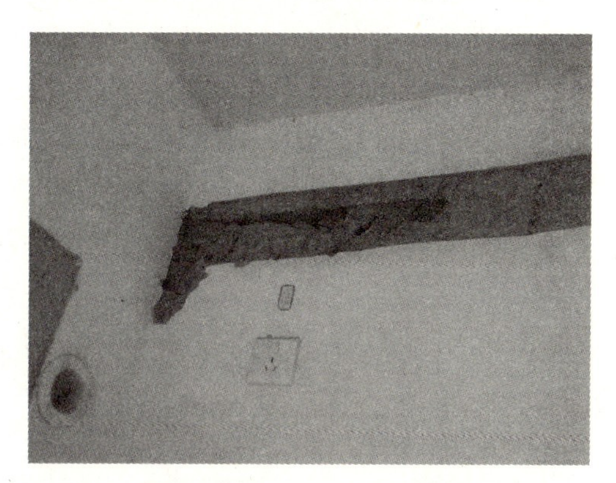

图 13-4　不同材料间的裂缝

造成的。楼面构件厚度较小也会造成隔声性能较差和楼板振颤。

上述这些问题具有的共同特点是，结构本身是安全的，但存在的问题影响建筑的正常使用。有些结构变形符合相关规范正常使用极限状态的要求，有些在规范中没有明确规定。

2. 结构适用性问题的特点

《建筑结构可靠度设计统一标准》GB 50068—2001 规定的结构在规定的设计使用年限内应该满足的要求之一为：在正常使用时具有良好的工作性能。这就是关于结构适用性的基本要求。该规范还规定以正常使用极限状态的限值作为衡量结构适用性的指标，正常使用极限状态包括下列情况：

（1）影响正常使用或外观的较大变形；

（2）影响正常使用的局部缺陷、损伤、开裂；

（3）影响正常使用的振动；

（4）影响正常使用的其他特定状态。

由于既有建筑是由多种构配件构成的整体，建筑功能涉及地基基础、建筑、结构、设备、电气、给水排水、节能、智能化等多个专业，任何一个专业环节出现问题都将直接影响建筑物的使用功能，都将令使用者感到不适，这种不适有些是感观上的，有些是建筑物组成元素性能方面的，问题严重时还会危及人身和财产安全。因此，建筑结构的适用性应该以保障建筑功能以及设备设施的正常运行为主要目标。

对既有建筑出现上述问题的根源进行详细分析时会发现，出现问题的根源大致有以下几种类型：

第一类：因结构或构件的因素引发建筑功能和设备设施非正常运行。本报告前面列举的一些实例属于该类问题，如玻璃破碎、屋面积水、防水层被拉裂等问题。

第二类：因建筑做法与设备设施问题引发结构构件某些指标超过正常使用极限状态限值。如屋面保温、隔热层设置不足，造成建筑顶层构件产生温度裂缝问题；地板采暖造成的热胀冷缩，使墙体和楼板出现裂缝；设备设施的过大振动和运行噪声；楼面面层厚度和硬度问题使楼板隔声问题突出等。

第三类：建筑功能、设备设施或防护措施本身存在问题；例如地下水位较高的地下室仅采用结构防水的措施，没有卷材防水造成的渗漏问题等。

第四类：没有出现建筑功能与设备设施的问题，也没有出现结构适用性问题，但是某些指标可能会超过某些规范规定的正常使用极限状态的限值。

第五类：建筑结构、建筑功能与设施均未存在问题，但存在出现结构适用性问题的可能。

当然既有建筑中，有相当数量的结构适用性没有问题，对于这种情况的评定要符合用户的要求。

13.1.2 结构适用性评定和处理原则

1. 评定原则

基于上述的分析，按现行结构设计规范关于结构正常使用极限状态限值的规定进行评定可能会遇到下述几种典型的情况：

(1) 某些指标已经超过规范限值，建筑功能等也受到了明显的影响；

(2) 某些指标未超出规范限值或规范无明确规定，但建筑的功能等已经受到影响；

(3) 评定指标超过规范限值，但建筑的功能没有受到明显影响；

(4) 目前存在的适用性问题虽尚未影响使用功能，但适用性问题有发展和恶化的趋势，在继续使用中可能会对建筑功能造成影响。

针对上述四种状况，《既有建筑技术规范》（课题研究稿）按照《工程结构可靠性设计统一标准》GB 50153 的规定提出了以下原则[8]：

(1) 对建筑功能等已经受到影响的既有建筑，应提出处理意见。

(2) 对于达到正常使用极限状态的主体结构，但建筑功能等没有受到影响，可以提出处理建议；也可进行结构适用性评定，确保在后续使用期不致出现明显影响建筑功能的情况。

(3) 对于未达到正常使用极限状态且建筑功能等也没有受到影响的既有建筑，可对结构的适用性等级进行评定，评定可分成以下几个等级：

Ⅰ级或 A 级：结构适用性的可靠性指标 $\beta \geqslant 1.5$，结构的适用性具有相应的可靠性指标；

Ⅱ级或 B 级：结构适用性的可靠性指标 $\beta \geqslant 0$，$\beta = 0$ 表明结构的适用性处于临界状态，或者出现问题的可能性为 50%；

Ⅲ级或 C 级：结构适用性的可靠性指标 $\beta < 0$，表明出现适用性问题的可能性较大，

可以采取一些预防性的处理措施；

Ⅳ级或 D 级：对于已经影响使用功能的既有建筑，结构的适用性可直接评为Ⅳ级或 D 级。

2. 处理原则

存在结构适用性问题就应该进行处理，但是否进行处理的决定权在既有建筑的业主或用户一方。国家的法律和行政法规只对既有建筑的安全性有相应的规定，结构设计、施工、验收规范中重要的安全性规定一般是强制性条款。但对于适用性问题，一般都不是强制性的，但如果结构的适用性问题对安全或人身健康构成影响时也必须采取措施进行处理。通常情况下，业主或用户会要求对结构存在的适用性问题进行处理。

以下讨论结构适用性问题的处理原则，所谓处理原则并不是具体的处理技术措施，而是采取处理措施时应当注重的问题，实际上还是属于评定范畴的内容。

处理适用性问题时，探寻造成问题的根源以及影响因素的变化与发展情况，提出在适宜的时机采取有针对性的处理措施的建议，体现了确保结构的性能，尽量减少工程处置量的原则，也体现了可持续发展的政策。

前面已经分析过，造成既有建筑主体结构适用性问题的根源有以下两个：

（1）结构构件本身存在问题；

（2）非结构因素造成的问题。

探寻问题的根源，首先就是把上述两类问题区分清楚。例如太阳辐射热造成的既有建筑顶层墙体开裂问题，主要是屋面保温、隔热层不能有效阻隔太阳辐射热，屋面构件产生较大的变形致使墙体出现裂缝。如果不加以分析，盲目地对墙体进行加固或裂缝修补，墙体还要产生裂缝。

在区分了这两类问题之后还要继续探寻更为具体的根源。例如造成建筑砌筑墙体裂缝的原因很多，如局部承压、环境温度、基础不均匀沉降、砌筑块材收缩等均可能导致砌筑墙体出现开裂。如果不找到真正的原因就采取裂缝治理措施，裂缝有可能继续出现。

不利因素的影响可能会存在三种典型的情况：

（1）不利因素已经消失，但影响状况存在；

（2）影响因素存在，但影响因素没有明显的发展与变化；

（3）影响因素存在，且还在发展。

一些地基不均匀变形问题，可归类为第 1 种典型情况。地基的不均匀变形已经终止，但基础或结构构件的裂缝仍存在。这里所要强调指出的是，将地基不均匀变形造成的裂缝问题归于适用性问题的先决条件是地基的承载力符合相关规范的要求。

混凝土的收缩问题可归类为第 2 种典型情况。混凝土的主要收缩有明显的时间性，在成型的早期，收缩的速度快，相应的受拉徐变响应速度慢，混凝土容易开裂。当混凝土主要收缩完成后，虽然其收缩趋势依然存在，但混凝土受拉徐变的响应速度已经可以抵消收缩的作用。对于这种问题没有必要等待收缩全部结束，即可以采取裂缝治理措施。但是采取处理措施的时机要掌握好，要判断主要的收缩已经完成。

屋面温度问题造成的顶层墙体开裂属于第 3 种典型情况，影响的主要因素为太阳辐射热，影响因素依然存在，太阳辐射热在冬季和夏季明显不同。对于这类问题可以采用有针对性的处理措施解决。首先要解决太阳辐射热问题，增加屋面保温层、隔热层，然后再处理墙体裂缝。

13.2 结构适用性评定

以下介绍《既有建筑技术规范》（课题研究稿）关于房屋主体结构适用性评定主要条款的研究背景情况。

13.2.1 适用性问题

当既有建筑存在下列问题时可判断为结构的适用性存在问题[106]：

(1) 在现行《建筑结构荷载规范》GB 50009 规定的作用下，结构的变形、裂缝或应力状态超过相应结构设计规范限定的正常使用极限状态标志。出现这种问题时要判定结构存在适用性问题，但先决条件是构件的承载力或安全性符合相关规范的要求。

(2) 在正常使用极限状态标志出现前，既有建筑设备设施的正常运行受影响情况，围护结构的功能受影响、装饰装修受到损伤。

(3) 在积冰、积水和积雪等作用下，会导致屋面结构构件开裂，产生不可恢复的变形情况，对屋面围护结构使用功能造成影响。

(4) 围护结构使用功能存在问题以及建筑装饰装修损伤。

(5) 结构构件存在的非重力荷载造成的裂缝等。所谓非重力荷载是指环境温度、太阳辐射热、材料的收缩等。

(6) 隔声性能差。解决问题的方法是减少建筑遭受撞击的可能，或减小撞击噪声能量。

13.2.2 适用性评定等级

以下介绍的方法适用于结构不存在安全隐患的情况，以屋面超载和多遇地震影响为例介绍，这两个问题的评定原则已经列入《建筑工程裂缝防治技术规程》(送审稿)[107]。

1. 屋面超载问题

前面已经介绍了一些冰冻等造成的屋面坍塌事故。这些坍塌的屋面结构主要是轻型钢结构。在屋面超载的作用下，一些混凝土结构的屋面虽然没有出现坍塌，却会出现结构适用性问题，如结构变形过大、防水层破坏、屋面积水、构件开裂等。

对于一些屋面的混凝土结构，虽然现场检查时未出现适用性问题，也应该进行屋面结构的适用性等级的评定，评定时应充分考虑屋面可能出现的超载情况。

屋面积灰也会造成结构坍塌，过去这些问题主要发生在污染严重的单层工业建筑，如冶金建筑或者水泥厂附近的建筑，近年来这些问题已得到重视并已基本处理。

关于既有建筑屋面积雪或积冰问题，一些国外的保险机构认为《建筑结构荷载规范》GB 50003 提供的基本雪压偏小，没有达到基准期 50 年（平均重现期）的水平。

表 13-1 提供了韩国部分城市 50 年一遇的地面雪荷载，表 13-2 为《建筑结构荷载规范》GB 50003 规定的我国部分城市 50 年和 100 年一遇的地面雪压情况。

韩国部分城市 50 年一遇地面雪荷载（kN/m^2）　　表 13-1

城市名称	雪荷载	城市名称	雪荷载	城市名称	雪荷载
首尔 Seoul	0.85	仁川 Incheon	0.80	水原 Suwon	0.70
全州 Cheongju	1.10	大田 Daejeon	1.15	浦项 Pohang	0.90
大邱 Daegu	0.80	蔚山 Ulsan	0.60	马山 Masan	1.00
光州 Gwangju	1.05	斧山 Busan	0.85	瑞山 Gunsan	0.95

我国部分城市的地面雪压（kN/m^2）　　表 13-2

城市	杭州	南京	天津	大连	烟台
50 年	0.45	0.65	0.40	0.40	0.40
100 年	0.50	0.75	0.45	0.45	0.45

通过比较可知，考虑了冰冻因素可能是韩国的地面雪压高于我国气候相近城市地面雪压的原因之一。表 13-1 内的平均值，约为表 13-2 中 100 年雪压平均值的 1.7 倍。考虑到其他因素，在缺乏资料时，50 年一遇冰冻荷载的标准值建议按当地 100 年一遇的雪压乘以 1.2～1.3 的增大系数考虑。

除考虑基本雪压的问题外，尚应考虑屋面可能出现的积雪和积冰情况。大跨度混凝土屋盖结构的变形不超过《混凝土结构设计规范》GB 50010 的限值，且不会对建筑屋面的防水、装修、管线、轨道等构成影响时，屋面结构的适用性可评为 A 级。需强调指出的是，《混凝土结构设计规范》GB 50010 关于构件挠度的限值是基于跨度较小的构件，当将这些限值用于跨度较大的构件时，会出现装修开裂、起翘、建筑防水做法失效等问题。在屋面积水、积雪和积冰等荷载作用下，跨度较大屋盖装修及防水做法等出现破坏的可能性大大增加。

屋面积水常见于有女儿墙围挡的情况，屋面积水可能造成屋面结构坍塌，我国已有一些这样的坍塌事例。有女儿墙围挡的屋面排水口易阻塞，当缺乏日常的清理和疏通时，屋面会出现大量的积水，特别是当遭受短时突降的暴雨时，排水口来不及排水，除造成一些屋面的坍塌外，也会使屋面出现适用性问题。屋面积水灌入建筑内部也属于适用性问题。

通过调查发现，国外一些大跨度的女儿墙屋面总会留有不易被阻塞的应急排水口，有的甚至留出一个方向不设女儿墙，作为应急排水之用。可见精细的设计可以有效地避免屋面积水存造成的坍塌事故。

《建筑工程裂缝防治技术规程》（送审稿）建议，大跨度屋盖结构屋面荷载组合效应之一，可按式（13-1）确定：

$$S = S_{Gk} + S_{Qk1} + S_{Qk2} \tag{13-1}$$

式中　S_{Gk}——永久荷载效应；

S_{Qk1}——积水、积冰等荷载效应的最大值；

S_{Qk2}——屋面检修荷载效应，屋面检修荷载一般取 $0.5kN/m^2$。

与《建筑结构荷载规范》GB 50003 标准组合相比，式（13-1）未使用检修荷载效应的折减系数，原因是屋面积冰时，要采取除冰等措施。

大跨度屋面结构的荷载效应，应取按《建筑结构荷载规范》GB 50003 标准组合计算值和按式（13-1）计算值中的最不利值 S_{max}。

在上述作用效应的影响下，屋面构件的变形不应超过《混凝土结构设计规范》GB50010 的限值，且应满足式（13-2）的要求：

$$S_{max} \leqslant C（\varepsilon，\delta，\cdots\cdots） \quad (13\text{-}2)$$

式中 C——屋面防水和装修等能够承受的变形能力函数；

ε——装修防水层所能承受的应变；

δ——装修防水等所能承受的变形。

符合式（13-2）要求的混凝土屋面结构，其适用性等级可评为 A 级，也就是在规定基准期的荷载作用下，结构的适用性满足使用要求。

当式（13-2）得不到满足，但结构的变形、抗裂等符合《混凝土结构设计规范》GB 50010 要求时，可评定混凝土结构的适用性为 B 级。也就是说，虽然混凝土屋面结构目前没有出现适用性问题，但是在使用中有出现屋面防水层等遭受损伤的可能。在出现积雪的天气时，应当采取及时清除积雪，当屋面有可能出现积水时，应该设置应急排水口等技术处理措施。

当混凝土构件的抗裂和变形不能符合《混凝土结构设计规范》GB 50010 的要求时，可评为 C 级，表明，屋面混凝土结构出现适用性问题的可能性较大。

这里应当强调指出的是，上述评定的对象为未出现正常使用极限状态标志的混凝土屋面结构。已经出现正常使用极限状态标志的混凝土屋面结构，应评定为 D 级。

轻型钢结构的屋面在安全性满足要求后，也可按照上述方法评定屋面结构的适用性。

2. 多遇地震的结构位移与变形

现行建筑抗震设计规范“小震不坏”的设防目标是主体结构构件不发生破坏，见表 13-3。

弹性层间位移角限值 **表 13-3**

结 构 类 型	$[\theta_e]$
钢筋混凝土框架	1/550
钢筋混凝土框架-抗震墙、板柱-抗震墙、框架-核心筒	1/800
钢筋混凝土抗震墙、筒中筒	1/1000
钢筋混凝土框支层	1/1000
多、高层钢结构	1/300

汶川地震的震害调查表明，在规范规定的多遇地震影响下，一些符合规范要求的结构构件出现了一些损伤，大量围护结构、装饰装修、设备设施出现严重的损坏，有些甚至造成了人员的伤亡。由于现代建筑的装饰装修、设备设施、围护结构的造价远远超过结构的造价，如果小震不坏的设防目标能够保证装饰装修等不发生严重的破坏，则可保全大量国家和人民的财产。这也是一些专家提出的三水准、三阶段的抗震能力设计，其中小震不坏的设计为结构的适用性设计，对于既有结构来说属于结构适用性评定。

以下按照《建筑工程裂缝防治技术规程》（送审稿）的建议介绍相应的研究背景情况。

《建筑工程裂缝防治技术规程》（送审稿）建议在《建筑抗震设计规范》GB 50011 限定的多遇地震影响下，柔性结构弹性层间位移角的最不利值宜取规范规定值和按下列方法计算值两者之中的较大值：

（1）多遇地震加速度参数按现行《建筑抗震设计规范》GB 50011 的规定确定；

（2）地震特征周期值按地震分组第三组对应数值确定。

《建筑抗震设计规范》GB 50011 关于地震动参数的取值源于《中国地震动参数区划图》，而该区划图仅提供了设防烈度地震加速度和对应的地震特征周期，见表 13-4，未提供多遇地震加速度和对应的特征周期。

设计地震分组及特征周期值（s）　　**表 13-4**

设计地震分组	场地类别			
	Ⅰ	Ⅱ	Ⅲ	Ⅳ
第一组	0.25	0.35	0.45	0.65
第二组	0.30	0.40	0.55	0.75
第三组	0.35	0.45	0.65	0.90

表 13-4 中，设计地震分组为第一组的特征周期对应于近震的设防烈度地震。而该场地上结构承受的多遇地震有可能是来自中远或较远的震源，低频长周期的地震动参数可能起到主导的作用，并可能对柔性结构弹性层间位移的计算值构成影响。表 13-4 中设计地震分组的第二组对应于中远距离的设防烈度地震，而该场地上结构承受的多遇地震可能来自较远的震源。此时柔性结构弹性层间位移值可能会比按《建筑抗震设计规范》GB 50011 规定的计算值大，并造成结构构件的开裂或围护结构等的损坏。

一些国家的地震动参数是按两个系列给出，频遇地震的加速度和对应的特征周期，设防烈度地震的加速度和对应的特征周期，这样的规定可能比较合理。

由于《中国地震动参数区划图》没有提供多遇地震动参数，为了使多遇地震作用下，结构弹性层间位移的计算更为合理，提出了上述的计算建议。

例如，当该地区设防烈度地震的特征周期为第一组Ⅰ类场地的 0.25s 时，在进行多遇地震弹性层间位移计算时，特征周期可取第三组Ⅰ类场地的 0.35s。

当该地区设防烈度地震的特征周期为第二组Ⅰ类场地的 0.30s 时，在进行多遇地震弹性层间位移计算时，特征周期可取第三组Ⅰ类场地的 0.35s。

对于设防烈度地震为第三组的，本身是针对远震，应该取第三组的数值。

由于特征周期并非地震发生时结构经历的真正地震周期，因此建议结构的弹性层间位移取两种计算得到的较大值。

当柔性结构弹性层间位移的最不利值不会使围护结构、装修等发生明显的损伤或破坏时，可评定该结构的适用性等级为 A 级。

当柔性结构弹性层间位移的最不利值可以保证结构构件不出现损伤时，可评定结构的适用性等级为 B 级。这表明在规范限定的多遇地震作用下，建筑的装饰装修和设备设施等发生损伤破坏的可能性较大。当用户有相应要求时，可采取下列处理措施：

（1）增大结构的侧向刚度；

（2）设置隔震、减震设施；

（3）加强设备设施与结构之间的连接或锚固；

（4）改用抵抗变形能力较强的围护结构和装修做法等。

当柔性结构弹性层间位移的最不利值大于相应规范的限值时，可评定结构的适用性属于 C 级。

对于在多遇地震作用下已出现装修等损伤的结构评为 D 级。

第 14 章　围护结构与建筑使用功能评定

由于围护结构的适用性与其功能性有着密切的关系，本章首先介绍《既有建筑技术规范》（课题研究稿）对围护结构的适用性评定条款的研究背景。

由于《既有建筑技术规范》（课题研究稿）是首次提出房屋的使用功能问题，因此本章先介绍房屋的使用功能问题，然后介绍使用功能评定条款的研究背景。

14.1　围护结构的适用性

既有建筑的围护结构也具有安全性、适用性和耐久性等问题，本节首先讨论围护结构的安全性问题，然后讨论围护结构的适用性问题，最后介绍《既有建筑技术规范》（课题研究稿）关于围护结构适用性评定条款的研究背景。

14.1.1　围护结构的安全

此处所说的围护结构主要是指外围护结构中不属于主体结构的构配件。如幕墙、外门窗、轻质屋面板和轻质墙板等。这些围护结构要承受荷载的作用，也有安全性问题，也就是承载力可靠指标问题。

这里所要强调指出的是围护结构也会有前面提到的超载等问题。

1. 屋面超载

所谓屋面超载是指屋面的积冰、积雪、积灰、积水等作用大于《建筑结构荷载规范》GB 50003 限定荷载的作用。差异在于此处所说的屋面板不是传统意义的主体结构构件，而是围护结构构件，也就是轻质的屋面板。正是由于许多设计单位不把这些屋面板视为结构构件，对其承载力问题重视不足，这些轻质屋面板产生破坏的事例要远远多于主体结构的屋面板，例如混凝土屋面板。这些轻质屋面板另一个常见的问题是抗风能力较差。

《建筑结构荷载规范》GB 50003 提供的基本风压是依据 10m 高处，10min 的平均风速确定的。可以认为这种基本风压适用于既有建筑的主体结构，用于轻质的围护结构可能会存在不安全因素。大多数轻质围护结构的破坏是由瞬时风造成的。据有些国家的调查，瞬时风的风速大致是 10min 平均风速的 2～3 倍，也就是说瞬时风造成的基本风压约为平均风压的 2～3 倍[108]。这是造成一些轻质屋面遭风毁的原因之一。

造成轻质屋面遭风毁的另一个原因是屋面板与屋面结构连接的承载力不足。在风荷载作用下，连接先于屋面板发生破坏，使局部屋面板被掀起。这种破坏比屋面板本身破坏危害更大。因此对于这类问题的评定更应该注重连接承载力要大于构件承载力的评定方法。

轻型屋面板的破坏，使得一些轻钢结构屋盖稳定性不足的问题更为突出。可以认为，轻型屋面板的破坏是造成一些轻钢屋面坍塌的主要原因之一。

2. 围护结构的抗风能力

此处所说的围护结构包括轻质墙板、各种幕墙和外门窗等。这些围护结构遭风毁的事例也比较多。风毁围护结构的主要原因也主要是瞬时风压和连接承载力的问题。

根据“云娜”台风灾害的调查，当门窗等遭到风毁后，房屋容易发生严重的破坏或坍塌[109]。

在对围护结构进行适用性评定之前，要对其承载力进行评定。在承载力评定时应该使用基准期真正的可变作用设计值，所谓设计值也就是要考虑作用的分项系数。其中基准期应该按 50 年确定。

另外对于未出现适用性和功能性问题的围护结构，也要进行超载情况下的适用性评定。适用性评定也要使用基准期真正的可变作用值，此时的可变作用值不用考虑荷载的分项系数。把考虑超载因素后符合要求的围护结构的适用性等级评为 A 级等。例如考虑 50 年基准期的瞬时风作用后，性能可以得到保障的门窗的适用性评为 A 级。

14.1.2　围护结构的功能

既有建筑应该具有防风、防雨、保温、隔热、隔声、采光、通风等基本的功能，这些基本功能中的大部分要靠围护结构实现，这也就是所说的围护结构适用性或功能性问题。为了更为清楚地区分围护结构的适用性问题和功能性问题，以下按照防水功能、保温功能、隔声性能和门窗与幕墙的次序进行研讨。

1. 防水功能及其问题

围护结构应该具有防水功能或者称之为抗渗漏的能力。围护结构的防水功能有两种基本形式，其一为围护结构本身具有防水的能力。例如清水的砖墙等，不需要采取专门的防水措施，墙体本身具有一定的防水的能力。另一种形式是在围护结构外部附设专门的防水措施。例如，在混凝土结构屋面上设置卷材防水。

对于清水砖墙来说，其防水功能也是围护结构的适用性内容之一，也就是说一旦清水砖墙出现了渗漏，也就意味着其适用性存在问题。

对于卷材防水的混凝土屋面来说，防水不是围护结构应该具有的功能，出现渗漏可以认定防水功能存在问题，不能简单地认为围护结构的适用性也存在问题。只有通过分析认定造成防水层渗漏或破损的直接原因在于围护结构时，才可认定围护结构存在适用性问题。

虽然围护结构存在适用性问题造成防水渗漏或破坏的事例相当之多，但也不应该把防水本身存在的问题归咎于围护结构。

《既有建筑技术规范》(课题研究稿) 提出这样一种评定理念，有利于避免误判，也有利于针对存在的问题采取有效的措施进行处理。

2. 保温功能

建筑的保温主要有屋面保温、外墙保温、内墙保温和地面保温。这些保温做法有些是附着在围护结构之上，有些围护结构本身具有足够的保温隔热能力。造成保温性能降低的主要原因有保温材料受潮、变质、老化或保温层脱落。保温层脱落基本属于保温层承载力的问题，也有围护结构适用性的问题。例如，围护结构变形较大造成保温层的脱落，这类问题应当评定为围护结构的适用性存在问题。再如瞬时风造成的保温层破坏，可能与设计考虑的风压偏小或施工质量存在问题有关，有时与围护结构的适用性关系不大。

当依靠围护结构本身实现保温时，保温性能不足也属于围护结构适用性问题。当围护结构附设的保温层存在问题时，不能简单地认定围护结构的适用性同样存在问题。只有确认围护结构确实是造成保温层保温能力降低的主要原因时，方可认定围护结构存在适用性问题。例如，围护结构未设置防潮层，使保温层受潮，致使保温功能或效力降低等。

3. 围护结构的隔声性能

我国的既有建筑普遍存在隔声性能较差的问题。围护结构在隔声性能中起着关键作用。围护结构的隔声性能又可分为空气隔声和固体隔声。空气隔声问题已经受到普遍的重视，固体传声问题更为突出且未受到应有的重视。这里所要说明的是，无论是围护结构的空气隔声性能还是固体隔声性能都可归为围护结构的适用性能。

4. 门窗与幕墙的适用性

对外门窗和幕墙一般有抗风压、水密性、气密性、隔热和隔声的基本要求。其中按承载力要求评定时，抗风压应该属于安全性范畴的问题。外门窗和幕墙的水密性、气密性、隔热和隔声等性能可以归为适用性问题。

5. 装饰装修问题

当装饰装修与围护结构为一体时，围护结构的安全性、适用性也就代表了装饰装修的安全性和适用性。当装饰装修安装在围护结构之上时，装饰装修有自身的安全性和适用性问题。例如粘贴在外墙上的饰面砖、建筑的吊顶等。这类装饰装修的安全性和适用性往往受到围护结构的影响。

对于有隔声要求的围护结构，应对其空气隔声性能做出测试与评定。对于特定的围护结构应对其固体传声性能做出评定。《既有建筑技术规范》（课题研究稿）提出：外门窗和玻璃幕墙，应测试其水密性和气密性，并应按现行相关标准的规定进行评定。

《建筑外窗气密、水密、抗风压性能现场检测方法》JG/T 211 规定了建筑外窗气密、水密、抗风压性能的测试方法。但是该规范规定的方法在有些情况下难于实施。据此，《建筑门窗工程检测技术规程》JGJ/T 205 提出了一些新的检测方法，使现场检测外窗气密性、水密性和抗风压等性能的能力增强。

14.2 围护结构适用性评定

《既有建筑技术规范》（课题研究稿）提出了围护结构防水、保温隔热和隔声的评定条款，也提出了外门窗和玻璃幕墙等适用性的评定条款，最后提出：对于围护结构表面装饰装修出现的损伤、起翘、开裂、脱落等现象，应分析围护结构是否对其产生影响。

以下按照防水功能的评定、保温功能的评定、隔声性能的评定和门窗幕墙性能的评定的次序介绍围护结构的功能性评定，其间介绍围护结构适用性评定与功能性评定之间的关系。

14.2.1 防水功能

对于有防水要求的围护结构，应对其渗漏情况进行检查。发现渗漏时应对产生渗漏的原因作出分析。

建筑的防水可以分成围护结构自防水和在围护结构上设置措施两种类型。这里所说的围护结构包括承重的主体结构和自承重的构件。无论是何种防水，只要出现渗漏就应当分析其存在的问题，当需要对防水本身的等级进行评定时，可将出现渗漏的建筑防水评为 D 级。这里需要指出的是有些规范对“渗”和“漏”有明确的定义，而且对必须采取措施进行处理的渗漏程度有具体的规定。针对这种情况，也可以将达到相应渗漏程度的部位评为 D 级，将出现渗漏但未达到相应渗漏程度的防水评为 C 级。

围护结构的自防水出现渗漏时，可以认为围护结构的适用性存在问题，当需要评定等级时，可以将围护结构适用性的等级评为 D 级。

造成围护结构自防水出现渗漏的原因主要有以下几个：

(1) 积雪、积水和风荷载等使得围护结构产生较大的变形，致使自防水出现渗漏。

(2) 围护结构在重力荷载作用下产生较大的变形，致使自防水出现渗漏，例如住宅卫生间的隔墙一般为非承重的围护结构。隔墙在上层楼面荷载的作用下会产生一定的变形，并造成防水层的破坏，当隔墙采取自防水的措施时，隔墙出现裂缝则会造成渗漏。

(3) 围护结构在温度、收缩等因素作用下出现裂缝和渗漏等。例如，大面积的金属材料的轻质屋面或墙面均采用自防水措施，在太阳辐射热和环境温度作用下，金属板的拼缝会被拉开，造成防水功能失效等。

显然对于未渗漏的自防水围护结构，可以进行适用性等级的评定。当综合考虑上述不利因素的影响下，能够确保围护结构不出现渗漏时，可将围护结构的适用性等级评为 A 级；当不能确保围护结构的自防水出现问题时，可将围护结构的适用性等级评为 B 级或 C 级；特别是当同一做法的围护结构自防水已经出现渗漏时，可将未出现渗漏的围护结构适用性等级评为 C 级或 D 级。

围护结构在积雪、积水、风荷载、重力荷载和温度、太阳辐射热等因素作用下所产生的变形和开裂也会对设置在其上的防水做法构成影响。当综合考虑上述不利因素时，围护结构的变形和开裂可以得到控制，并能确保建筑防水不会受到影响时，可评定围护结构的适用性等级为 A 级；当不能确保防水功能不会受到影响时，可酌情将围护结构的适用性等级评为 B 级或 C 级；特别是当同一做法的围护结构防水已经出现渗漏时，可将未出现渗漏的围护结构适用性等级评为 C 级或 D 级。

附着在围护结构上的防水出现破坏或渗漏有时与围护结构无关，这些情况如下：

(1) 未设置有效的防水措施。例如，由于连续干旱导致地下水位下降，一些建筑的地下室不再采取柔性防水措施，并放松特定部位的防水措施。遇到雨量充沛的周期，地下室出现渗漏。

(2) 防水材料老化、屋面刚性防水出现裂缝问题。

(3) 防水做法存在问题，如泛水高度不够和施工质量等问题。

当能够确认出现问题的原因，可将防水等级与围护结构的适用性等级分开评定。

《既有建筑技术规范》(课题研究稿) 采取这种评定理念的宗旨，是便于用户根据产生问题的原因对症采取适宜的处理措施。

14.2.2　保温性能

对于有保温隔热要求的围护结构，应按现行节能标准对其保温隔热性能进行评定。

显然符合现行规范要求时，围护结构的保温隔热性能可评为A级，不符合现行规范要求时可酌情评为B级、C级或D级。

这里所要指出的是，由于目前缺乏现场检测围护结构实际保温性能的方法，而保温材料受潮或老化后其保温性能会明显降低。对此可根据现场检查情况适度降低围护结构保温性能的评定等级。例如对于明显出现老化、受潮或破损的保温措施，可评为B级或C级。

与防水相同的是，建筑的保温措施也分成围护结构本身具备保温性能和围护结构附设保温做法两种情况，其保温性能和围护结构的适用性可以合并评定等级。

14.2.3 隔声性能

对于有隔声要求的围护结构，应对其空气隔声性能作出测试与评定。对于特定的围护结构应对其阻隔固体传声的性能作出测试与评定。

14.2.4 门窗和幕墙性能

外门窗和玻璃幕墙，应测试其水密性和气密性，并应按现行相关标准的规定进行评定。

《建筑外窗气密、水密、抗风压性能现场检测方法》JG/T 211规定了建筑外窗气密、水密、抗风压性能的测试方法。但是该规范规定的方法在有些情况下难于实施。据此，《建筑门窗工程检测技术规程》JGJ/T 205—2010提出了一些新的检测方法，使现场检测外窗气密性、水密性和抗风压等性能的能力增强。

应该说，通过这些检验的外窗适用性可以评为B级，因为这些规范规定的检验指标没有考虑到瞬时风的作用情况。也就是说在风雨交加的天气，在瞬时风的作用下，通过上述检验的外窗也可能会出现渗漏现象。

显然，没有通过检验的外窗可以评为C级，也就是要采取一些措施进行处理。

当在相当于瞬时风的风压的作用下，外窗通过水密性和气密性的检验时，该窗可评为A级。

现场检查时，发现外门窗存在较多的问题时，可评为D级。也就是说这些门窗肯定通不过上述的检验，所谓存在问题较多是指存在下列情况：

(1) 外门窗玻璃破损、爆边、裂纹、缺角；中空玻璃起雾、结露和霉变；夹层玻璃分层、脱胶等。

(2) 门窗框和门窗扇明显变形、损伤，锈蚀、老化；木门窗腐朽、结疤；门窗框和开启扇安装不牢固，手扳检查出现晃动。

(3) 密封件脱落、缺失、损坏，老化裂纹，弹性性能下降。

(4) 连接件与五金件缺失、损坏；手扳检查，发生晃动；开启和锁闭操作失灵。

(5) 排水孔堵塞、倒排水。

当建筑幕墙有相应的要求时，也应参照上述原则进行检验评定。

14.3 既有建筑的使用功能

《既有建筑技术规范》(课题研究稿) 把下列问题定义为与建筑使用功能相关的项目：

（1）功能空间的设置及功能空间的尺度；
（2）应具备的自然功能和必备设备设施的设置情况；
（3）设备与设施的功能；
（4）无障碍通行的情况等。

14.3.1　功能空间

既有建筑功能空间的设置和功能空间的尺度应按相应建筑设计规范的下限要求进行评定。所谓功能空间是指具有特定使用要求的分隔空间，如住宅的起居室、卧室、卫生间等。所谓相应建筑设计规范是指，对于住宅的功能空间和尺度应按《住宅设计规范》GB 50096 的规定进行评定。

完全符合《住宅设计规范》GB 50096 要求的可评定为 A 级，部分指标不符合规范要求，但尚不明显影响使用的可评定为 B 级，对功能空间尺寸偏小或未设置相应功能空间而影响使用的应评定为 C 级，如城市住宅里未设卫生间，不能称其为住宅，只能称其为集体宿舍。对评定为 B 级的可不采取处理措施，对评定为 C 级的，应在条件允许的情况下进行改造处理。

14.3.2　通风、采光

自然通风、日照、自然采光不符合相应建筑设计规范的下限要求时，可评定为 B 级或 C 级，根据用户的要求予以改造。有些房屋不要求能自然采光，如地下室等，可通过其他方式采光。

14.3.3　设备设施

设备设施主要包括给水排水设施、采暖通风设施、空调设施、电器设施等，对设备设施的检测评定应根据委托方的要求分别对其功能性作出评定意见。

对给水设施的功能性评定，应将供水设施实际的供水能力与相应规范的下限要求进行比较，特定情况下可与实际使用情况进行比较。当实际供水能力与按常规估算的情况有较大差异时，宜在下列部位查找管线渗漏或受到影响等的原因：
（1）给水埋地管道受到重物挤压情况；
（2）给水管道穿过伸缩缝、沉降缝处的情况；
（3）给水管道穿过承重墙或基础处预留洞口的情况等；
（4）给水横管坡向泄水装置坡度的情况；
（5）给水管道埋深与当地冬季土壤冻结深度的情况；
（6）给水管道井内部的情况及阀门情况等。

排水设施的功能评定，应将排水设施实际的排水能力与相关规范的下限要求进行比较，特定情况下宜与用户提出的符合实际情况的要求进行比较。排水能力的实际状况与按常规原则估算的情况有较大差异时，宜在下列部位查找排水受阻的原因：
（1）底层排水立管的排水能力及堵塞情况；
（2）室内埋地横管管径、堵塞、锈蚀及受重物损伤情况；
（3）室外埋地横管的管径、阻塞、锈蚀、受重物损伤和回填土下沉影响情况；

（4）室外排水管埋深与当地冬季土壤冻结深度的情况；

（5）排水管穿过承重墙或基础处洞口情况及管线受损情况。

供暖设施功能评定，应将供暖设施实际的能力与相关规范的下限要求进行比较，特定情况下宜与用户提出的符合实际情况的要求进行比较。设备设施存在能力不足问题时应实施改造。

第 15 章　既有建筑的耐久性评定

本章首先介绍耐久性的概念，之后介绍耐久性的设计方法。对砌体结构和钢结构介绍经验的设计方法；对混凝土结构，介绍采取控制措施的耐久性设计方法，最后介绍定量的设计方法。

15.1　耐久性的基本概念

既有建筑的大部分性能都着眼于解决作用效应与抗力之间的关系，耐久性评定考虑的是环境对建筑地基基础、主体结构、围护结构、设备设施、装饰装修等的作用情况。

15.1.1　影响耐久性的问题

耐久性的环境作用可分成自然环境作用和人为环境作用。耐久性所考虑的自然界环境作用显然是指风、雨、雪和温度等作用的荷载效应。各种作用的荷载效应是建筑承载力和变形等所要考虑的问题，也就是结构安全性和适用性要考虑的问题。

1. 环境的作用

耐久性的自然环境作用是指，风、雨、雪、温度和有害介质等对建筑材料性能或功能的物理、化学以及生物作用结果。这种作用可能会造成建筑材料的力学性能降低、出现损伤；也可使材料中的某些化学成分发生变化，逐步丧失材料的应有功能。

人为环境作用是指人们的生产、生活行为对建筑材料造成物理、化学和生物作用结果，造成的后果与自然环境类似。

2. 环境的物理作用效应

以下介绍自然环境和人为环境对建筑材料典型的物理作用效应。

（1）磨蚀；自然界风沙可造成既有建筑的玻璃、金属幕墙面板、外墙等磨蚀；人为因素造成的磨蚀如建筑地面、楼梯踏步、门窗扶手等的磨损。

（2）气蚀；常见于输气管线、通风管线中，气体流动造成建筑材料的损伤。

（3）冻胀损伤；高强混凝土和建筑石材会出现冻胀损伤。

（4）冻融损伤；如混凝土、黏土砖等，见图 15-1 和图 15-2。

（5）溶液侵入损伤；某些溶液侵入建筑材料内部，结晶产生的膨胀力造成材料的损伤，如砖砌体的碱侵蚀，混凝土的硫酸盐侵蚀等。

（6）老化损伤；高温、高湿和紫外线等造成有机材料的老化，加速材料内部的化学反应，如塑料、沥青、钢结构防腐涂层老化，混凝土碱骨料反应等，见图 15-3 和图 15-4。

（7）干裂；空气长期干燥造成材料缓慢失去水分，导致开裂，如木构件顺纹开裂等，见图 15-5。

图 15-1　混凝土的冻融损伤

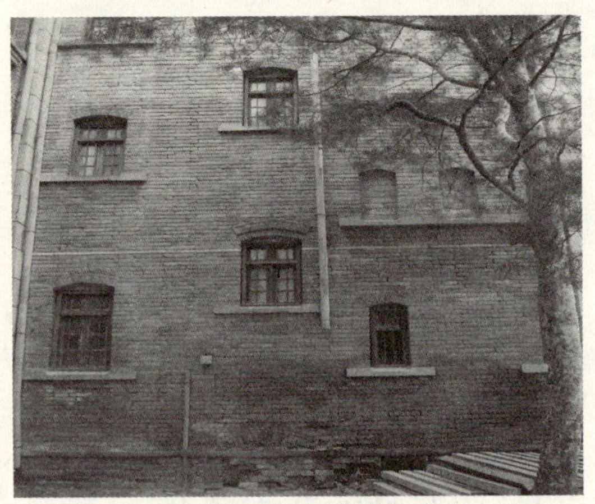

图 15-2　黏土砖冻融损伤

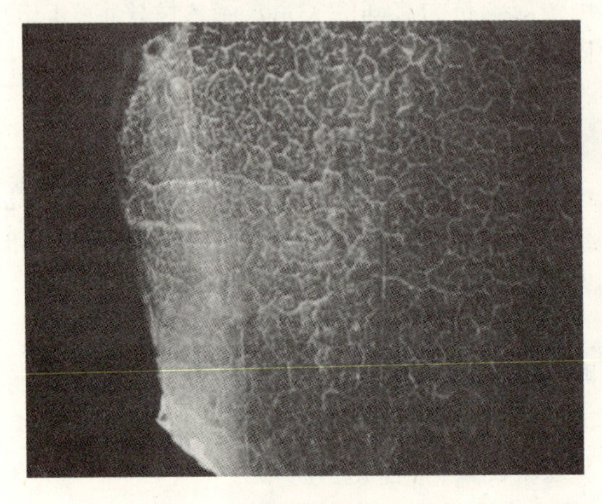

图 15-3　高温的碱骨料反应

图 15-4　涂层老化脱落

图 15-5　木材开裂

图 15-6　墙面饰面材料脱落

(8) 温度变化、湿度变化或材料含水率变化造成的材料的变形、粘结材料失效；如木材受潮变形、胶合板开胶、墙面装饰层受潮脱落等，见图 15-6。

3. 环境的化学侵蚀

人为环境的化学腐蚀常见于工业建筑，自然界的化学侵蚀主要源于土壤、酸雨和大气。实际上酸雨和大气中的污染物质也是人类生产生活造成的。环境对建筑材料化学的作用效应可分成酸性侵蚀、碱性侵蚀、特定离子侵蚀和电化学腐蚀等。

(1) 酸性物质对建筑材料有直接的侵蚀作用，见图 15-7 和图 15-8。

(2) 碱性物质对材料也有直接的侵蚀作用。

(3) 特定离子或化学物质进入材料内部产生化学反应，如氯离子、硫酸盐化学结晶腐蚀等。

(4) 钢材和钢筋的电化学腐蚀，见图 15-9 和图 15-10。

图 15-7　涂层的酸侵蚀

图 15-8　混凝土的酸侵蚀

图 15-9　钢材的锈蚀

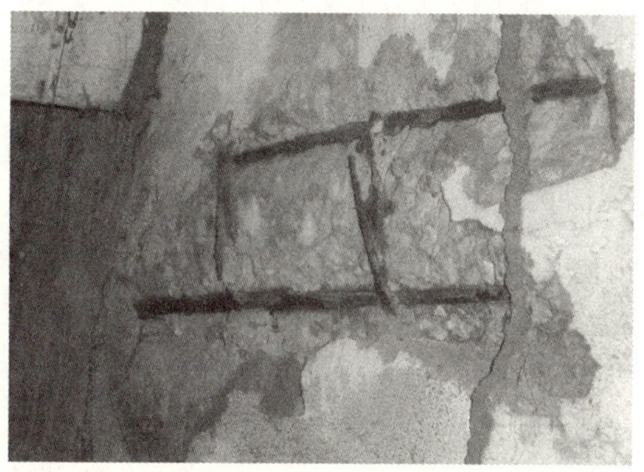

图 15-10　钢筋的锈蚀

4. 生物损伤

(1) 植物对材料造成表面的损伤，植物的根系造成建筑构件的损伤。

(2) 菌类对材料的损伤，如木材的腐朽，所谓木材的腐朽包括木结构、木制门窗、装饰装修中的木制品等，见图 15-11 和图 15-12。细菌对混凝土、陶土和铸铁材质污水管线的损伤等。

(3) 虫蛀，如白蚁对木材蛀蚀等。

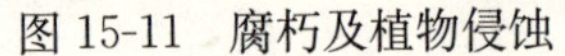

图 15-11　腐朽及植物侵蚀

图 15-12　木柱的腐朽

15.1.2　材料抵抗环境作用的能力

目前关于耐久性的研究均未能将环境作用与材料抵抗环境作用的能力准确定量，大多数材料的耐久性研究只能粗略地评价典型试验条件下材料出现损伤的广义时间跨度或在广义时间跨度内材料性能劣化的程度。

15.1.3　耐久性的极限状态

建筑物所有性能普遍需要解决极限状态的问题。耐久性所要研究的是既有建筑各部分因环境作用而出现的不可接受的损伤状态，即耐久性极限状态。

1. 主体结构

《工程结构可靠性设计统一标准》GB 50153 附录 G 只确定了构件耐久性极限状态标志与限值的规则，结构耐久性极限状态的标志或限值要依据环境作用机理与材料劣化、损伤形态确定，而且应满足下述两个条件：

(1) 标志明显或限值可以比较方便的测量；

(2) 对构件其他性能的影响可以得到有效控制。

既有建筑主体结构耐久性极限状态标志或限值可分为下列两种情况：

(1) 构件出现明显的损伤，但损伤不至于明显影响结构的安全性和适用性；

(2) 结构的锚固、构件的连接和预应力钢材具备受到损伤的条件或出现损伤的迹象。

既有建筑各类主体结构耐久性极限状态的标志等见表 15-1。

结构耐久性问题与极限状态的标志　　**表 15-1**

材料种类	序号	损伤原因	极限状态标志	适用对象
混凝土结构	1	锈蚀	钢材表面锈蚀	预应力和冷加工钢材及小直较钢筋，节点连接钢筋
	2	锈蚀	保护层开裂	直径较大的普通钢筋
	3	冻融影响	表层冻融损伤	冻融环境混凝土
	4	化学侵蚀	表层出现损伤	无涂层侵蚀性环境混凝土
			涂层丧失保护作用	有防腐层混凝土

续表

材料种类	序号	损伤原因	极限状态标志	适用对象
混凝土结构	5	碱骨料反应	反应造成的微裂	活性骨料且碱含量超标
	6	其他作用	表层出现损伤	生物侵蚀、磨损与气蚀等
砌体结构	7	冻融影响	表层出现冻融损伤	冻融环境室外构件
	8	结晶与风化	表面剥落、风化	相应侵蚀性环境构件
钢结构	9	钢材锈蚀	出现锈蚀	裸露构件
			涂层脱落	有涂层构件
	10	疲劳	出现裂纹	应力集中部位
	11	具备锈蚀条件	涂层老化、失效	焊接和螺栓连接
木结构	12	虫蛀	存在蛀孔	截面损失、强度损失
	13	腐朽	出现腐朽	截面损失、强度损失
	14	受潮	季节性变形和松动	翘曲和松动
	15	干缩	开裂	杆件
	16	开胶	层间开裂	胶合木

以下对表 15-1 中的主要问题进行必要的说明。

钢筋和预应力钢材锈蚀是混凝土结构最常见的耐久性问题之一。预应力钢材以及实际使用应力较高的钢筋锈蚀后容易产生脆性断裂，当其具备锈蚀条件时就应该采取预防性措施，以避免锈蚀造成构件脆性破坏。没有特殊保护措施的预应力钢筋，应以碳化达到钢筋表面作为耐久性极限状态标志。

对于尺寸较大的混凝土构件，以钢筋锈蚀、混凝土保护层出现顺筋开裂作为耐久性极限状态的标志，见图 15-13。因使用的钢筋直径较大，钢筋截面损失率较小，构件的承载能力不会受到明显的影响，但损伤的迹象已经明显。混凝土构件的箍筋也可按这种损伤状态作为耐久性极限状态的标志，见图 15-14。

图 15-13　钢筋锈蚀裂缝

图 15-14　箍筋出现锈蚀

钢筋锈蚀状态不宜恶化到混凝土保护剥落或钢筋严重锈蚀的情况。混凝土保护层剥落会造成人员伤亡和财产损失，钢筋严重锈蚀则会增加工程的处置费用，是不经济的。

例如，1958 年建成的北京工人体育场，由于冬期施工中掺加含氯防冻剂，致使大部分看台构件钢筋严重锈蚀。构件的损伤不仅影响其承载能力，还出现局部混凝土脱落，将停放在挑檐下方的车辆砸坏，见图 15-15。

图 15-15　构件损伤脱落砸毁汽车玻璃

若构件已经出现了损伤的迹象，则要及时采取措施阻止损伤发展，虽然需要一些资源与费用，但比结构严重损伤后再进行加固、构件更换或拆除重建等要经济和环保。

对于混凝土构件表面出现的损伤来说，显然是刚刚出现损伤就采取修复措施在经济上比较合理。以下以混凝土的冻融损伤来说明这个问题。

关于混凝土冻融损伤的机理有多种理论。但总的来说，在环境温度下降（至冰点以下）和升高的作用下，混凝土孔隙中的溶液冻结与融化会使混凝土产生冻融损伤。这种损伤是混凝土微观结构损伤逐渐积累造成的表层损伤。表层损伤前期是混凝土表面强度、硬度、弹性模量降低，接着是水泥石及骨料的剥落。混凝土表层损伤后，会很快地向构件深层发展，直至影响构件的承载力[110]。

位于甘肃省庆阳市境内的巴家咀水库泄水等主要建筑物为钢筋混凝土结构，其构件表面的损伤为冻融损伤，见图 15-16。

图 15-16　巴家咀水库泄洪塔混凝土表面的冻融损伤

碱骨料反应是指水泥水化过程中释放出来的碱金属与骨料中的碱活性成分发生化学反应造成的混凝土损伤。反应形式主要有两种：碱-硅酸反应和碱-碳酸盐反应。

碱-硅酸反应是指碱性溶液与骨料中的硅酸类物质发生反应，形成凝胶体。这种凝胶体是组分不定的透明的碱-硅混合物，会与混凝土中的氢氧化钙及其他钙离子反应生成一种白色不透明的钙硅或碱-钙-硅混合物。这种混合物吸水后体积膨胀，使周围的水泥石受到较大的应力而产生微裂纹。由多个这样的膨胀体产生的应力会互相作用，使裂纹连通加宽。通常，膨胀的反应生成物围绕着活性骨料形成一道白色的边缘，在开裂前，混凝土表面会起皮。

在普通混凝土中即使存在超标的碱金属且存在碱活性骨料，碱骨料反应也未必能够快速发展，原因是缺乏合适的温度和湿度条件。在正常使用阶段，既有建筑混凝土一般不具备高温高湿的环境条件，因此碱骨料反应极其缓慢，大多数情况要数百年才能显现。因此不宜用出现反应现象作为耐久性极限状态的标志，要以反应造成可见的影响作为标志。

钢结构的极限状态是钢材具备锈蚀条件或已经出现了局部的锈蚀，这些极限状态标志明显，而且不会对构件的承载力构成明显的影响。对于钢结构的连接可控制相对严格一些。连接部位承受的作用可能会较大也较复杂，钢结构的破坏一般都从连接部位开始，见图 15-17 和图 15-18。

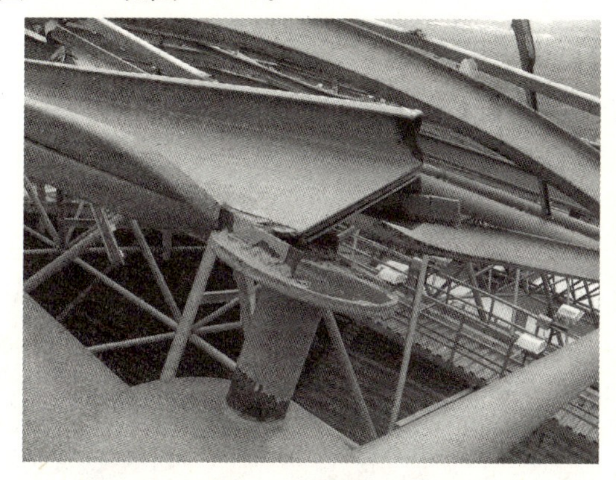

图 15-17　破坏发生在连接部位

图 15-18　连接部位锈蚀

钢构件或杆件出现严重的锈蚀是比较危险的，会大幅降低承受循环荷载的能力，而且会增加钢结构坍塌的可能性。

钢结构构件出现严重的锈蚀，一般均要采取更换的处理措施，见图 15-19 和图 15-20。结构件更换的经济投入肯定要比重新涂刷防腐蚀涂层要大得多。

图 15-19　钢梁严重锈蚀

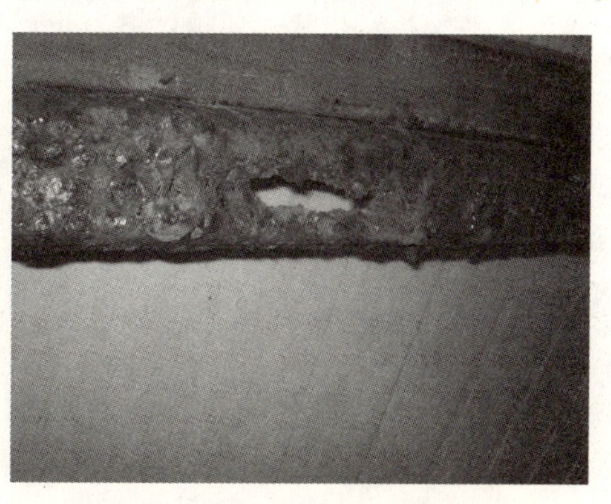

图 15-20　网架杆件严重锈蚀

钢梁严重锈蚀，其支承的檩条、装修也基本报废。屋面网架更换，所有的屋面结构、围护结构、装修等全部报废。

总体来看，对既有建筑主体结构耐久性极限状态的控制应该相对较严格，主要原因在于主体结构要保障围护结构、设备设施、装饰装修不受到明显的影响。一般居住建筑的结构造价可能不足总造价的50%，对高档次的房屋，结构造价大约为建筑总造价的15%～20%。结构局部出现问题马上采取相应的修复措施，所投入的费用可能不足结构造价的1%。以少量的经费，避免较大的损失，从经济角度来看是合理的。

2. 装修和设备设施等的极限状态

当装饰装修、围护结构和设备设施出现相应的损伤就应该进行维修，但不宜把这种状态定为耐久性的极限状态。对于装饰装修、围护结构和设备设施等可以用适用性或功能性开始受到影响的状态作为耐久性极限状态标志。以下列举一些明显的标志或限值。

关于涂敷性面层可以将下列情况作为耐久性极限状态的标志或限值：

(1) 对于防腐涂层，以开始丧失防腐作用作为耐久性极限状态的标志，如出现脱落；见图15-21和图15-22。

图15-21 钢材涂层失效

图15-22 木制品涂层失效

(2) 对于防火涂层，以开始出现丧失防火作用的迹象作为耐久性极限状态的标志，如无机水溶性防火材料受潮或受到水的侵害；见图15-23。

图15-23 防火涂层失效

图15-24 丧失装饰作用

（3）防水涂层，出现开裂或局部的脱落。

（4）装饰性涂层或裱糊类面层，出现不可清洗的表面污垢、色泽明显变化、空鼓或脱落等；见图 15-24。

对于砂浆面层和粘贴型墙面以出现空鼓、脱落或丧失装饰作用作为耐久性极限状态。

屋面防水以防水材料出现老化开裂、起鼓、破损并出现渗漏作为耐久性极限状态。

对于门窗、幕墙等以下列现象作为耐久性极限状态的标志或限值：

（1）出现因密封材料的老化和框扇不可恢复的变形等造成的气密性或水密性问题；

（2）因材料损伤等造成启闭困难；包括金属件的锈蚀、疲劳破坏等；

（3）粘结或材料老化使石材、金属、玻璃等面材具有脱落的可能；

（4）面材发生破损等。

围护结构的轻质隔墙以出现下列现象作为耐久性极限状态的标志或限值：

（1）骨架等出现明显不可恢复的变形，面板出现不可修复性损伤；

（2）无骨架的轻质隔墙板，出现明显损伤和不可恢复性的变形等。

地面面材和吊顶以出现下列现象作为耐久性极限状态的标志或限值：

（1）严重的磨损、腐朽或虫蛀等；

（2）开裂、起翘和影响使用的变形等；

（3）吊顶出现松动或丧失装饰作用。

给水排水设施等以下列现象作为耐久性极限状态的标志或限值：

（1）因材料和器具损伤造成的渗漏；

（2）长期使用造成的难于修复的阻塞；

（3）管线锈蚀影响供水质量。

电器及其线路系统以下列现象作为耐久性极限状态的标志或限值：

（1）开关插头等材料老化或产生疲劳损伤；

（2）缆线外皮老化等。

原则上，围护结构、装饰装修达到上述状态也基本达到更换或局部更换的状况。

3. 极限状态时间跨度的比较

从主体结构耐久性极限状态标志的情况来看，其限值要严于围护结构和设备设施等。即便如此，从时间跨度方面来看，如果设计质量和施工质量控制得当，主体结构出现耐久性极限状态标志的时间跨度大约是设备设施等达到更换状态时间跨度的 2 倍，是装饰装修达到更换程度时间跨度的 3～5 倍。这与既有建筑设计使用年限等概念有着密切的关系。

15.2　耐久性设计方法

本节介绍耐久性的设计方法。依次介绍设计使用年限、耐久性的经验设计方法、控制设计方法和定量设计方法。

由于建筑物耐久性设计的目标是保障在设计使用年限内建筑主体结构不出现超过耐久性极限状态标志的现象，因此先介绍一下设计使用年限和使用寿命的区别。

15.2.1 设计使用年限与寿命

《民用建筑设计通则》GB 50352 和《工程结构可靠性设计统一标准》GB 50153 都有设计使用年限的要求，两本标准提出设计使用年限都是 50 年或者是 100 年。

1. 主体结构的设计使用年限

所谓房屋建筑主体结构的设计使用年限是指预期主体结构出现耐久性极限状态标志或限值的时间跨度，设计使用年限是经济合理的使用期，并不意味着出现耐久性极限状态标志的主体结构都须拆除。对达到耐久性极限状态的主体结构可修复处理，修复后的结构还可以继续使用，因此设计使用年限并不等于房屋建筑的寿命。

以下以北京工人体育场为例，说明设计使用年限及其与寿命的关系。

北京工人体育场建成于 1959 年，1986 年作为亚运会的主会场进行了相应的加固与改造。1986 年投入的加固改造费用基本上已经接近 1959 年的造价，而且主要费用还是针对主体结构的加固，加固的原因是部分看台钢筋严重锈蚀，而此时北京工人体育场实际的使用时间仅 27 年，在使用 27 年后就需要加固，显然是不够经济的，也说明该结构实际的经济合理使用年限远远小于 27 年。

即便如此，该建筑在加固后依然在使用，2000 年大运会前，对结构又进行了相应的加固与改造。2004 年，北京市政府和中国奥组委提出节俭办奥运的要求，于 2007 年再次对北京工人体育场进行改建，供 2008 年北京奥运会足球比赛使用。

经过数次加固、改造与修复，该体育场依然在继续使用，并没有被拆除，说明使用年限与房屋建筑的寿命没有太多的联系。

2. 使用年限的延续

严格地讲，寿命用于指生命体，特别是人。房屋建筑只有使用年限，没有严格的寿命。在设计阶段，无论是安全性、适用性、耐久性还是功能性设计都不可能提出寿命的问题，设计者不可能确定房屋建筑的寿命。房屋建筑的寿命是由其产权人决定的。

因此，建筑真正的寿命要靠一个接一个的使用年限延续。北京工人体育场就是典型的事例，经过多次维修加固改造，依然在使用。

3. 装修、设备等的使用年限

房屋建筑中装饰装修、围护结构和设备设施等的实际使用年限普遍达不到 50 年。如果将前面提到的状况作为装饰装修等的耐久性极限状态，把装饰装修等到达极限状态的时间跨度作为设计使用年限。通常围护结构、装饰装修和设备设施出现极限状态标志时，一般要采取更换等措施，其设计使用年限基本上等于实际的使用年限。

4. 建筑的寿命

建筑的寿命一般根据其拥有者的意志和客观条件确定。当产权人综合考虑各种因素，决定不再对房屋进行修复、加固和改造，并采取拆除的措施后，房屋的寿命终结。当然也有由客观原因决定的，如城市规划的需要，灾害造成建筑坍塌等。

一般来说，房屋建筑的寿命是由一个接一个的经济合理的使用年限构成，目前习惯上称第一个经济合理的使用年限为设计使用年限。

15.2.2 经验的设计方法

目前关于房屋建筑耐久性设计普遍使用的是经验方法，例如砌体结构和钢结构等，因此耐久性评定中，推定评估后续使用时间也可以采用经验方法。

1. 砌体结构

《砌体结构设计规范》GB 50003 没有专门针对耐久性设计的章节，但有关于耐久性的规定。《砌体结构设计规范》GB 50003 对于外墙用砖强度等级的规定，对基础砂浆品种及基础做法的要求等，都可视为对耐久性的特殊要求。

从一些近代的砌体结构来看，使用 50 年左右就开始出现破损现象，檐口、窗口和防潮层以下部位问题尤为突出。一些维修不及时的砌体结构，接近 100 年时已经破败不堪。

2. 钢结构

《钢结构设计规范》GB 50009 也没有专门针对耐久性设计的章节。与黏土砖砌体久经考验截然不同，钢材极易受到环境侵蚀而出现锈蚀现象。因此，除了特种钢材之外，钢构件都要采取表面防腐处理。表面处理措施的耐久性实际上决定了钢结构需要采取修复措施的年限，对锈蚀比较敏感的轻型钢结构设计规范已有类似规定。

在无特殊腐蚀性物质的条件下，较好防腐层的有效使用年限大致为 30 年。防腐层出现大面积失效也就是钢结构必须采取修复措施的标志。

15.2.3　控制的设计方法

《混凝土结构设计规范》GB 50010 和《混凝土结构耐久性设计规范》GB/T 50476 均采取了控制的设计方法，其中《混凝土结构设计规范》采取了控制环境类别的设计方法，《混凝土结构耐久性设计规范》采取了控制环境作用等级的设计方法。

1. 环境类别的控制

《混凝土结构设计规范》GB 50010 把混凝土结构的环境分成五个类别，见表 15-2。依据环境类别对混凝土材料抵抗环境作用的能力进行控制。控制项目包括混凝土的强度等级、保护层厚度、氯离子含量的限制等。

混凝土结构的环境类别　　　**表 15-2**

环境类别		环境条件
一		室内正常环境
二	a	潮湿环境，无侵蚀性物质，无冻融影响
	b	室外环境，有冻融影响
三		冻融循环
四		海水环境
五		受人为或自然的侵蚀性物质影响的环境

《混凝土结构设计规范》GB 50010 所采取的设计方法可称为宏观控制的设计方法。控制的目的是使被控制对象出现耐久性极限状态的时间跨度大于设计使用年限。

该规范还规定，对于第四、第五类环境的混凝土结构耐久性应符合有关标准的要求。

2. 作用等级的控制

《混凝土结构耐久性设计规范》GB/T 50476 采取的是控制作用等级的设计方法。所谓控制作用等级的方法，不仅进行环境类别的区分，见表 15-3，还在每个环境类别中区分了环境作用的等级，见表 15-4。

环境类别 **表 15-3**

环境类别	名称	腐蚀机理
Ⅰ	一般环境	保护层混凝土碳化引起钢筋锈蚀
Ⅱ	冻融环境	反复冻融导致混凝土损伤
Ⅲ	海洋氯化物环境	氯盐引起钢筋锈蚀
Ⅳ	除冰盐等其他氯化物环境	氯盐引起钢筋锈蚀
Ⅴ	化学腐蚀环境	硫酸盐等化学物质对混凝土的腐蚀

注：一般环境系指无冻融、氯化物和其他化学腐蚀物质作用。

环境作用等级 **表 15-4**

环境类别 \ 作用等级	A 轻微	B 轻度	C 中度	D 严重	E 非常严重	F 极端严重
一般环境	Ⅰ-A	Ⅰ-B	Ⅰ-C	—	—	—
冻融环境	—	—	Ⅱ-C	Ⅱ-D	Ⅱ-E	—
海洋氯化物环境	—	—	Ⅲ-C	Ⅲ-D	Ⅲ-E	Ⅲ-F
除冰盐等环境	—	—	Ⅳ-C	Ⅳ-D	Ⅳ-E	—
化学腐蚀环境	—	—	Ⅴ-C	Ⅴ-D	Ⅴ-E	—

《混凝土结构耐久性设计规范》GB/T 50476 对每类环境的每个作用等级的结构混凝土进行了控制，控制措施包括混凝土强度等级、保护层厚度、混凝土抗冻性、有害物质含量和防护措施等。作用等级控制的设计方法已具备了把环境作用强度定量化的雏形，也走到了控制方法的极致，再进行细分作用等级已经不太可能了。

15.2.4 定量的设计方法

定量的设计方法可分成环境检验的设计方法和模型化的设计方法。

1. 环境检验的设计方法

当具备模拟试验条件时，可采取以模拟环境作用效应的检验结果为基准的耐久性设计方法。模拟环境作用检验方法是用强化的试验条件对材料抵抗环境作用能力进行检验，检验结果为设计提供相对可靠的设计参数。

目前强化环境作用的检验有下列方法：

（1）快速碳化的方法；

（2）快速冻融方法；

（3）硫酸盐侵蚀方法；

（4）氯离子渗透等方法；

（5）蒸煮的方法；

（6）紫外老化的方法；

（7）盐雾箱的方法等。

快速检验结果用于耐久性设计的关键在于建立快速检验作用强度与环境真正作用强度之间的联系。由于目前大多数快速检验方法都未建立这种联系，快速检验结果有时会过于保守，有时会对某些作用因素估计不足。

在利用检验结果作为设计参数时，应使检验结果具有一定的保证率，按照国际标准推荐的保证率，其可靠指标为 1.5～2.0，当用分项系数表示可靠指标时，其分项系数 γ_{dur} 可按式（15-1）确定：

$$\gamma_{dur} \geqslant 1/(1-k\delta) \tag{15-1}$$

式中　δ——由模拟试验结果计算得到的变异系数；

k——特征值的系数。

当材料抵抗环境作用的能力可用正态分布进行描述且标准差已知时，特征值的系数 k 为 1.5～2.0 时就可以使 γ_{dur} 对应的可靠指标为 1.5～2.0。例如 $k=1.645$，可以使可靠指标为 1.645，使材料抵抗环境作用的能力取值具有 95%的保证率。

快速检验和环境作用的调查，通常得不到母体的标准差 σ，只能得到样本的标准差 S，存在着样本不完备性的不确定性问题。对于设计来说，为使特征值的系数大于 1.645，《建筑结构检测技术标准》GB/T 50344—2004 和 ISO 2394 给出的系数见表 15-5。

标准差未知保证率和置信度系数　　**表 15-5**

保证率	置信度	试验次数							
		6	8	10	20	30	50	100	∞
0.95	0.95	3.71	3.19	2.91	2.40	2.22	2.06	1.93	1.64
0.95	0.90	3.09	2.75	2.57	2.21	2.08	1.97	1.86	1.64
0.95	0.75	2.34	2.19	2.10	1.93	1.87	1.82	1.76	1.64
0.90	0.75	1.86	1.74	1.67	1.53	1.47	1.43	1.38	1.28
0.99	0.75	3.24	3.04	2.93	2.70	2.61	2.52	2.46	2.33

注：表中后三行的数据源于 ISO 2394。

以下用混凝土快速碳化检验为例说明快速检验的设计方法。

一般认为，快速碳化 28d 的碳化深度约相当于自然环境下 50 年的碳化深度。

快速碳化使用的是二氧化碳浓度为 20%的气体，温度为 20℃，空气相对湿度为 70%；大气中二氧化碳的浓度约为 0.2%，平均温度一般达不到 20℃，部分地区的年平均湿度可以达到 70%。因此，快速检验 28d 的碳化深度可能会与某些地区室外混凝土 50 年的碳化深度接近，这些结果通过实际构件碳化深度检测结果进行验证。但肯定有很多地区的环境条件与上述条件差异很大，当利用快速碳化结果进行耐久性设计时，必然要考虑可靠指标问题。

可以采取以下方法确定可靠指标。采用标准方法检验混凝土试件碳化深度时，记录每个检验批试件 28d 的碳化深度检验平均值 m_D 和该批试件碳化深度均方差 S_D。该检验批混凝土碳化深度的变异系数 $\delta=S_D/m_D$。按式(15-1)计算 γ_{dur}，用 m_D/γ_{dur} 之值与限定的结构混凝土 50 年碳化深度之值 D 进行比较。

当 $m_D/\gamma_{dur} \leqslant D$ 时，可认为该配合比的混凝土可以满足 50 年碳化深度的要求，并可计算该批次混凝土立方体抗压强度的平均值 $f_{cu,m}$。

在依据上述检验结果进行设计时，设计者可以提出在原材料基本相同的前提下，配置 $f_{cu,k} \geqslant f_{cu,m}$ 的混凝土。

在上述过程中采取了两种保守的措施：

(1) 要求 $m_D/\gamma_{dur} \leqslant D$，也就是使检验得到较大的碳化深度值小于限定的碳化深度值 D；

(2) 要求 $f_{cu,k} \geqslant f_{cu,m}$，$f_{cu,k}$是立方体抗压强度具有 95%保证率的强度值，在数值上与混凝土强度等级的数值对应，这项要求是使结构较小的混凝土立方体抗压强度值不小于检验批混凝土抗压强度的平均值，在原材料不改变的前提下，强度高的混凝土碳化速度慢。

采用上述两种保守措施的目的就是解决快速碳化环境作用效应与真正环境作用效应之间差异的不确定性问题。

2. 模型化的设计方法

顾名思义，模型化的设计方法就是要对环境作用强度和材料抵抗环境作用的能力进行模型化，建立环境作用强度与定量化指标之间的联系；当材料抵抗环境作用的能力采用快速检验方法确定时，要建立环境作用强度与快速作用强度之间的关系。

例如，标准冻融循环检验混凝土抗冻融能力的最低温度为−17℃，而自然界的冻融循环一般达不到这个温度。我国大部分地区冬季日最高气温和最低气温之差为 10℃，当日最低气温低于−10℃时，一般只能形成冻结，不能形成融化，不能形成真正的冻融循环。因此，需要建立冻结最低温度与标准检验最低温度之间的关系。

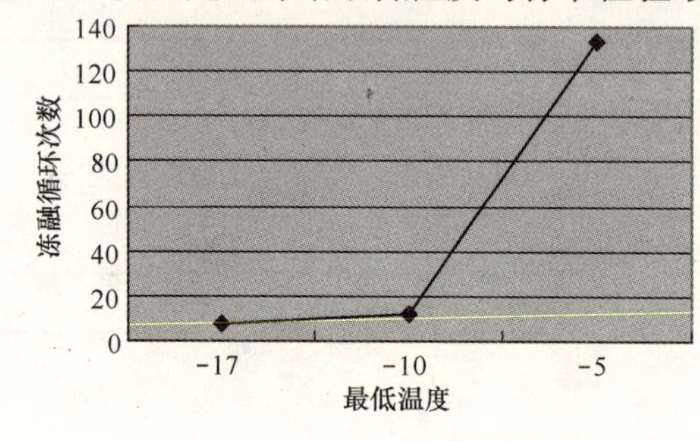

图 15-25　最低温度与冻融循环次数

清华大学进行过这类试验，试验结果的示意见图 15-25。

描述冻结最低温度与标准冻融温度之间关系的模型见式 (15-2)[111]：

$$D_{eq}(t) = 8/\{1250\exp(0.46t_{min}) + 7.5\} \tag{15-2}$$

式中　D_{eq}——为一次冻融循环的等效标准冻融循环；

t_{min}——冻融循环时的最低温度。

式 (15-2) 是混凝土当量冻融损伤的模型，当 $t_{min}=-17$℃时，$D_{eq}\approx1.0$；当 $t_{min}=-10$℃时，$D_{eq}\approx0.4$，表明当冻融循环最低温度为−10℃时，一次冻融循环造成的冻融损伤仅为冻融循环最低温度为−17℃时的 40%；也就是当最低冻融温度为−10℃时，要进行 2～3 次的冻融循环才相当于一次标准的冻融循环造成的损伤。当 $t_{min}=-5$℃时，$D_{eq}\approx0.06$，表明当冻融循环最低温度为−5℃时，一次冻融循环造成的损伤仅为标准冻融循环损伤的 6%；当 $t_{min}=-1$℃时，$D_{eq}\approx0.01$，表明当冻融循环最低温度为−1℃时，一次冻融循环造成的冻融损伤约为标准冻融循环损伤的 1%。

有了当量损伤的模型，可借助于 Palmgren-Miner 的线性累计损伤原理并依据气象资料统计计算“年当量冻融循环次数”。年当量冻融循环次数可采用数值的计算方法，也就是把能够形成冻融循环的最低冻结温度分成−2℃、−4℃、−6℃、−8℃、−10℃等数个档次，先按档次统计每年的当量冻融循环次数 $D_{eq,i}$，然后把各档次的当量冻融循环次数相加，得到年当量冻融循环次数 $n_{eq}=\Sigma D_{eq,i}$。所谓年当量冻融循环次数是指一年之中所形成的冻融循环造成的损伤相当于快速检验方法造成损伤的标准冻融循环次数。

按照目前的设计规则，应当有年平均当量冻融循环次数和相应的标准差，并计算年当量冻融循环次数具有一定保证率的特征值。

当有数年的气象资料时，可分年度进行统计计算每年的当量冻融循环次数，然后计算年平均当量冻融循环次数 $n_{eq,m}$ 和样本的标准差，按式（15-1）计算冻融循环作用的分项系数 γ_F，并用式（15-3）表示年当量冻融循环次数的特征值。

$$n_{eq,k}=\gamma_F n_{eq,m} \tag{15-3}$$

式中 $n_{eq,k}$——年等效冻融循环次数的特征值；

γ_F——等效冻融循环次数的分项系数；

$n_{eq,m}$——年平均当量冻融循环次数。

设计只要保证下式得到满足即可：

$$0.8F_d \geqslant N_{eq,F}$$

$$N_{eq,F}=\alpha\eta T_d n_{eq,k}$$

式中 F_d——混凝土的抗冻等级；F_{300} 表示混凝土可经历 300 次的标准冻融循环；

α——构件在冬季的饱含水时间系数；

η——水中有害物质调整系数；

T_d——设计使用年限。

中国水利水电科学研究院李金玉[112]在北京十三陵抽水蓄能电站实测得到的一年冻融循环次数为 84 次，并测得室内与室外的比值约为 1：12，也就是说，年等效冻融循环次数为 7 次。按照上述方法，依据北京地区气象数据计算得到 $n_{eq,m}\approx 6.8$，两个数据比较接近。

F_d 的系数 0.8 和 γ_F 可分别解决混凝土抗冻能力的不确定性和气象资料统计样本不完备性的问题。

15.3 耐久性能评定

以下介绍既有建筑的耐久性能评定，首先介绍两个术语：

第一个术语为预期使用年限，就是下一个经济合理使用年限。目前关于这个概念的术语还有“评估使用年限”，“继续使用年限”和“用户要求的使用年限”等。

第二个术语为评估使用年数，是指从检测评定时起到结构构件出现耐久性极限状态标志的时间跨度，也称之为“剩余耐久年限”，“剩余使用年限”或“耐久年限”等。

实际上，采用哪个术语并不重要，关键在于要对术语的含义解释清楚。

耐久性的检测评定可以分成 3 类工作：

（1）通过检查和测试确定既有建筑存在的损伤和材料劣化的程度。

（2）对于检查出来的损伤和测定的材料劣化情况进行必要的识别，作出损伤或劣化原因、损伤程度等的判断。这种识别是确定处理措施的依据。

（3）推断未出现损伤构配件及设备设施的评估使用年数，并与预期使用年限进行比较，判定是否需要采取延长耐久年数的防护措施。

15.3.1 检查与测试

检查是查找被评定对象存在的环境作用损伤。某些环境作用的效应造成材料性能的劣化，并没有明显的损伤，材料的劣化程度要靠现场或取样测试确定。

1. 损伤的检查

损伤的检查应该是对既有建筑评定对象的全数检查，如果评定对象为钢结构，也就是对钢结构全部构件及其连接的检查。对耐久性评定所实施的检查就是找出已达到耐久性极限状态标志的对象。

当发现存在损伤情况时，可量测损伤的程度，如裂缝的宽度、长度等和锈蚀的深度、锈层的厚度或锈蚀的面积等，并应确定损伤的部位或位置。

2. 劣化的测试

对于一些材料性能的劣化情况，可采取一些必要的测试工作，如混凝土的碳化深度、材料中有害物质含量、材料表面硬度等。

一些材料的耐久性极限状态是以劣化程度或有害物质含量作为标志，如前述的预应力钢筋。这些标志不是材料出现的明显损伤，通过观察看不到，只有通过相应的测试确定。

15.3.2 损伤和劣化识别

损伤和劣化的识别是既有建筑耐久性评定的另一项重要工作，损伤和劣化的识别分成损伤原因识别、环境作用效应识别、范围识别和程度识别。损伤识别是为采取处理措施奠定基础。而材料性能劣化识别则是为相对准确地判定评估使用年限奠定基础。

1. 损伤原因的识别

损伤原因识别也可称为作用类型识别，该项工作是把非环境作用效应造成的损伤与环境作用效应造成的损伤区别开，以便于对不同损伤采取适当的处理措施。

造成损伤的原因不同，处理措施也不相同。例如，同样是构件出现了裂缝，当裂缝的原因是构件承载力不足，则需要提高构件承载力；对太阳辐射热造成的裂缝，则要采取降低太阳辐射热作用效应的处理措施；对钢筋锈蚀造成的裂缝则要控制锈蚀的发展。不分作用情况采取统一的处理方式，处理效果肯定不好。

2. 环境作用效应的识别

环境作用识别是对环境作用造成的损伤和材料的劣化进一步的识别。这种识别可以分成宏观识别和微观识别。

宏观识别是把出现环境作用损伤的构配件与未出现环境作用损伤的构配件进行区分。对于未出现损伤的构配件要测定材料劣化的程度，必要时要判断其推定使用年数。对出现损伤的构配件要进行环境作用效应的微观识别，以便从多种环境作用中找出造成损伤的主因。

对于既有建筑来说，环境作用效应的宏观识别可以按照室内与室外、有无侵蚀性物质、地上和地下把评定对象进行区别，也就是按照环境分类情况进行识别。

对于塑料等易出现紫外线老化等材料，显然是室外的紫外线要强于室内。

室外气温变化大，温度敏感的材料也是室外比室内损伤要强大。有些地区室内构件不可能发生冻融损伤，而室外构件冻融损伤则比较严重。

有侵蚀性物质比无侵蚀性物质的情况要差一些，地上要比地下的情况要差。

有了这种划分之后，可对出现损伤的构配件进行环境作用效应的微观识别。微观识别则不能照搬现行设计规范的规定。现行规范关于耐久性的设计普遍采用经验方法，有些采用宏观控制方法，就是将环境作用分类分级，对相应环境等级下构件抵抗环境作用的能力做出限定。这种设计方法只能在宏观上把握损伤与劣化的程度与范围，不能准确确定微观环境对构件损伤与材料劣化的速度与范围，也不能体现施工质量的影响。

例如，对北京工人体育场的检测结果表明检测中遇到三种情况：

(1) 构件中氯离子含量高于标准的限值，钢筋锈蚀；

(2) 构件中氯离子含量高于标准限值，钢筋未发生锈蚀；

(3) 构件含氯离子含量低于标准限值，但钢筋锈蚀。

也就是说，同是室外构件，其环境作用效应也会有比较大的差异。

经过微观环境的调查发现，有的构件附近设有厨房时，构件长期受到厨房蒸汽的熏蒸，处于干湿交替环境中，钢筋严重锈蚀。而有的构件虽然处于室外，受到雨水的影响，但由于风吹日晒使构件很快干燥，氯离子造成钢筋锈蚀的不利影响明显降低。

结构设计规范不可能对这种微观环境作用作出明确的规定，照搬设计规范不能对这些问题作出准确判定。对于这种问题，要靠损伤与劣化范围微观识别与判定解决。

3. 损伤程度的识别

对构件损伤程度的识别与构件或连接的安全性相关，对于不可恢复性损伤要考虑损伤对构件承载力的影响程度，以便确定相应的加固措施；对可恢复性损伤也要进行识别，以保证结构修复过程中的安全性。

这里所说的不可恢复性损伤为采取一般修复措施不能有效恢复的损伤，如钢筋或钢材的明显锈蚀。对于钢材严重锈蚀的问题采用截面修复的措施已经不能恢复构件承载力，此时要在分析模型中考虑钢材截面损失、延性及握裹力降低等因素，判定构件承载力是否满足相应的要求，是否需要加固处理，是否需要增加连接或构造措施避免构件产生脆性破坏。

木构件受虫蛀或腐朽造成截面损伤、顺螺栓及扒钉开裂等可归为不可恢复性损伤。

混凝土冻融损伤、钢筋锈蚀造成的保护层脱落、硫酸盐侵蚀造成的柱根截面减小等可归为可恢复性损伤。由于这种损伤必须进行修复，修复后这种损伤对构件承载力的影响可以基本消除。因此进行构件承载力分析时，可以不考虑可恢复性损伤的影响。但是当构件可恢复性损伤比较严重时，应考虑结构修复施工过程的安全，避免在修复时发生坍塌事故。

4. 特定情况的识别

一般性的耐久性问题，可以通过上述识别解决。对于一些情况复杂和有争议的问题，还要进行专门的识别工作，识别的目的多数是判定造成损伤的主要环境因素。

北京西直门立交桥是典型的例子。某一阶段，该立交桥出现的损伤被认为是碱骨料反应所致。但经过有关单位的研究，最终认定是冬季使用含氯的融雪剂所致。虽然该立交桥已经拆除重建，但是在重建时这种损伤原因的识别还是起到极其重要的作用。

特殊问题的识别对于选取修复措施是必要的，对于判断材料劣化原因也有益处。

15.3.3　后续使用时间评估

《既有建筑技术规范》(课题建议稿) 按照《工程结构可靠性设计统一标准》的规定提出了推定后续使用时间的建议。所谓后续使用时间是指从评估时刻起到被评定对象出现相应耐久性极限状标志或限值的时间跨度。

1. 目的

确定评估使用年数的目的，是在预期使用年限内地基基础、主体结构、设备设施等避免在中途出现需要修复的损伤。例如，对既有建筑的设备设施进行了更换并进行了装饰装修，但不久，主体结构又需要进行修复或加固。主体结构一旦进行修复或加固，设备设施和装修等都会受到影响。

《既有建筑技术规范》（课题建议稿）提出了下列推断评估使用年数的方法：

（1）校准统计规律的方法；

（2）模拟检验的方法；

（3）比较的方法；

（4）经验的方法等。

2. 校准统计规律的方法

目前对于部分耐久性问题已经有了环境作用效应模型或材料抵抗环境作用能力模型。例如混凝土碳化与钢筋锈蚀问题，已有碳化规律模型和钢筋锈蚀规律模型。这些模型的建立依据了混凝土结构的调研数据和试验数据。用这些分析模型校准全国范围内的混凝土结构耐久性设计指标是可行的，但用于推定特定构件的评估使用年数会有一定偏差。

利用混凝土结构实测信息进行校准后，多数分析模型在推定评估使用年限的准确性方面都会得到明显改善。或者说，经过校准后模型的推定结果更贴近混凝土结构的实际情况。所谓实测信息主要是指被推定构件混凝土材料性能劣化方面识别得到的相关信息，也就是实测碳化数据和钢筋锈蚀情况的数据等。

以下用混凝土碳化深度的推定问题为例，说明校准统计规律的方法。

目前国内外大多数混凝土碳化模型的基本上都采用式（15-4）的形式[113]：

$$D = \alpha\sqrt{t} \tag{15-4}$$

式中 D——碳化深度；

α——碳化系数，与环境情况、构件表面处理情况、混凝土性能等有关；

t——碳化时间（年）。

校准碳化统计规律的方法是将被推定构件混凝土的实测参数代入式（15-4），对公式中的相关参数进行调整。实测参数可为混凝土的强度 f_{cu}、实际碳化深度 D_0、实际使用时间跨度 t_0 等。被校准对象可以是碳化系数 α 中的一些参数或时间的指数。经过校准后形成与实际碳化最为接近的碳化公式（15-5）：

$$D = \alpha_c t^{\beta} \tag{15-5}$$

式中 α_c——经过校准的碳化系数；

β——经过校准的时间指数。

利用式（15-5）可比较准确地推定混凝土的碳化深度。例如当已知混凝土的保护层厚度 a 时，可将保护层厚度值 D_a 代入式（15-5），计算出碳化深度达到钢筋表面时的总时间跨度 t_a，用 t_a 减去 t_0 得到碳化达到钢筋表面的剩余时间 t_e。

对于无特殊保护措施的预应力钢筋和含有一定量氯离子的混凝土构件来说，利用该方法时宜进行适当的调整。

首先对碳化模型即式（15-4）进行校准时，不要使用同批构件混凝土碳化深度的平均值 $D_{0,m}$，而应使用具有一定超越概率的特征值，也就是碳化深度的较大值，如 $D_0 = D_{0,m}$

$+1.645S$，其中 S 为碳化深度实测值样本的标准差。其次，用校准后的式（15-5）计算 t_a 时，应使用同批构件中预应力钢筋或含氯混凝土钢筋保护层厚度的较小值。

采用上述两种措施可以使推定的评估使用年数 T_e 具有一定的可靠指标。

3. 模拟检验的方法

模拟试验的方法也是快速检验的方法，是确定特定结构设计使用年限的有效方法。显然，模拟检验的方法也可用于推定构件的评估使用年数。

下面以混凝土冻融损伤的为例，说明如何利用模拟检验方法推定评估使用年数。

从混凝土结构上钻取混凝土芯样，实施标准的快速冻融检验，记录出现检验状态标志的冻融循环次数 $N_{t,min}$。$N_{t,min}$ 是数个试件中最早出现检验状态标志的冻融循环次数。

查询当地气象资料，估算年当量冻融循环次数 $n_{eq,F}$。

结构混凝土出现表面冻融损伤的评估使用年限 T_e 可以通过下式估算[112]：

$$T_e \leqslant N_{t,min}/(\alpha n_{eq,F}) \tag{15-6}$$

式中 α——构件在冬季的饱含水时间系数，通过调研和识别确定。

当结构接触的水中含有加速混凝土冻融损伤的物质时，快速冻融循环检验所用的水中也应加入相应物质，也可用真实的环境水进行快速冻融循环检验。例如海洋环境的快速检验，可使用混凝土结构所在地的海水进行检验。

4. 比较的方法

比较的方法实际上是校准统计规律方法或模拟检验方法的一种特殊应用情况，也是校准统计规律方法或模拟检验方法与经验方法相结合的一种方法。其校准的数据不是源于被推定构件本身，而是源于其他构件，或者其他结构。

例如，对于某些情况来说，碳化达到主筋表面之后，钢筋要经历一段时间之后才能达到相应的锈蚀极限状态，也就是锈蚀使混凝土保护层出现可见裂缝。此时，以碳化达到钢筋表面的剩余的时间 t_e 作为推定评估使用年数 T_e 会过于保守。此时的 T_e 应该由 t_e 与 $t_{e,2}$ 两部分构成。t_e 为推定的碳化达到钢筋表面剩余的时间跨度，$t_{e,2}$ 为推定从碳化达到钢筋表面至钢筋锈蚀到一定程度或锈蚀使保护层开裂的时间跨度。

从碳化达到钢筋表面至钢筋锈蚀到一定程度或锈蚀使保护层开裂的时间跨度 t_2，也有许多研究人员建立过相应的计算模型，其模型的基本形式见式（15-7）：

$$t_2 \leqslant S_{dur}(w/c, \varphi, c, f_{cu}, RH, T, \cdots\cdots) \tag{15-7}$$

式中 t_2——从碳化达到钢筋表面至钢筋锈蚀到一定程度或锈蚀使保护层开裂的时间跨度；

S_{dur}（ ）——环境对钢筋锈蚀作用效应模型；

w/c——模型的混凝土的水灰比或水胶比等参数；

φ——模型的钢筋直径参数；

c——模型的混凝土保护层厚度参数；

f_{cu}——模型的混凝土强度参数；

RH——模型相对湿度参数等。

如同混凝土的碳化模型一样，这些模型用于设计是可行的，用于推断评估使用年数，必然会存在较大的偏差，应该进行相应的校准。

在这种情况下可以采取下列两种方法校准已有统计规律：

（1）选择碳化规律模型；

（2）对照校准钢筋锈蚀模型。

选择碳化规律模型的方法，先在所有的模型中选取有碳化模型和钢筋锈蚀模型的环境作用效应模型，再用混凝土实测碳化数值与这些模型计算的碳化深度进行比较，选取与实际碳化情况最为接近的模型作为校准模型。

按校准统计规律法对该碳化模型进行校准，并用校准后的碳化模型推定 t_e，此时 t_e 最好要有一定的保证率。再把实测构件的混凝土强度等相关参数带入模型中计算 $t_{e,2}$。用 $t_e+t_{e,2}$ 作为评估使使用年数 T_2。

当具备一定条件时，也可对 t_2 的模型进行比对校准。这里所说的具备条件是指同批构件箍筋出现了锈蚀情况，利用箍筋的锈蚀状况对模型进行校准，利用校准后的模型对主筋的 $t_{e,2}$ 进行推定。其校准步骤和方法如下：

（1）先用校准过的碳化模型推断碳化达到箍筋表面的时间 t_1；

（2）用混凝土构件已经使用的时间 t_0 减去 t_1，得到箍筋锈蚀的实际时间跨度 $t_{2,i}$；

（3）测定锈蚀钢筋直径、锈蚀量、保护层厚度和混凝土强度等参数；

（4）将 $t_{2,i}$ 和其他实测参数代入钢筋锈蚀模型，对模型进行校准；

（5）当同批构件有多处箍筋锈蚀时，重复上述步骤得到若干个校准模型；

（6）用不具保证率的校准模型，推定同批构件中条件最不利主筋的 t_e；

（7）把实测参数带入经过校准的钢筋锈蚀模型，推算 $t_{e,2,i}$；选取其中的较小值作为 $t_{e,2}$；

（8）推定的评估使用年数为：$T_e=t_e+t_{e,2}$。

这种方法没有采用被推定钢筋锈蚀情况校准钢筋锈蚀模型，而是使用环境、材料强度相同，保护层厚度和直径不同的钢筋的锈蚀数据对锈蚀模型进行校准，因此称之为“比较的方法”。

5. 经验的方法

经验的方法是现行设计规范普遍采用的耐久性设计方法，可用于设计也可用于评定。

对于目前尚未掌握劣化规律的材料必然要采用经验的方法，例如木材的开裂、腐朽与虫蛀等。一般认为木材经过熏蒸杀虫后可以维持一段时间不出现腐朽和虫蛀问题，而未经过处理的木材在 2～3 年就会出现严重的问题。使用中木材的腐朽一般与环境的温度和湿度等有关，白蚁的影响带有地区性和偶然性。对于这些问题很难推断出构件的评估使用年数，只能采用经验的方法。

经验的方法最好用于未出现明显劣化迹象的构件。例如混凝土抗冻融作用等级符合设计要求，构件未出现异常现象，实际作用效应小于预期效应的情况。

最后，采用经验的方法时要缩短检查评定周期，防止环境情况突然改变。

构件的耐久年数是指在环境作用下从评定之时到构件出现耐久性极限状态标志所需的时间。当耐久年数大于预期使用年限时，不必对构件增加特殊的防护措施；当耐久年数小于预期使用年限时，应该对构件采取必要的防护措施，提高构件的耐久性能。

第 16 章　既有建筑的环境品质

本章介绍既有建筑环境品质的检查与评定条款的研究背景。首先讨论建筑的环境品质问题，然后介绍建筑环境品质的检查评定项目。

16.1　环境品质问题

环境品质问题属于建筑功能性的范畴，而建筑的功能问题又与建筑的适用性有一定的关系。建筑应具有良好的环境品质，这是建筑应具备的功能之一。由于我国既有建筑普遍存在环境品质不佳的问题，《既有建筑技术规范》（课题研究稿）将其单列出来进行评定。环境品质是对人身健康有影响的问题，既有建筑的管理者或用户发现此类问题应该进行处理。但有些问题属于社会问题，不能由房屋的管理者或者业主独立解决。

16.1.1　影响环境品质的因素

影响既有建筑环境品质的问题大致有噪声、空气污染、水质污染、电磁污染、光污染等。这些问题对于既有建筑用户的身体健康构成影响，因此归为环境品质问题，也可称为环境质量问题。造成既有建筑环境品质问题的根源主要来自以下三个方面：

（1）周边环境对既有建筑的影响；

（2）既有建筑本身存在的问题；

（3）既有建筑及其用户对周边环境的影响。

既有建筑本身存在的问题，是《既有建筑技术规范》（课题研究稿）主要检查评定的项目，也是房屋管理者或业主能够解决的问题。而周边环境对既有建筑环境品质的影响，往往是房屋的管理者和业主难于独立解决的问题。

16.1.2　周边环境影响

以下按噪声、空气污染、水质污染等次序介绍周边环境对既有建筑环境品质的影响。

1. 噪声污染

既有建筑周边环境噪声污染主要包括以下种类[114]：

（1）交通噪声，机动车鸣笛和行进过程的噪声、航空器的噪声、轨道交通的噪声等；

（2）城市建设噪声，混凝土振捣的噪声、模板拆装的噪声、施工机械的噪声等；

（3）人群活动的噪声，如流动商贩、自由市场和其他喧哗、广播的噪声等。

2. 空气污染

既有建筑周边的空气污染主要包括以下种类[115]：

（1）工业性大气污染，主要有化工、铸造、火电、采掘等工业企业造成的污染；

（2）扬尘污染是目前所有城镇普遍存在的问题，除了沙尘之外，交通扬尘、建设工地扬尘已成为各地主要的扬尘因素；

(3) 恶劣气味的污染，街头商贩、垃圾堆放、城市排水系统是恶劣气味的主要来源。

3. 水质污染

我国大部分自然水源已遭受不同程度的污染。显然包括人为污染和自然界污染。

4. 其他污染

电磁污染和光污染是目前尚未得到普遍重视的问题，电磁污染主要来自无线发射塔、高压电线和变压器等；光污染主要来自城市照明、广告、玻璃幕墙、汽车灯光等。

16.1.3 问题的解决方式

由以上列举的情况看，多数问题都是房屋的管理者、业主和使用者无法单独解决的。受影响较严重的房屋管理者等，可向相关行政主管部门投诉，寻求解决的方法。例如工程建设噪声污染问题，可找建设行政主管部门；广告牌光污染问题可以找城管部门；对于某些问题也可以寻求司法机构的支持。

16.2 环境品质的检查评定

以下介绍既有建筑本身因素造成的环境品质问题的研究背景，这也是环境检查评定工作的重点，是房屋管理者或业主可以独立解决的问题。本节按照噪声、空气品质、饮用水和废水排放的次序介绍相应评定条款的研究背景。

16.2.1 噪声

既有建筑室内噪声的来源还可从以下方面查询：

(1) 建筑内设备设施的噪声；

(2) 用户活动的噪声等。

1. 设备设施的噪声

既有建筑中下列设备设施的噪声有时相当严重：

(1) 通风空调设备的噪声，包括排烟设施等；

(2) 采暖管线的噪声；

(3) 给水管线与设施的噪声；

(4) 排水管线的噪声等。

这些噪声有些可以通过设备设施的修缮解决，有些需要结合设备设施的改造解决。

2. 用户活动的噪声

用户活动的噪声包括楼板撞击噪声、电视广播噪声、开关门窗的撞击声等。这些噪声可以通过空气和固体传播。解决这些问题除应改善围护结构及装修的空气隔声性能和固体传声性能外，还要采取措施减小产生撞击噪声的能量。

16.2.2 空气品质

既有建筑室内恶劣气味和空气污染的来源可从下列方面查询：

（1）餐饮制作的空气污染，这是居住建筑普遍存在的问题，一些公用建筑也存在着类似的问题，设置排风设施可以有效解决这类问题；

（2）通风设备的积尘、细菌和病毒等，包括公用和住宅；定期清理空调和通风设施的灰尘，可以有效解决这个问题；

（3）装修造成的污染，包括公用建筑和居住建筑；

（4）家具中有害物质的挥发污染，一些销售家具的商业建筑中问题较为突出；

（5）卫生间恶劣气味，与排风、排水方式等有密切关系；

（6）建筑室内污、废水的积存问题；

（7）一些建筑中化学物质的污染等。

16.2.3　饮用水

对于既有建筑生活饮用水的水质，可取样按现行的国家标准《生活饮用水卫生标准》的规定进行检验。当生活饮用水的水质出现问题时宜从下列方面寻找问题的原因：

（1）生活饮用水管道是否锈蚀；

（2）生活饮用水管道出口是否被液体或杂质淹没；

（3）生活饮用水管道出口与用水设备间的溢流间隙是否过小；

（4）生活饮用水管道与非饮用水管道是否相连；

（5）生活饮用水管道通过毒物污染区是否采取必要的处理措施；

（6）室内埋地生活饮用水贮水池与化粪池的净距是否过小；

（7）生活饮用水贮水池是否污染等。

查找到原因后，就应该采取措施进行处理。

16.2.4　废水排放

既有建筑的排水对周边环境有明显的影响，反过来也会影响既有建筑本身的环境品质。排水情况应按现行国家标准《建筑给水排水设计规范》GB 50015 相应的规定进行评定。

排水设施的评定，可查找下列方面寻找问题的原因：

（1）医疗灭菌消毒设备的排水及生物制品洗涤的排水是否符合要求；

（2）厨房内食品制备及洗涤设备的排水是否符合要求；

（3）化学物质的洗涤排水是否符合要求；

（4）蒸发式冷却器、空气冷却塔等空调设备的排水是否符合要求；

（5）冷藏间、冷藏库房的地面排水和冷风机溶霜水盘的排水是否符合要求等。

对排水设施的评定，应查找下列有碍人身健康的问题：

（1）排水管道在生产工艺或卫生有特殊要求的生产厂房内，以及食品和贵重商品仓库、通风室和变配电间内的设置情况；

（2）排水管道布置在食堂、饮食业的主副食操作烹调上方的情况；

（3）排水管线通过居住建筑居室的情况；

（4）排水管道穿过烟道和风道的情况；

（5）生活污、废水在民用建筑室内外明排的情况；

（6）地漏的设置情况及水封深度情况；

（7）建筑物中管道技术层内地面排水与泄水装置情况；

（8）存水弯的设置与共用情况等。

查找到原因后，就应该采取措施进行处理。

第 17 章　既有建筑的加固改造技术

本章按照加固改造的规则、地基基础、主体结构、围护结构、功能的提升和设备设施等的次序介绍。

17.1　加固改造的规则

以下按照加固改造的目的与技术规则、市场规则和特殊问题的规则的次序介绍关于加固改造规则的研究背景。

17.1.1　技术规则

既有建筑的加固改造与改建、扩建有明显区别，其技术规则也要体现加固改造的特点。

1. 加固改造的目的

加固一般是指针对建筑地基基础、主体结构和围护结构的技术措施，加固的目的是提高这些对象的承载力、稳定性或抵抗变形能力；当地基基础、主体结构和围护结构的体系存在问题时，单靠加固不能有效解决问题，应采取结构体系改造措施。当结构体系改造规模较大时，归为建筑的改建比较合适。当基础与地基的形式不匹配或基础与上部结构的形式不匹配时，采取加固的措施可能效果不好，一般也要采取改造或改建的技术措施。

所谓地基与基础形式不匹配以及基础与上部结构形式不匹配等问题与结构体系存在问题有类似之处。

例如，截面尺寸较大、受力较大的钢筋混凝土柱采用砖砌的条形基础，可归为基础与上部结构不匹配的问题。我国中小城市和村镇临街的一些建筑普遍存在这类问题。这些房屋为改成门面房取消了大部分的墙体，使用钢筋混凝土柱，见图 17-1 所示情况。有些混凝土柱的下面为砌筑的条形基础。

图 17-1　门面房使用混凝土柱

基础与地基情况不匹配的情况也比较多，例如，在沉陷较大的地基中使用条形基础或摩擦类桩等。这种现象极为常见，即便一些重要工程也会存在类似问题。

有些结构体系问题比较明确，汶川地震表明，在强震区的底框、内框架、单层排架结构普遍出现严重破坏和坍塌问题，见图 17-2。说明这些房屋的结构体系存在抗震方面的问题。

既有建筑改造的对象一般是指围护结

图 17-2　排架结构在地震中坍塌

构、建筑防水、设备设施等，其目的是提升既有建筑或改造对象的功能。所谓改造一般都是进行更换或替换。

我国现有的建设法律和行政法规调整的范围包括建筑的新建、改建和扩建，不包括建筑的加固和改造，也就是说对结构体系和地基基础进行改造时一般应该执行新建工程的手续。而对地基基础、主体结构进行加固或对围护结构等进行改造时，按照目前的情况，不必按新建工程办理相关手续。

2. 加固改造的技术规则

此处所说的技术规则主要是指加固改造所依据的技术标准，既有建筑加固改造工程依据的技术标准大致可以分成加固设计、质量控制、施工技术和质量验收四个方面。

对于既有建筑加固改造设计来说，当具有现行有效的加固改造设计专用标准时，可执行相应的规定；当没有专用标准时，可按照该专业的设计标准进行加固改造设计[116]。例如，混凝土结构已有《混凝土结构加固设计规范》GB 50367—2006，既有建筑混凝土结构加固设计可执行该规范的规定。目前尚没有砌体结构加固的技术规范，对砌体结构的加固，可按照《砌体结构设计规范》GB 50003 的相关规定进行加固设计。

加固改造工程质量的控制主要是对原材料或产品的控制，目前材料和产品质量的控制标准主要是产品标准。这些标准既可用于建设工程材料和制品质量的控制，也可用于加固改造工程材料和产品的质量控制。

目前建设工程系列施工技术规范正在编制之中，也有少量的加固改造施工技术规范正在编制。当这些规范正式公布实施后，既有建筑的加固改造施工可执行或参照执行。

17.1.2　市场规则

建筑工程的新建、改建和扩建有建设法律和行政法规约束，而既有建筑的加固改造目前没有建设法律和行政法规约束。加固改造市场秩序混乱、事故较多。因此参与既有建筑加固改造的各方都应该注重加固改造的安全、质量和环境保护问题。对于加固改造的设计单位要规避相应的风险，对参与加固改造施工的各方也要采取措施规避相应的风险。以下介绍相关各方规避风险的措施。

1. 加固改造设计的管理

《中华人民共和国建筑法》及相关行政法规规定，既有建筑加固改造的设计一般应由原设计单位承担。但通常情况下，原设计单位因新建工程较多而不愿意承担既有建筑的加固改造设计任务。目前大量既有建筑的加固改造设计均由专业的加固公司承接。按照行业规则，专业的加固公司对既有建筑进行加固改造设计后，原设计单位不再对该建筑的设计质量承担责任。加固改造公司将承担加固改造后建筑物安全的相应责任。由于目前的加固改造企业技术水平良莠不齐，加固改造设计存在着管理方面的风险[117]。

据此，《既有建筑技术规范》(课题研究稿) 提出：既有建筑加固改造工程的施工图应通过相应的审查。

我国对于新建工程已经实施了施工图审查制度，审查单位一般具有较强的技术能力。既有建筑加固改造的施工图由这些单位审查后，存在的问题会大幅减少。

2. 加固改造的施工管理

按照《中华人民共和国建筑法》及相关行政法规的规定，新建、改建和扩建工程的施工有严格的安全和质量管理制度，即便如此，建设工程的安全事故和质量事故还是比较多的。由于目前建设法律和行政法规没有覆盖到既有建筑的加固改造，加固改造存在施工质量、安全和环境保护方面的管理风险。

据此，建议既有建筑的加固改造应获得建设行政主管部门的开工许可。目前这种开工许可需要到工程建设质量安全的部门办理，不能到房管部门办理。原因是没有行政法规授予房管部门这项行政许可的权力。

建议既有建筑的加固改造工程应执行建设工程安全和质量的监理制度。

通过上述两项建议，使既有建筑加固与改造的管理等同于新建工程的管理，使相关主管部门规避了管理的风险。

17.1.3　安全规则

既有建筑加固改造工程的施工除应保障施工质量之外，尚应采取特殊的措施保障施工阶段的安全并避免造成环境污染。

既有建筑加固改造工程的施工质量可按现行施工、验收规范的要求进行控制。由于加固改造工程施工条件特殊，照搬现行的施工、验收规范不能保障加固改造工程施工的安全和环境保护要求。既有建筑加固改造工程的建设单位、施工企业和监理单位要格外注重防倒塌、防火灾、防坠落和高空作业等安全措施，并采取减少扰民以及防污染等措施。

1. 防倒塌措施

既有建筑加固改造工程宜采取下列防倒塌措施：

（1）建筑结构和围护结构在施工全过程宜具备抵御频遇地震和瞬时风作用的能力，避免发生倒塌或严重破坏；

（2）外脚手架应具有在频遇地震影响下不出现严重破坏的能力；

（3）临时房屋和围墙在瞬时风的作用下不发生倒塌或破坏；

（4）支承施工荷载的构件，承载力的可靠指标不应小于结构设计规范限定值的0.9倍。

2. 防火灾措施

既有建筑加固改造工程的第一要务是采取严格的措施避免出现火灾，这里所说的严格措施，应该比建筑工程的措施还要严格。这些措施包括：

（1）严格控制施工现场使用明火；对于某些既有建筑还要采取措施避免施工操作中碰撞的火星和消除操作人员携带的静电等；

（2）清除现场易燃、易爆的粉尘和其他物质，移走现场的可燃物质或采取防护措施；

（3）施工前应充分了解所有材料的可燃性和燃烧后释放有毒有害气体的情况；脚手架及护网应使用不燃材料，金属脚手架应有防火涂层；

（4）焊接等高温施工操作前，应清除作业区及作业影响区的可燃物质；

(5) 设置必要的防火隔断;

(6) 避免使用既有建筑的电器设施;

(7) 施工现场应有足够且有效的消防措施。

3. 防高空坠落

既有建筑加固改造往往要在人员较多的地区实施,防坠落不仅要保证作业人员的安全,还要保证其他人员的安全。主要包括防止起重机等起吊物的坠落、脚手架上重物坠落、房屋内外重物坠落等。

4. 高空和临空作业

高空和临空作业人员要有特殊的安全措施,且要注重建筑内部人员的安全,所有临空作业区都应该配备明显的警示标志和地面指挥人员,并确保无关人员不易靠近。

17.2 地基基础的加固技术

既有建筑地基基础加固的技术规则主要包括下列三个方面的问题:

(1) 加固改造的目标;

(2) 加固改造的方法;

(3) 上部结构的配合进行地基基础的加固改造措施。

17.2.1 加固改造目标

既有建筑地基基础的加固和改造设计应使改造后的承载力和变形符合《建筑地基基础设计规范》GB 50007等标准的规定。

《建筑地基基础设计规范》GB 50007是既有建筑地基基础专业的基础标准,适用于工业与民用建筑(包括构筑物)的地基基础的设计。对于湿陷性黄土、多年冻土、膨胀土以及在地震和机械振动荷载作用下的地基基础设计,尚应符合现行有关标准、规范的规定。

17.2.2 加固技术

因为已经有了相对比较成熟的技术,本书没有提出具体的地基加固技术,只是将加固方法引向已有的技术标准,这些标准包括:

(1)《建筑地基基础设计规范》GB 50007;

(2)《既有建筑地基基础加固技术规范》JGJ 123;

(3)《民用建筑修缮工程查勘与设计规程》JGJ 117;

(4)《民用房屋修缮工程施工规程》CJJ/T 53等。

1. 注浆加固法

注浆加固法适用于基础因不均匀沉降、冻胀或其他问题的加固。注浆液材可采用水泥浆等。注浆操作可按《既有建筑地基基础加固技术规范》JGJ 123的规定执行。砌体结构和混凝土构件裂缝的修补技术也可用于相应基础裂缝的修补。

2. 加大基础底面积法

当地基承载力不足时可以采取加大基础面积的加固方法,采取这种方法加固时的注意事项如下:

(1) 当基础承受偏心受压时，可采用不对称加宽；当承受中心受压时，可采用对称加宽。

(2) 对加宽部分，地基上应铺设厚度和材料均与原基础垫层相同的夯实垫层。

(3) 当采用混凝土套加固时，基础每边加宽的宽度及外形尺寸应符合国家现行标准《建筑地基基础设计规范》GB 50007 中的有关规定。

(4) 加宽部分应与原有基础妥善连接。

3. 加深基础法

加深基础法适用于地基浅层有较好的土层可作为持力层且地下水位较低的情况。这种方法的原理是将原基础埋置深度加深，使基础支承在较好的持力层上，以满足设计对地基承载力和变形的要求。

4. 锚杆静压桩法

锚杆静压桩法适用于淤泥、淤泥质土、黏性土、粉土和人工填土等地基土。

5. 其他方法

相关技术标准提出的地基基础加固的方法还有树根桩法、坑式静压桩法、石灰桩法、注浆加固法、高压喷射注浆法、灰土挤密桩法、深层搅拌法、硅化法、碱液法等。

上部结构处理方法，可结合结构的改造通过加大结构的刚度、设置沉降缝、采用不同质量的结构材料等措施实施。

17.3　结构加固改造技术

关于既有建筑主体结构的加固已经有一些技术标准，其他技术标准也在编制过程中，本节不对已有成熟技术的细节进行介绍，仅讨论主体结构加固的规则问题。

17.3.1　加固改造目标

《既有建筑技术规范》(课题研究稿) 并未提出统一的加固实现的目标，而是建议根据既有建筑的具体情况采取不同的加固改造目标。其加固改造目标大致分成下列几种情况：

1. 具有抗倒塌能力

既有建筑的抗倒塌能力除了抗震设防要求的大震不倒之外，还有在偶然作用下不能出现与作用不相匹配的倒塌或严重破坏等。既有建筑可能经历的偶然作用包括严重的碰撞、火灾、爆炸等。需要长期使用的既有建筑应该实现这一加固的目标。

2. 承载力的加固目标

一般情况下，只要进行加固，构件的承载力一般可以达到现行规范的要求。《既有建筑技术规范》(课题研究稿) 提出的加固规则为：强柱弱梁、强剪弱弯、强节点弱构件。

3. 解除危险的目标

对于具有一定危险性且短期需要使用的既有建筑可以采取解除危险的处理方式，其对象可以按《危险房屋鉴定标准》JGJ 125 的规定确定。

17.3.2　抗倒塌的加固与改造

以下按照地震、火灾、爆炸、碰撞等介绍既有建筑抵抗偶然作用的加固与改造措施。

在介绍具体措施时，有两项加固改造的基本规则，其一为连接锚固的承载力应该大于构件的承载力，其二为适当提高构件的承载力。

1. 大震不倒的处理措施

虽然《建筑抗震设计规范》GB 50011 关于大震不倒的设防要求可以保证大多数既有建筑在罕遇地震下不发生倒塌破坏，但也有例外的情况，如单层工业厂房，较空旷多层砌体结构房屋等。特别是使用预制构件的结构。

造成这两种建筑物倒塌的原因是，在地震作用下墙柱类构件位移过大且各构件的位移不同步。所谓墙柱位移过大是指结构抗侧移刚度过小，墙柱顶端的位移值大于预制构件的搁置长度，使预制构件塌落。所谓位移不同步是指地震作用并非同时作用在房屋的全部构件上，先受到作用的墙柱先出现位移，这种位移的时间差使楼面构件产生较大的拉力，当楼面构件的锚固或连接承载力不足时，预制构件出现塌落，造成房屋坍塌。

增加墙柱的抗侧移刚度和使连接锚固的承载力大于构件承载力是避免出现这类坍塌的处理措施。此处所说的锚固是指梁板类构件与墙柱类构件之间的连接措施。当连接锚固承载力大于构件的承载力时，破坏会发生梁板类构件上，使构件免于塌落。

增设减震或隔震措施也是有效的处理方法。

2. 防御爆炸倒塌的措施

除了提高构件的承载力和加强连接锚固的措施外，预防既有建筑在爆炸中坍塌还可以有下列技术措施：

(1) 设置卸除爆炸作用的围护结构或外门窗，减小爆炸荷载对主要构件的作用效应；

(2) 设置保护重要构件的抗爆墙，使重要构件免遭破坏；

(3) 控制建筑中的爆炸荷载；

(4) 将易产生爆炸的设施布置在可控范围内，例如布置在独立的结构单元内。

3. 防火灾倒塌的技术措施

预防建筑在火灾中坍塌的技术措施如下：

(1) 控制建筑中的火灾荷载，通俗的说法是控制建筑中可燃物总量；

(2) 设置喷淋设施，特别是在可燃物质较多的区域；

(3) 提高构件的耐火极限，目前的耐火极限不是为防倒塌设置的，而是为建筑发生火灾后人员疏散而设置的，提高耐火极限，可有效避免建筑在火灾中坍塌。

4. 防碰撞倒塌的技术措施

预防建筑被碰撞后发生坍塌的技术措施如下：

(1) 对重要构件采取防碰撞措施，如防止车辆碰撞的隔离墩等；

(2) 将构件改造成遭遇碰撞后不会完全丧失承载力的构件，如劲性配筋混凝土、外包钢构件或螺旋配箍混凝土等。

目前已有一些建筑抗倒塌的设计方法，结构加固改造设计时可以参考。

17.3.3 构件的加固技术

构件加固目前已有一些技术标准，另一些标准也在编制之中，基本的加固方法有加大截面法、约束加固法、增设构件法等[118]。此处不再详细介绍，只是进行如下的提示：

当楼面构件的连接、锚固或支承得到有效保障时，且楼面荷载可以得到有效控制时，可适当减少提高楼面构件承载力的加固措施。

17.4　使用功能的提升

既有建筑使用功能的提升可以分成两个部分，其一是建筑本身，其二是设备设施的功能。本节主要介绍既有建筑本身的问题。

17.4.1　功能提升的项目

既有建筑本身的功能提升包括下列项目：

（1）增设必要的功能空间。对于住宅来说，功能空间是指卫生间、厨房、卧室、起居间等。没有卫生间和厨房的居住建筑是集体宿舍，算不上住宅。也就是说如果将集体宿舍改造为住宅，必须设置卫生间、厨房和居室等。

（2）适度增大部分功能空间的尺度；也就是适当增大一些功能空间的面积。例如一些公共建筑中盥洗间面积过小，不能满足公众的使用要求等。

（3）有条件时，改善建筑自然通风、日照、采光状况。

（4）在保持既有建筑具有同等温湿度条件的前提下，降低建筑的能耗。

（5）改善既有建筑隔声的性能。

（6）满足特殊人群需要，如残障人士等的特殊需求等。

从以上项目来看，需要提升功能的既有建筑显然不是指高档别墅或豪华住宅，主要指普通住宅和早期公用建筑等。

17.4.2　功能提升的方法

本小节仅介绍既有建筑改造的方法，不包括设备设施改造的方法。

1. 增加功能空间的方法

既有建筑改造设计者可根据用户反映的情况进行功能空间的增设、位置调整或调换措施解决功能空间不足的问题。

所谓增设包括两种情况，其一为从无到有，其二为数量的增加。数量的增加包括把过多设置的功能空间调整为缺乏的空间。例如把储藏间外迁，原址改为卫生间等。

2. 增大功能空间尺度

一些既有建筑必须增大面积才能解决增设功能空间或增大功能空间面积的问题。增大建筑面积的方法包括：增加层数、加大宽度、拆除隔墙或部分承重墙等措施。在实施这类改造时应注意以下问题：

（1）当采用增加层数或加大宽度的改造时，应取得规划部门的批准；

（2）当采取增加层数的方式时，应对底层墙柱及地基基础的承载力进行验算，并应考虑对其他建筑的遮挡问题；

（3）当采取加大宽度的方式时，应充分考虑地基不均匀变形问题和原有房间采光、通风和日照问题；

（4）当采取拆除部分墙体的方式时，应保证结构抵抗偶然作用的能力和结构的承载力；

（5）既有建筑的上述改造行为，应取得全体业主的同意。

3. 改善自然通风、日照、采光状况

包括在适当部位增设外窗、调整窗的高宽比、采用光反射和光纤引导措施等。

4. 降低能耗的改造方法

在可比条件下，降低既有建筑的能耗应靠围护结构和设备设施的改造实现。

5. 改善既有建筑隔声的性能

可采取下列三类措施实现：

（1）提高阻隔空气传声的能力；

（2）提高阻隔固体传声的能力；

（3）降低自身噪声的影响。

6. 满足特殊人群需要

公共建筑应实施无障碍通行的改造，部分居住建筑应考虑老年人和特殊人群出行方便的改造措施，例如在多层住宅增设电梯，增设无障碍通行措施。

17.5 围护结构改造技术

本节扼要介绍相关规则的研究背景。

17.5.1 改造的对象

围护结构改造的对象包括门窗、幕墙、屋面、外墙保温和隔墙等。通常认为围护结构的改造主要是解决节能问题，实际上围护结构也存在安全、适用性和耐久性问题。例如，吊顶安装的牢固性就涉及用户的使用安全问题，保温材料的可燃性也关系到最近才受到重视的消防安全问题，门窗和隔墙的隔声性能则涉及既有建筑的适用性问题，围护结构制品与材料的寿命则涉及耐久性问题。

因此，使用中存在问题的围护结构通过简单的修缮修复不能消除不利影响时，可以通过改造予以解决。

17.5.2 改造的规则

围护结构改造时应兼顾安全、适用、耐久、环境保护和节能等问题，其中节能改造要使用真正有利于节能的措施。

17.5.3 改造的内容

以下按安全、适用、耐久、环保和节能的次序介绍围护结构改造的实施规则。

1. 围护结构的安全问题

（1）有可爆炸物建筑空间的门窗问题，玻璃幕墙也有此类问题；

（2）毗邻有爆炸可能的建筑物或构筑物时，门窗的设置问题，玻璃幕墙也有此类问题；

（3）可能受到严重火灾影响建筑的门窗问题，玻璃幕墙也有此类问题；

（4）防火门的功能和能力问题；

（5）外门窗层抵抗瞬时风的问题；
（6）外墙外保温粘贴面砖的装饰方式问题和材料可燃性问题；
（7）屋面局部可能积雪过厚的问题；
（8）有女儿墙屋面设置应急排水出口的问题；
（9）避免屋檐冰凌脱落造成人员伤害的问题；
（10）避免屋面融雪滑落造成人员伤害的问题。

2. 围护结构的适用性问题

（1）用水功能空间隔墙设置防水措施的问题；
（2）内隔墙的刚度（防止装饰层脱落）问题；
（3）隔墙的空气隔声问题；
（4）墙体和楼板的固体传声问题。

3. 围护结构的耐久性问题

（1）在屋面做法中的防潮问题；
（2）屋面保温层的排水问题；
（3）防水层的使用寿命问题；
（4）外墙外保温体系的防水、防潮问题；
（5）外墙内保温体系的防水、防潮问题。

4. 围护结构的节能问题

（1）外窗面积的问题

不应盲目扩大外窗的面积，窗导热能力一般要大于墙体，外窗面积过大不利于节能。

（2）门窗自然通风的问题

门窗自然通风的功能应得到改善或加强，用空调等强制式通风取代门窗原有的自然通风是浪费能源的措施。

（3）门窗自然采光的问题

门窗自然采光的功能应得到改善或加强，不应用人工照明取代门窗原有的自然采光能力。此处所说的门窗包括内外门窗，早期建筑可以通过门的上亮部分采光。

（4）太阳辐射热的问题

屋面做法中保温、隔热层厚度偏小会导致顶层夏季室温高，增加空调等的能源消耗。另外玻璃幕墙还存在光污染问题。

17.6　设备设施的改造

本节扼要介绍设备设施改造规则的研究背景。

17.6.1　改造的对象和规则

以下按照改造对象和改造规则的次序介绍相关的研究背景。

1. 改造的对象

设备设施包括电器线路系统、给水管线系统、排水管线系统、采暖通风管线系统等。所谓管线系统包括管线及管线终端的设施。改造的目的是提升设备设施的功能，提高舒适性并满足安全和正常使用的要求。

例如电器线路老化影响使用安全；给水管线系统渗漏、受到污染或供水能力不足；排水系统渗漏、阻塞或对环境造成污染。

2. 设备设施改造的规则

既有建筑设备设施的改造规则可以简述如下：

（1）以提升设备设施的性能和功能为目标；

（2）以现行有效的规范为基准并满足用户的合理要求；

（3）兼顾资源的节约、环境保护和减低能耗等要求。

17.6.2 改造的实施

本小节提出一些设备设施改造中应当注意的问题。

1. 节水措施

淡水资源不足是我国许多城镇和农村普遍存在的问题，但是另一方面淡水资源的浪费现象又极其普遍，节水潜力较大。有些既有建筑也存在着淡水资源的浪费问题。在设备设施改造时，可以考虑下列的节水措施：

（1）为用户采取节水措施提供方便，例如用生活废水冲洗坐便器等；

（2）为使用中水预留通道；目前一些新建的居住小区已有废水净化能力，提供中水通道有利于中水的利用；

（3）采取有效利用雨水的措施；

（4）实施污水、废水、雨水分别排放的改造措施等。

2. 降噪措施

设备设施是既有建筑的噪声源之一，改造时宜采取措施解决下列噪声污染的问题：

（1）给水管线的噪声污染；

（2）排水管线的噪声污染；

（3）供暖管线的噪声污染；

（4）空调设施的噪声污染等。

设备设施的改造也要注意资源的节约，如使用环保和耐久的管线材料等。

第 18 章 既有建筑的废置与拆除

一般认为，既有建筑报废后，房屋的安全责任人不再承担相应的安全责任。实际上这种观点是片面的，房屋的产权人还是要承担废置与拆除过程的安全责任。

18.1 概况

既有建筑的拆除大致分成三类情况，一种是建设需要的拆迁，第二种是原产权人的拆除，第三种是灾害、事故后的拆除。

18.2 既有建筑的废置管理

废弃的建筑物会造成公众安全和环境污染等问题，应该对其实施管理。

此处所说的安全问题可以分成两类，一类为废弃建筑发生破坏，会影响公众安全。例如门窗脱落、墙体倒塌等造成人员的伤亡等。另一类问题是无人管理的建筑容易成为不法人员利用的场所，对公众安全产生不利影响。

对废置建筑实施的管理可以分成两种，一种为人员管理，一种为预防性处置措施。

18.2.1 管理措施

建筑物的责任人应安排专人或委托专业机构负责建筑废置期间的安全和环境保护。相关的管理措施如下：

(1) 安排专人值守，避免无关人员进入，避免受到意外的伤害；

(2) 在建筑内外的危险部位设置警示标志，告诫有关人员和无关人员注意安全；这些部位包括具有危险性的围墙、电梯洞口、拆除栏杆后的楼梯、拆除电器设施后的电线等；

(3) 除告诫外，还要在这些部位设置阻止人员顺利通过的设施。

18.2.2 处置措施

对废置的建筑物采取处置措施包括：

(1) 移走建筑物中有使用价值的物品，避免遗失造成经济损失；

(2) 废置建筑不应放置易燃、易爆、腐蚀性、放射性及对环境造成污染的物质；

(3) 可燃废弃物应集中放置，并应配有相应的消防设施，预防火灾发生造成损失；

(4) 建筑中供水、供热、供气、供电等应予以关闭，并应保障消防设施的有效性和紧急情况下有足够的照明设备可以使用；

(5) 外门窗应予以封闭，并应对其玻璃破碎处进行封堵；

(6) 建筑内的通道应保持通畅，并应保持楼梯栏杆等的完好；

(7) 屋面的垃圾和破碎物应予以清除，并应保持屋面排水畅通。

除了对建筑及其附属构筑物进行管理外，还要对市政设施等实施保护措施。

18.3 建筑的拆除

对建筑物的拆除是比建造风险高的工作。风险来自两个方面，其一为安全风险，其二为环境污染的风险。房屋建造时坍塌等事故就比较多，拆除时的事故比例明显高于其建造阶段。拆除时造成的污染要比建造时严重，应采取保护环境的拆除施工技术。

18.3.1 安全措施

目前我国城市建筑物的拆除工程要求具有专门资质的企业承担，而且需要办理拆除工程的开工许可，这种制度应该推广到村镇建筑的拆除工程。

建筑物拆除企业在拆除过程中的第一要务是保证拆除工程的安全。

被拆除建筑物的情况相当复杂，有些具有一定危险性，有些已经濒于倒塌，有些已出现局部倒坍。建筑物的拆除，要解除原结构的约束、撤除支撑，使结构的牢固性和稳定性降低，造成坍塌等安全事故的隐患增大。

1. 排除险情

在建筑物拆除前，应该首先排除险情，这些工作包括：

(1) 搭设必要的防护支架，使技术人员可以进入建筑内部检查；

(2) 对临近破坏或坍塌区域的结构设置必要的支撑，避免出现坍塌事故；

(3) 排除险情包括非承重构件，如可能坠落的天花板、吊顶和破损的墙面抹灰等；

(4) 在危险区域设置警戒标志，并保证所有疏散通道畅通和有明确的指引标志。

在险情排除后方可进行正式的拆除工作。

2. 安全拆除

建筑物的拆除工作应该遵守《建筑拆除工程安全技术规范》JGJ 147 的相关规定。但是该规范规定的内容偏少，应对以下内容进行补充：

(1) 拆除工程的临时用电安全；

(2) 拆除工程的高处作业安全；

(3) 拆除机具的使用安全；

(4) 拆除工程的脚手架和必要支承的安全；

(5) 消防安全；

(6) 深埋基础和特定设施处理的安全；

(7) 考虑气象灾害引发的拆除工程安全事故。

18.3.2 环境保护措施

拆除工程的环境保护包括三个方面的问题：

(1) 保障拆除作业者的人身健康；

(2) 避免拆除过程造成环境的污染；

(3) 对建筑使用过程中的污染进行治理。

建筑拆除施工应遵守《建筑施工现场环境与卫生标准》JGJ 146 中的规定：

(1) 采取防治大气、水土、噪声污染和改善环境品质的有效措施；

(2) 为作业人员提供必备的防护用品。

建筑的拆除工程应对这些污染进行治理。

18.4　固体废物的处置

建筑拆除工程的安全责任人，应该对拆除所产生的固体废料进行识别并根据情况采取相应的处置措施。拆除所产生的固体废料可分成强污染物质、可无害化处理的物质和可循环利用的物质。

18.4.1　强污染物质

放射性物质、二噁英、石棉制品、有毒有害物质等为强污染物质。对于这种物质应该采取永久性埋藏的处理措施。此处所说的永久性埋藏不是直接埋在地下。至少应有设计使用年限不少于 100 年的封闭的地下混凝土结构物，且地面之上应该有明显标志，说明埋藏物的位置、种类等。这类措施只能称为准永久性埋藏。

经济发达国家对于这种强污染物质的埋藏控制很严，据说已有可靠的永久性埋藏措施。似乎是放在不锈钢的容器之内，然后埋藏在一种致密的岩层之内。

18.4.2　无害化处理

对于含有可无害化处理的固体废物，应在进行无害化处理后进行埋藏。这种物质一般不可循环使用。

18.4.3　无害固体废物的利用

建筑拆除后所剩可利用的固体废物主要有金属、木制品、混凝土和砖、瓦等。金属制品中的钢、铁、铜材等可以回收利用，木制品也可以回收利用，而混凝土等固体废物多采取埋藏处理的措施。实际上这种固体废弃物是可以循环使用的。近年来许多研究单位开始研究用这种废弃物做混凝土的骨料使用。

实际上，《载体桩设计规程》JGJ 135 规定：有机物含量不大于 3%的碎砖、碎混凝土块等可作为复合载体夯扩桩的填充料。

《建筑地基处理技术规范》JGJ 79 规定的下列地基处理技术可消纳一部分固体废弃物：

(1) 换填垫层法；

(2) 强夯置换法；

(3) 振冲法；

(4) 砂石桩法；

(5) 水泥粉煤灰碎石桩法。

此外，符合相关要求的固体废料可用于街区道路垫层、建筑散水垫层等填充料使用，也可作为建筑混凝土结构的骨料使用。

附录 A 《北京市房屋建筑使用安全管理办法》(咨询研究稿)

第一章 总 则

第一条 为规范北京市房屋建筑安全使用行为，加强房屋建筑使用中的安全监督和管理，保障人民生命财产安全和人身健康，依据国家相关法律法规，结合本市实际情况，制定本办法。

第二条 本市行政区域内国有土地上各类房屋建筑的安全使用、检查维护、检测鉴定、安全问题治理等活动及其监督管理，适用本办法。

本办法所称房屋建筑是指依法建造或依法登记的居住建筑、公共建筑、工业建筑房屋，包括附属构筑物和与其配套的线路、管道、设备。

本办法所称的附属构筑物是指房屋配套建设的围墙、烟囱、水塔等。

本办法所称设备是指电梯、压力容器与压力管线、燃气设施和消防设施、电气设施、避雷设施、二次供水设备等。

第三条 房屋建筑使用安全管理应遵循预防为主、防治结合、综合治理、确保安全的原则。

第四条 市住房和城乡建设委员会负责全市房屋建筑使用安全的监督管理。

区县建设、房屋行政管理部门负责本辖区内房屋建筑使用安全的具体监督管理。街道办事处协助区县建设、房屋行政管理部门进行房屋建筑使用安全的具体监督管理。

乡镇政府负责农村房屋建筑使用安全的具体监督管理。村民委员会协助乡镇建设、房屋行政管理部门进行房屋建筑使用安全的具体监督管理。

本市规划、市政市容、公安、安监、质监、卫生、气象、工商、消防等行政主管部门，应当按照各自职责，负责房屋建筑使用安全监督管理工作。

第二章 房屋建筑安全责任

第五条 房屋建筑的所有人是房屋建筑安全责任人。房屋建筑所有人下落不明或者房屋权属不清晰的，代管人是房屋建筑安全责任人；没有代管人的，使用人是房屋建筑安全责任人。房屋租赁合同约定承租人承担房屋安全责任的，承租人是房屋建筑安全责任人。

上述房屋建筑的所有人、代管人、使用人为企业或法人的，法定代表人或主要负责人为房屋建筑安全责任人。

第六条 房屋建筑安全责任人应当保证房屋建筑安全性、适用性、耐久性。房屋建筑出现安全性、适用性、耐久性问题时，应及时依照本办法进行治理。

第七条 房屋建筑管理人是对房屋建筑使用安全承担管理责任的自然人、法人或其他组织。

自行管理的房屋建筑，房屋建筑安全责任人为房屋建筑管理人。

委托管理的房屋建筑，受委托人为房屋建筑管理人。

第八条 房屋建筑管理人应对房屋建筑进行日常检查、特定情况检查，对房屋建筑进行维护或协调维修，制止损害房屋建筑权利人合法权益的行为。

房屋建筑管理人应当开展房屋建筑使用安全宣传工作。

第三章 安 全 使 用

第九条 房屋建筑的使用人应当合理地使用房屋建筑，进行日常查看，不得实施本办法规定的禁止行为。

第十条 居住区内居住建筑的使用人，不得违反法律、法规以及管理规约，将住宅改变为居住之外的经营性用房。使用人将住宅改变为经营性用房的，除遵守法律、法规以及管理规约外，应当经有利害关系的业主同意。

第十一条 居住建筑的使用人，不得在建筑上增设塔架，不得超过城市规划限定的高度设置广告牌，不得在房屋建筑的顶部、地下或其他部位增设永久性或临时性建筑或构筑物等，改变建筑的承重结构，影响房屋建筑的使用安全。

经业主大会同意或所有利害关系人同意，在房屋顶部或其他部位搭建附属房屋，应当并经规划行政主管部门批准；在房屋建筑外墙或屋顶增设广告牌，应当符合户外广告设置规划，并遵守国家和本市的有关规定。

第十二条 房屋建筑使用人在使用房屋建筑时，禁止出现下列影响安全和公共利益的行为：

（一）未经原设计单位或具有相应资质等级的设计单位出具设计方案，不得变动建筑主体和承重结构；

（二）违法存放易燃、易爆、放射性、侵蚀性和危害人体健康的物品；

（三）超载使用或改变房屋建筑的用途；

（四）堵塞疏散通道，封闭房屋建筑的疏散出口，损坏消防设施；

（五）擅自拆改防雷装置；

（六）使用存在安全隐患的电梯、压力容器、锅炉等设备；

（七）擅自拆改燃气管线和设施；

（八）擅自拆改供暖管线和设施；

（九）擅自拆改供电线路和通讯线路等。

第十三条 房屋建筑使用人在对房屋建筑进行日常查看过程中，发现房屋建筑出现损伤或异常时应当采取维护措施或告知房屋建筑管理人。

第十四条 房屋建筑的使用人发现下列情况时可依法予以制止；制止无效时，可要求房屋建筑的安全责任人、管理人予以制止，或向相关行政主管部门举报、投诉；也可向人民法院提出维权要求：

（一）违反本办法第十条至第十二条规定的；

（二）房屋建筑周边施工对房屋建筑的使用安全以及使用人人体健康构成影响的；

（三）违反国家有关工程建设标准和规划要求，妨碍房屋建筑通风、采光和日照的。

第四章 检 查 维 护

第十五条 房屋建筑管理人的日常检查内容为：

（一）房屋的开裂、变形、位移等异常现象；

（二）木质产品和木质构件的虫蛀、腐朽等现象；

（三）金属构件的防腐或防火涂层的完好性；

（四）室内外装饰装修的松动、起翘、脱落等现象；

（五）燃气设施、电器设施、给排水设施等的运行情况；

（六）公共建筑中空调的运行状况；

（七）疏散通道遭阻塞和被锁闭情况；

（八）房屋建筑附属构筑物的安全牢固情况；

（九）违规使用情况；

（十）特定设备设施的完好性；

（十一）管理区域内供水、供电、供气、供热、通讯、有线电视等城市设施的完好性及运行情况。

第十六条 房屋建筑管理人应实施或协调使用者实施下列特定情况的检查：

（一）在采暖期到来前，对采暖设施的完好性和安全性的检查；

（二）在雨季到来之前，对外窗水密状况、屋面渗漏情况、屋面及室外排水设施的情况和防雷设施的完好性等进行检查；

（三）大风天气到来前，对外窗和室外构筑物的牢固性、完好性进行检查。

第十七条 房屋建筑管理人应做好各类检查的记录，并按住房和城乡建设行政主管部门的规定将相关资料整理上报。

房屋建筑管理人应对使用者报告的问题予以核查，并配合相关部门组织的安全检查工作。

第十八条 房屋建筑管理人应在其职权范围内对检查发现的自然原因造成的问题分别采取维护或建议维护、维修或建议维修、更换或建议更换、委托检测鉴定等处理措施。

第十九条 房屋建筑特定设备的维修应由专业资质的单位实施。

供水、供电、供气、供热、通讯、有线电视等单位，应当依法承担物业管理区域内相关管线和设施设备维修、养护的责任。

第二十条 房屋建筑管理人应对检查发现的不涉及房屋结构的问题采取维护、维修、修缮及修缮后的装修等处理措施。

第二十一条 房屋建筑管理人对日常检查、特定情况检查发现的问题应当及时予以处理，消除安全隐患。

当对违法行为制止无效时，房屋建筑管理人应当向房屋建筑安全责任人报告，由安全责任人制止。安全责任人制止仍无效的，应当向相关行政主管部门报告，也可向人民法院提出维权要求。

第二十二条 市住房和城乡建设委员会可依法制定房屋建筑维护、修缮及重新装修等活动的管理细则，对下列问题做出明确的管理规定：

（一）修缮、装修等活动的范围；

(二)修缮、装修等活动正当程序;

(三)修缮、装修等活动的正当行为;

(四)修缮、装修等活动的禁忌行为;

(五)对参与修缮、装修设计及实施机构的资质或人员资格管理等。

第五章 安 全 鉴 定

第二十三条 房屋建筑的安全鉴定应由房屋建筑的管理人或对房屋建筑安全性造成影响的责任方委托。

第二十四条 遇有下列情况,房屋建筑管理人应委托进行房屋安全的检测鉴定:

(一)达到设计使用年限仍需继续使用的房屋建筑;

(二)出现危及使用安全迹象的房屋建筑;

(三)拟进行改造或改变用途的房屋建筑;

(四)未进行过抗震、抗爆炸和抗冲撞等综合抗灾害能力设防或鉴定的公共建筑;

(五)其他依法应当进行安全鉴定的房屋建筑。

第二十五条 遇有下列情况,房屋建筑管理人可委托进行房屋安全的检测鉴定:

(一)没有明确设计使用年限的房屋建筑;

(二)一般环境下,使用达到20年的公共建筑和工业建筑以及使用达到30年的居住建筑;有侵蚀性物质环境下,使用达到15年的居住建筑和公共建筑以及使用达到10年的工业建筑;

(三)遭受自然灾害影响,出现损伤的房屋建筑;

(四)拟出租、转让、抵押等安全性能不明的房屋建筑;

(五)怀疑安全性不符合现行规范要求的房屋建筑;

(六)超过前一次鉴定有效期限的房屋建筑;

第二十六条 本市房屋行政主管部门可以督促存在上述问题的房屋建筑管理人对存在安全性能不明的房屋建筑进行检测鉴定。

第二十七条 当遇有下列情况时,对房屋建筑安全构成影响的责任人应委托对受影响房屋建筑进行鉴定:

(一)毗邻建筑工程、市政工程的施工区,可能或已经受到影响的房屋建筑;

(二)因外部事故影响,出现损伤的房屋建筑。

第二十八条 受影响房屋的权利人或管理人可以要求相关责任人委托进行受损房屋建筑安全鉴定或消除对受损房屋的影响。

第二十九条 房屋建筑的安全鉴定可由原设计单位实施,也可由具有检测和鉴定能力的专业机构实施。

第三十条 市住房和城乡建设委员会应依法制定房屋建筑安全鉴定活动的管理规定,对检测鉴定机构的资质备案、检测鉴定活动做出规定。

第三十一条 对房屋建筑特定设备设施的安全性有怀疑时,房屋建筑管理人应委托具有相关专业资质的鉴定机构进行鉴定。

颁发相关资质的行政主管部门对专业资质鉴定机构的鉴定活动进行监督与管理。

第三十二条 房屋安全鉴定机构和房屋建筑特定设备设施的鉴定机构,应对其出具的鉴定报告负责。

第六章 安全问题的治理

第三十三条 对于存在安全问题的房屋建筑，房屋建筑管理人应根据具体情况分别采取搬迁、改建或扩建、加固改造、解除危险、废弃和拆除的处理措施。

第三十四条 遇有下列情况的房屋应采取搬迁的措施：

（一）国家或政府明令禁止建造房屋区域内的房屋建筑；

（二）位于河道、湖泊等范围内，阻碍行洪的房屋建筑；

（三）位于地震断裂带危险地段的房屋建筑；

（四）受到山体滑坡、岩崩、泥石流等严重地质灾害影响的房屋建筑；

（五）建于林地、草原、城市绿化带中，且无力抵御火灾等房屋建筑；

（六）建于严重采空塌陷区的房屋建筑；

（七）其他不可抗御灾害影响或严重影响使用人安全及人身健康区域的房屋建筑。

第三十五条 在第三十四条第（三）款～第（七）款限定区域的房屋建筑，当短期不能搬迁且具有安全隐患的，应采取解除危险或加固等保障房屋建筑安全的处理措施，并采取设置预警措施、避难场所等应急措施；不得对这些区域的房屋采取改建或扩建等处理措施。

第三十六条 城乡规划需要拆迁且具有安全隐患的房屋建筑，可参照第三十五条的规定办理。

第三十七条 对于存在安全隐患或功能性严重不满足要求的房屋建筑，可采取改建或扩建的处理措施。

改建或扩建的房屋建筑，应按《中华人民共和国建筑法》及相关工程建设法律法规的规定执行。

第三十八条 对于存在安全隐患且功能性不满足要求的房屋建筑，可采取加固改造的处理措施。

房屋建筑的加固改造工程应遵守《中华人民共和国建筑法》及相关工程建设法律法规的规定。

第三十九条 对于存在危险性且没有加固改造价值的房屋建筑，房屋建筑管理人可以申报拆除。房屋建筑拆除阶段的安全，按国家有关规定执行。

对于拆除工程启动之前仍有人员使用的房屋建筑，应采取解除房屋建筑危险性的措施。

第四十条 对于存在危险性的房屋建筑，市住房和城乡建设委员会应当向房屋安全责任人发出危险房屋限期治理通知，房屋安全责任人必须采取解除危险性的处理措施。

具有以下情形之一的危险房屋，市住房和城乡建设委员会可以做出危险房屋强制修缮决定，指定有关修缮单位采取修缮、加固、改建、避险疏散、临时搬迁及拆除等必要的排险除危措施，所发生的费用由房屋安全责任人承担：

（一）房屋安全责任人逾期未治理的；

（二）房屋权属不明晰，无法确定房屋安全责任人的；

（三）所有人死亡且无法确定继承人作为房屋安全责任人的；

(四) 所有人下落不明又无合法代理人履行房屋安全责任的。

危险房屋安全责任人确有困难无法治理危险房屋的，可以委托区县房地产行政主管部门代为治理。区房地产行政主管部门代为治理产生的费用，由危险房屋安全责任人承担及偿还。

第四十一条 对于缺少解危经费的房屋建筑，市住房和城乡建设委员会可以协助筹措必要的经费。

对于拒不采取解危措施的房屋建筑，市住房和城乡建设委员会可以采取强制措施，解危费用由房屋安全责任人支付。

前款第（二）、（三）、（四）项所列情形的危险房屋治理费用，由区县房地产行政管理部门垫付，待房屋安全责任人确定后再由房屋安全责任人支付。

危险房屋安全责任人属于市民政行政主管部门核定的低保救济家庭、低收入家庭或市总工会核定的特困职工家庭，无力承担危险房屋治理费用的，可向区县房屋行政主管部门提出申请，由区县房屋行政主管部门审核批准后，使用房屋安全管理专项资金代为治理。

第四十二条 房屋建筑管理人对存在使用功能问题房屋应采取维修、修缮等处理措施。但在实施维修、修缮和装修时应保障房屋及特定设施的安全。

第四十三条 房屋建筑中特定设备设施存在安全隐患且维修不能排除隐患时，房屋建筑管理人应采取更换或申报更换的措施。

第七章 监 督 管 理

第四十四条 本市涉及房屋建筑使用安全的行政主管部门应按其职责，负责房屋建筑使用安全的监督和管理。

区县相应行政管理部门负责本辖区内房屋建筑使用安全活动的管理。

乡镇政府部门负责农村房屋建筑使用安全活动的管理。

第四十五条 本市住房城乡建设委员会负责对房屋及其附属构筑物的使用安全活动进行统一的监督管理，其监督管理职责为：

（一）依法完善房屋修缮、检测鉴定等活动的管理规定；

（二）对修缮、装修和鉴定机构的相关活动监督和管理；

（三）指导或协调区县建设或房屋行政管理部门对其辖区内房屋及其附属构筑物使用安全活动的管理。

（四）汇总房屋安全信息。

第四十六条 区县建设或房屋行政管理部门负责本辖区内房屋及附属构筑物使用安全活动的管理，其管理职责为：

（一）对所辖区域房屋修缮、装修和鉴定等活动进行管理；

（二）汇总所辖区域房屋及附属构筑物的相关信息并向上级主管部门报告；

（三）协调乡镇政府或街道办事处相关部门，对房屋的安全使用行为进行监督与管理；

（四）向上级主管部门报告房屋及附属构筑物安全使用监督管理中出现的特殊问题。

第四十七条 乡镇政府或街道办事处相关部门，应协助区县建设或房屋行政主管部门做好房屋及附属构筑物安全使用的管理工作。其职责为：

（一）协调村民委员会或居民委员会，做好其所辖区域房屋及其附属构筑物安全使用的管理工作；

（二）协调村民委员会或居民委员会，协助房屋建筑的管理者制止房屋建筑的使用者违规使用房屋及损坏房屋建筑特定设备设施的行为；

（三）协调村民委员会或居民委员会，协助房屋建筑的管理者制止对房屋建筑使用安全构成影响的行为；

（四）向相应区县管理部门通报房屋建筑使用安全的问题。

第四十八条 本市质检、安监、消防、市政管委等主管部门及各区县相应管理部门，按照各自职责，负责特定设备设施的使用安全活动的监督和管理。

各区县相应管理部门，可协调乡镇人民政府和街道办事处协助做好房屋建筑特定设备设施使用安全的管理。

第八章 法 律 责 任

第四十九条 房屋建筑的使用人未经规划部门批准，在建筑周边和顶部搭建附属房屋的行为是被禁止的，依据住宅室内装饰装修管理办法第六条（一）。

第五十条 房屋建筑的使用人未经有关部门批准，在房屋外墙或房顶搭建塔架、招牌、容器等各类建筑设施的行为是被禁止的，依据城市市容和环境卫生管理条例第十条和第十一条。

第五十一条 未经原设计单位或具有相应资质等级的设计单位提出设计方案而改变房屋用途或者使用功能的行为是被禁止的，依据住宅室内装饰装修管理办法第五条（一）。

第五十二条 未经业主大会同意，将住宅改变为经营性用房的行为是被禁止的，依据物权法第七十七条。

第五十三条 未经异产毗连住宅的全体业主同意，改动房屋建筑主体、建筑结构及围护结构的行为是被禁止的，依据住宅室内装饰装修管理办法第六条（一）。

第五十四条 房屋使用人在进行房屋装饰装修时，未按规定采取必要的安全防护和消防措施，损害公共部位的消防设施，此行为是被禁止的，依据消防法第四十七条。

第五十五条 房屋使用人在装饰装修过程中擅自变动房屋建筑主体或承重结构的行为是被禁止的，发生房屋安全事故，造成人员伤亡和经济损失的，依法追究相关责任人的经济和刑事责任，依据建筑工程质量管理条例第六十九条和第七十四条。

第五十六条 危险房屋所有权人、使用人不履行治理责任，造成人员、财产损失的，应当承担相应的民事责任或行政责任；情节严重，构成犯罪的，依法追究刑事责任，依据城市危险房屋管理规定第二十二条。

第五十七条 房屋建筑使用人损坏和擅自拆改房屋公共设备设施的，依照相关部门的管理规定进行处罚，造成严重后果的，应追究相关责任人的经济和刑事责任，依据物业管理条例第六十六条。

第五十八条 房屋建筑的使用人有违反本办法第下列行为之一的，责令改正，处1万元以上10万元以下罚款。

（一）未按照《房屋使用说明书》的要求正确使用房屋，并进行日常巡视、检查的；

（二）未经规划部门批准，在建筑周边和顶部搭建附属房屋的；

（三）未经有关部门批准，在房屋外墙或房顶搭建塔架、招牌、容器等各类建筑设施的；

（四）违反第二十条规定的其他影响房屋使用安全和公共安全的行为。

第五十九条 房屋使用人有下列行为之一的责令改正，并处 10 万元以上 50 万元以下罚款：

（一）未经原设计单位或具有相应资质等级的设计单位提出设计方案而改变房屋用途或者使用功能的；

（二）未经业主大会同意，将住宅改变为经营性用房的；

（三）未经异产毗连住宅的全体业主同意，改动房屋建筑主体、建筑结构及围护结构的。

第六十条 房屋使用人在进行房屋装饰装修时，未按有关规定进行申报和施工的，未按规定采取必要的安全防护和消防措施，擅自动用明火和进行焊接作业的，或侵占公共空间，损害公共部位和设施的，由建设行政主管部门责令其改正，并处 1 万元以上 5 万元以下的罚款，造成损失的，依法承担赔偿责任。

第六十一条 房屋使用人在装饰装修过程中擅自变动房屋建筑主体或承重结构的，由建设行政主管部门责令其改正，并处 5 万元以上 10 万元以下的罚款，造成损失的，依法承担赔偿责任，发生房屋安全事故，造成人员伤亡和经济损失的，依法追究相关责任人的经济和刑事责任。

第六十二条 房屋安全管理责任人未按本办法的规定，对房屋建筑及设备设施的日常巡视和检查，制止影响房屋使用安全的行为，出现房屋安全问题时委托鉴定的，由建设行政主管部门责令其改正，并处 5 万元以上 10 万元以下的罚款。

第六十三条 房屋产权人或专业管理人未按本办法第三十八条规定的情况，对房屋进行安全性鉴定的，由建设行政主管部门责令其改正，并处 1 万元以上 10 万元以下的罚款。

第六十四条 对房屋安全构成影响的单位、机构或个人未按本办法第三十九条规定的情况，委托鉴定机构对受到影响房屋的安全性进行鉴定的，由建设行政主管部门责令其改正，并处 1 万元以上 5 万元以下的罚款。

第六十五条 危险房屋所有权人、使用人不履行治理责任，造成人员、财产损失的，应当承担相应的民事责任或行政责任；情节严重，构成犯罪的，依法追究刑事责任。

第六十六条 对于房屋改建过程中，设计单位、施工单位、装修单位的法律责任，有关管理部门应按照中华人民共和国《建筑法》的规定及国务院《建设工程质量管理办法》的规定执行。

第六十七条 房屋建筑使用人损坏和擅自拆改房屋公共设备设施的，依照相关部门的管理规定进行处罚，造成严重后果的，应追究相关责任人的经济和刑事责任。

第六十八条 房屋安全行政主管部门工作人员在工作中玩忽职守、滥用职权、徇私舞弊构成犯罪的，依法给予行政处分，构成犯罪的，依法追究刑事责任。

第九章 附　　则

第六十九条 本办法自××××年××月××日起施行。

附录B　建筑维护与加固专业标准体系

1　标准体系的架构与组成

1.1　标准体系的架构

建筑维护与加固标准体系的架构与《工程建设标准体系》（城乡规划、城镇建设、房屋建筑部分）（修订稿）的架构完全一致，把既有建筑的标准分成下列四个层次：第一层次，综合标准；第二层次，基础标准；第三层次，通用标准；第四层次，专用标准。

1.2　标准体系的组成

建筑维护与加固标准体系包括以下四个门类的标准：

（1）维护与修缮；

（2）检测与鉴定；

（3）加固与改造；

（4）废置与拆除。

1.3　标准体系的标准统计

建筑评定与改造标准体系表共有48项标准，其中现行标准12项，制订中标准7项，待编标准29项。

综合标准：总数为1项，待编标准1项。

基础标准：总数为3项，待编标准3项。

通用标准：总数为23项，现行标准7项，制定中标准2项，待编标准14项。

专用标准：总数为21项，现行标准5项，制定中标准5项，待编标准11项。

本体系表为开放式体系，今后可根据需求增列标准项目。

2　标准体系表

[1]综　合　标　准

编码	标　准　名　称	现行标准	备注
1.1	综　合　标　准		
1.1.1	既有建筑技术通则		待编

[2] 基 础 标 准

编码	标 准 名 称	现行标准	备注
2.1	统 一 标 准		
2.1.1	既有建筑维护与修缮统一标准		待编
2.1.2	既有建筑评定与改造统一标准		待编
	工程结构可靠度设计统一标准	GB 50153	建筑结构
	建筑结构可靠度设计统一标准	GB 50068	建筑结构
	民用建筑设计通则	GB 50362	建筑设计
2.2	术 语 标 准		
2.2.1	建筑物全寿命管理与技术术语标准		待编

[3] 通 用 标 准

编码	标 准 名 称	现行标准	备注
3.1	建筑维护与修缮通用标准		
3.1.1	民用建筑修缮工程查勘与设计规程	JGJ 117	
3.1.2	民用房屋修缮工程施工规程	CJJ/T 53	
3.1.3	既有建筑正常使用与维护标准		待编
3.1.4	工业建筑使用维护规程		待编
3.2	建筑检测鉴定通用标准		
	建筑结构检测技术标准	GB/T 50344	施工质量
	混凝土结构现场检测技术标准		施工质量
	砌体结构现场检测技术标准	GB/T 50315	施工质量
	钢结构现场检测技术标准		施工质量
3.2.1	工业建筑可靠性鉴定标准	GB 50144	
3.2.2	民用建筑可靠性鉴定标准	GB 50292	
3.2.3	混凝土结构可靠性评定标准		待编
3.2.4	砌体结构可靠性评定标准		待编
3.2.5	钢结构可靠性评定标准		待编
3.2.6	木结构可靠性评定标准		待编
3.2.7	居住建筑耗能检验与评定标准		待编
3.2.8	公共建筑耗能检验与评定标准		待编
3.3	建筑加固与改造通用标准		
3.3.1	混凝土结构加固技术规范	GB 50367	修订中
3.3.2	钢结构加固技术规范		
3.3.3	砌体结构加固技术规范		制定中
3.3.4	木结构加固技术规范		待编
3.3.5	砌体结构耐久性加固技术规程		待编
3.3.6	建筑结构加固工程施工质量验收规范		制定中
3.3.7	建筑地基加固施工质量验收及检测技术标准		待编

续表

编码	标准名称	现行标准	备注
3.3.8	既有建筑地基基础加固技术规范	JGJ 123	修订中
	建筑抗震加固技术规程	JGJ 116	工程防灾
	既有采暖居住建筑节能改造技术规程	JGJ 129	建筑环境
	既有公共建筑节能改造标准		建筑环境
3.3.9	既有公共建筑节水改造标准		待编
3.4	建筑废置与拆除通用标准		
3.4.1	既有建筑废置管理规程		待编
3.4.2	既有房屋拆除技术标准		待编

[4]专 用 标 准

编码	标准名称	现行标准	备注
4.1	建筑维护与修缮专用标准		
4.1.1	建筑外墙清洗维护技术规程	JGJ 168	
4.1.2	建筑给水排水设备维修技术规程		待编
4.1.3	建筑暖通设备维修技术规程		待编
4.1.4	建筑供电设备维修技术规程		待编
4.1.5	建筑智能化设备维修技术规程		待编
4.1.6	古建筑木结构维护与加固技术规范	GB 50165	
4.1.7	古建筑砌体结构维护与加固技术规范		待编
4.1.8	古建筑修建工程质量检验评定标准	CJJ 39 CJJ 70	
4.1.9	房屋渗漏修缮技术规程	CJJ 62	
4.2	建筑检测鉴定专用标准		
4.2.1	重要大型公用建筑监测技术标准		待编
4.2.2	既有建筑地基承载力评定标准		待编
4.2.3	建筑防水渗漏检测与评定标准		制定中
	住宅性能评定技术标准	GB/T 50362	建筑设计
	建筑隔声测量规范	GBJ 75	建筑环境
	厅堂混响时间测量规范	GBJ 76	建筑环境
	建筑隔声评价标准	GB/T 50121	建筑环境
4.2.4	建筑施工振动与冲击对建筑物振动影响测量和评价技术规程		待编
4.2.5	火灾后混凝土结构现场检测技术标准		待编
4.2.6	红外线检测加固工程施工质量技术规程		待编
4.2.7	混凝土结构耐久性评定标准		制定中
4.2.8	既有建筑幕墙可靠性鉴定与加固技术规程		制定中
4.2.9	既有建筑设备系统鉴定与改造技术规范		制定中

续表

编码	标 准 名 称	现行标准	备注
4.3	建筑加固与改造专用标准		
4.3.1	既有建筑使用功能改善技术规范		待编
4.3.2	建筑边坡工程鉴定与加固技术规范		制定中
4.4	建筑废置与拆除专用标准		
	建筑拆除工程安全技术规范	JGJ 147	施工质量

参 考 文 献

[1] 中国工程院. 房屋建筑物安全管理制度与技术标准的调查研究[R]. 2009.

[2] 中国建筑科学研究院. 北京市房屋建筑安全管理法规的咨询研究[R]. 2009.

[3] 中华人民共和国国家标准. 国民经济行业分类 GB/T 4754—2002 [S]. 北京：中国标准出版社，2002.

[4] 中华人民共和国第八届全国人民代表大会常务委员会. 中华人民共和国城市房地产管理法. 1994.

[5] 中华人民共和国第八届全国人民代表大会常务委员会. 中华人民共和国建筑法. 1997.

[6] 中华人民共和国国务院. 建设工程安全生产管理条例. 2003.

[7] 中华人民共和国国务院. 建设工程质量管理条例. 2000.

[8] 中华人民共和国国家标准. 工程结构可靠性设计统一标准 GB 50153—2008 [S]. 北京：中国建筑工业出版社，2008.

[9] 中华人民共和国国家标准. 建筑抗震设计规范 GB 50011—2010[S]. 北京：中国建筑工业出版社，2010.

[10] 中华人民共和国国家标准. 混凝土结构设计规范 GB 50010—2010 [S]. 北京：中国建筑工业出版社，2010.

[11] 混凝土结构现场检测技术标准(报批稿)，2010.

[12] 中华人民共和国香港特别行政区立法会. 建筑物条例(Building Ordinance). 2005.

[13] 中华人民共和国台湾地区. 建筑法. 2004.

[14] Parliament of Singapore. Building Control Act. 1999.

[15] U. S. General Services Administration http//www. gsa. gov/Portal/gsa/ep 1. 2008.

[16] EFMA. Communicating with owners and Managers of New on Earthquake Risk：A Primer for Design Professionals. 2004.

[17] EFMA. Incremental Seismic Rehabilitation of School Buildings ：Providing protect to People and Buildings.

[18] EFMA. Incremental Seismic Rehabilitation of Office Buildings ：Providing protect to People and Buildings. 2003.

[19] EFMA. Incremental Seismic Rehabilitation of Multifamily Apartment Buildings ：Providing protect to People and Buildings. 2004.

[20] EFMA. Incremental Seismic Rehabilitation of Retail Buildings ：Providing protect to People and Buildings. 2004.

[21] EFMA. Incremental Seismic Rehabilitation of Hotel and Motel Buildings. 2005.

[22] EFMA. Design Guide for Improving School Safety in Earthquakes，Floods and High Winds. 2004.

[23] EFMA. Using HAZUS-MH for Risk Assessment：How-To Guide. 2004.

[24] EFMA. Risk Assessment：How to Guide to Mitigate Potential Terrorist Attacks Against Buildings. 2005.

[25] EFMA. Designing for Earthquakes：A manual for Architects. 2006.

[26] EFMA. Design Guide for Improving Critical Facility Safety from Floods and High Winds：Providing protect to People and Buildings. 2007.

[27] EFMA. Design Guide for Improving Hospital Safety in Earthquakes and High Winds. 2007.

[28] 中华人民共和国建设部. 建设法律体系规划方案. 1990.
[29] 江苏省第十届人民代表大会常务委员会. 南京市城市房屋安全管理条例. 2006.
[30] 天津市第十四届人民代表大会常务委员会. 天津市房屋安全使用管理条例. 2006.
[31] 浙江省第十届人民代表大会常务委员会. 杭州市城市房屋使用安全管理条例. 2006.
[32] 陕西省第十届人民代表大会常务委员会. 西安市城市房屋使用安全管理条例. 2004.
[33] 吉林省第十一届人民代表大会常务委员会. 吉林市城市房屋安全管理条例. 2009.
[34] 浙江省第九届人民代表大会常务委员会. 宁波市城市房屋安全管理条例. 2001.
[35] 中华人民共和国第十届全国人民代表大会. 中华人民共和国物权法. 2007.
[36] 中华人民共和国第十届全国人民代表大会常务委员会. 中华人民共和国城乡规划法. 2007.
[37] 中华人民共和国第十一届全国人民代表大会常务委员会. 中华人民共和国防震减灾法. 2008.
[38] 中华人民共和国第十届全国人民代表大会常务委员会. 中华人民共和国行政许可法. 2003.
[39] 中华人民共和国国家标准. 建筑结构荷载规范 GB 50009—2001[S]. 北京：中国建筑工业出版社，2001.
[40] 中华人民共和国国务院. 建设工程勘察设计管理条例. 2000.
[41] 中华人民共和国建设部. 建设工程勘察设计资质管理规定. 2006.
[42] 中华人民共和国建设部. 城市危险房屋管理规定. 2004.
[43] 中华人民共和国建设部. 住宅室内装饰装修管理办法. 2002.
[44] 陈肇元，钱稼茹. 建筑与工程结构抗倒塌分析与设计[M]. 北京：中国建筑工业出版社，2010.
[45] 杨瑾峰. 工程建设标准化体系和管理[J]. 核标准计量与质量. 2007，21(4)：40-44.
[46] 中华人民共和国行业标准. 建筑变形测量规范 JGJ 8—2007 [S]. 北京：中国建筑工业出版社，2007.
[47] 中华人民共和国国家标准. 精密工程测量规范 GB/T 15314—1994 [S]. 北京：中国标准出版社，1994.
[48] 中华人民共和国国家标准. 房产测量规范 GB/T 17986—2000 [S]. 北京：中国标准出版社，2000.
[49] 中华人民共和国国家标准. 绿色建筑评价标准 GB/T 50378—2006[S]. 北京：中国建筑工业出版社，2009.
[50] 中华人民共和国国家标准. 住宅性能评定技术标准 GB/T 50362—2005 [S]. 北京：中国建筑工业出版社，2005.
[51] 中华人民共和国行业标准. 回弹法检测混凝土抗压强度技术规程 JGJ/T 23—2011 [S]. 北京：中国建筑工业出版社，2010.
[52] 中华人民共和国国家标准. 建筑结构检测技术标准 GB/T 50344—2004 [S]. 北京：中国建筑工业出版社，2004.
[53] 中华人民共和国国家标准. 混凝土结构工程施工质量验收规范 GB 50204—2002 [S]. 北京：中国建筑工业出版社，2002.
[54] 中国工程建设标准化协会. 户外广告设施钢结构技术规程 CECS 148：2003 [S]. 北京：中国计划出版社，2003.
[55] 中华人民共和国建设部. 工程建设标准体系(城乡规划、城镇建设、房屋建筑部分)报批稿 .2009.
[56] 中华人民共和国国家标准. 混凝土强度检验评定标准 GB/T 50107—2010 [S]. 北京：中国建筑工业出版社，2010.
[57] 中华人民共和国国家标准. 湿陷性黄土地区建筑规范 GB 50025—2004 [S]. 北京：中国建筑工业出版社，2010.
[58] 中华人民共和国行业标准. 冷轧扭钢筋 JG 190—2006 [S]. 北京：中国标准出版社，2006.

[59] 中国工程建设标准化协会. 钢结构防火涂料应用技术规范 CECS 24：90 [S]. 北京：中国计划出版社，1990.

[60] 中国工程建设标准化协会. 钻芯法检测混凝土强度技术规程 CECS 03：2007 [S]. 北京：中国计划出版社，2007.

[61] 中华人民共和国行业标准. 建筑门窗工程检测技术规程 JGJ/T 205—2010 [S]. 北京：中国建筑工业出版社，2010.

[62] 中华人民共和国国家标准. 岩土工程勘察规范 GB 50021—2001 [S]. 北京：中国建筑工业出版社，2001.

[63] 中华人民共和国国家标准. 钢结构现场检测技术标准 GB/T 50621—2010 [S]. 北京：中国建筑工业出版社，2010.

[64] 中华人民共和国国家标准. 建筑隔声测量规范 GBJ 75—84 [S]. 北京：中国建筑工业出版社，1984.

[65] 中国工程建设标准化协会. 砖砌圆筒仓技术规范 CECS 08：88 [S]. 北京：中国计划出版社，1988.

[66] 中华人民共和国行业标准. 公共建筑节能检测标准 JGJ/T 177—2009 [S]. 北京：中国建筑工业出版社，2009.

[67] 中华人民共和国国家标准. 建筑地面设计规范 GB 50037—96 [S]. 北京：中国建筑工业出版社，1996.

[68] 中华人民共和国行业标准. 工业与民用建筑灌注桩基础设计与施工规程 JGJ 4—80[S]. 北京：中国建筑工业出版社，1980.

[69] 中国工程建设标准化协会. 土层锚杆设计与施工规范 CECS 22：90[S]. 北京：中国计划出版社，1990.

[70] 中国工程建设标准化协会. 氢氧化钠溶液(碱液)加固湿陷性黄土地基技术规程 CECS 68：94[S]. 北京：中国计划出版社，1994.

[71] 中国工程建设标准化协会. 钢结构加固技术规范 CECS 77：96 [S]. 北京：中国计划出版社，1996.

[72] 中华人民共和国行业标准. 既有采暖居住建筑节能改造技术规程 JGJ 129—2000[S]. 北京：中国建筑工业出版社，2000.

[73] 中华人民共和国行业标准. 公共建筑节能改造技术规范 JGJ 176—2009 [S]. 北京：中国建筑工业出版社，2009.

[74] 中国工程建设标准化协会. 地下建筑照明设计标准 CECS 45：92 [S]. 北京：中国计划出版社，1992.

[75] 中华人民共和国国家标准. 膨胀土地区建筑技术规范 GBJ 112—87 [S]. 北京：中国计划出版社，1987.

[76] 中华人民共和国国家标准. 木结构设计规范 GB 50005—2003 [S]. 北京：中国建筑工业出版社，2003.

[77] 中华人民共和国国家标准. 地下工程防水技术规范 GB 50108—2008 [S]. 北京：中国计划出版社，2008.

[78] 中华人民共和国行业标准. 玻璃幕墙工程技术规范 JGJ 102—2003 [S]. 北京：中国建筑工业出版社，2003.

[79] 中华人民共和国行业标准. 金属与石材幕墙工程技术规范 JGJ 133—2001 [S]. 北京：中国建筑工业出版社，2001.

[80] 中华人民共和国行业标准. 建筑地基处理技术规范 JGJ 79—2002 [S]. 北京：中国建筑工业出版

社，2002.
[81] 中华人民共和国行业标准. 民用建筑修缮工程查勘与设计规程 JGJ 117—98 [S]. 北京：中国建筑工业出版社，1998.
[82] 中华人民共和国行业标准. 民用房屋修缮工程施工规程 CJJ/T 53—93[S]. 北京：中国建筑工业出版社，1993.
[83] 中华人民共和国国家标准. 建筑地基基础设计规范 GB 50007—2002[S]. 北京：中国建筑工业出版社，2002.
[84] 中华人民共和国国家标准. 屋面工程技术规范 GB 50345—2004 [S]. 北京：中国建筑工业出版社，2004.
[85] 中华人民共和国行业标准. 房屋渗漏修缮技术规程 JGJ/T 53—2011 [S]. 北京：中国建筑工业出版社，2011.
[86] 中华人民共和国行业标准. 民用建筑电气设计规范 JGJ 16—2008[S]. 北京：中国建筑工业出版社，2008.
[87] 吕大刚等. 考虑统计与模型不确定性的结构统计可靠度理论[A]. 中国力学学会学术大会论文集. 2007
[88] 白鸿钧. 统计学原理[M]. 厦门：厦门大学出版社. 2006.
[89] ENV 13005—1999. Guide to the Expression of uncertainty in measurement[S].
[90] ISO 21748—2010. Guidance for the Use of Repeatability, Reproducibility and Trueness Estimates.
[91] 中华人民共和国国家标准. 普通混凝土力学性能试验方法标准 GB/T 50081—2002 [S]. 北京：中国建筑工业出版社，2002.
[92] 中华人民共和国国家标准. 实验室质量控制 非标准测试方法的有效性评价 GB/T 27408—2010 [S]. 北京：中国标准出版社，2010.
[93] ASTM D6708：2007，Standard Practice for Statistical Assessment and Improvement of Expected A-greement Between Two Test Methods Purport Measure the Same Property of a Materal.
[94] ASTM D7235：2005，Standard Guide for Establishing a linear Correlation Relationship Between Analyzer and Primary Test Mathod Results Using Relevant Astm Standard Practices.
[95] 中华人民共和国国家标准. 普通混凝土长期性能和耐久性试验方法标准 GB/T 50082—2009 [S]. 北京：中国建筑工业出版社，2009.
[96] 中华人民共和国国家标准. 计数抽样检验程序-逐批检验抽样计划 GB/T 2828. 1—2003 [S]. 北京：中国标准出版社，2003.
[97] 中华人民共和国国家标准. 建筑外门窗气密、水密、抗风压性能分级及检测方法 GB/T 7106—2008 [S]. 北京：中国建筑工业出版社，2008.
[98] 中华人民共和国国家标准. 声学建筑和建筑构件隔声测量 第 5 部分：外墙构件和外墙空气声隔声的现场测量 GB/T19889. 5—2006 [S]. 北京：中国建筑工业出版社，2006.
[99] 中华人民共和国国家标准. 建筑结构可靠度设计统一标准 GB 50068—2001 [S]. 北京：中国建筑工业出版社，2001.
[100] 毋剑平，杨小卫. RC 框架结构产生"强梁弱柱"的震害分析[J]. 建筑科学 . 2011，27(1)：85-90.
[101] 叶列平，等. 漩口中学建筑震害调查分析[J]. 建筑结构. 2009，39(11)：54-57.
[102] 郭彦林，等. 压弯构件稳定承载力设计方法和试验研究[J]. 工程力学 . 2010，27(9)：139-146.
[103] 蓝声宁，钟新谷. 湘潭轻型钢结构厂房雪灾受损分析与思考[J]. 土木工程学报. 2009，56(3)：71-75.
[104] 中华人民共和国国家标准. 建筑抗震鉴定标准 GB 50023—2009[S]. 北京：中国建筑工业出版社，2009.

[105] 邸小坛等. 建筑屋盖抗冰雪灾害能力的分析与防灾建议[J]. 工程质量 . 2009，27(12)：66-68.
[106] 陶里，邸小坛. 既有建筑适用性评定的规则及理念[J]. 建筑科学 . 2011，27(增刊)：143-146.
[107] 建筑工程裂缝防治技术规程(报批稿)，2010.
[108] J S Owen，et al. The application of auto-regressive time series modeling for the time-frequency analysis of civil engineering structures . Engineering Structures，2001，23，23 ：521-536.
[109] 李伟国等. "云娜"台风对民房危害的特征分析[J]. 浙江建筑. 2007，24(8)：14-17.
[110] 林宝玉. 我国港工混凝土抗冻耐久性指标的研究与实践，混凝土结构耐久性设计与施工指南[C]. 北京：中国建筑工业出版社，2004.
[111] 邸小坛，陶里. 结构混凝土抗冻性能设计方法，沿海地区混凝土结构耐久性及设计方法[C]. 北京：人民交通出版社，2004.
[112] 李金玉. 冻融环境下混凝土结构的耐久性设计与施工，混凝土结构耐久性设计与施工论文集[C]. 北京：2004.
[113] 张誉等. 混凝土结构耐久性概论[M]. 上海：上海科技出版社，2003.
[114] 毛艺媛. 住宅区噪声环境污染及其控制措施[J]. 企业科技与发展 . 2010，26(16)：165-166.
[115] 邓继福. 城市环境空气质量[J]. 建筑技术开发. 2008，35(12)：36-38.
[116] 邸小坛，陶里. 既有房屋建筑加固与改造的基本原则浅析[J]. 工程质量. 2010，28(12)：66-68.
[117] 邸小坛，田欣. 既有建筑加固改造的风险及对策[J]. 施工技术 . 2011，53(6)：32-35.
[118] 戴国莹. 既有建筑加固改造综合决策方法和工程应用[J]. 建筑结构. 2006，36(11)：1-4.